Mathematik für Ingenieure 3

Thomas Westermann

Mathematik für Ingenieure 3

Ein anwendungsorientiertes Lehrbuch

9. Auflage

Thomas Westermann
Hochschule Karlsruhe
Karlsruhe, Deutschland

ISBN 978-3-662-71918-3   ISBN 978-3-662-71919-0   (eBook)
https://doi.org/10.1007/978-3-662-71919-0

Die Deutsche Nationalbibliothek verzeichnet diese Publikation in der Deutschen Nationalbibliografie; detaillierte bibliografische Daten sind im Internet über https://portal.dnb.de abrufbar.

Planung/Lektorat: Luana Lo Piccolo
Springer Vieweg ist ein Imprint der eingetragenen Gesellschaft Springer-Verlag GmbH, DE und ist ein Teil von Springer Nature.
Die Anschrift der Gesellschaft ist: Heidelberger Platz 3, 14197 Berlin, Germany

Vorwort zu Band 3

Dieser dritte und letzte Band unserer Reihe **Mathematik für Ingenieure** dient als Begleittext für Studierende und Dozenten der Ingenieurwissenschaften insbesondere der Elektrotechnik zu den Mathematikvorlesungen im dritten Semester.

Gewöhnliche und partielle Differenzialgleichungen spielen in den Ingenieurstudiengängen eine zentrale Rolle. Diese Thematik bildet den Schwerpunkt des dritten Bandes: Die Beschreibung vieler ingenieurwissenschaftlichen Problemen führt entweder zu gewöhnlichen Differenzialgleichungen, solange es nur eine unabhängige Variable gibt. Wenn das Problem durch mehr als nur eine Variable beschrieben wird, sind die Modellgleichungen partielle Differenzialgleichungen, wie die Wellengleichung, die Wärmeleitungsgleichung, die Laplace-Gleichung und viele andere. Sowohl gewöhnliche als auch partielle Differenzialgleichungen werden in diesem Band ausführlich besprochen.

Neben der Beschreibung von technischen Problemen mit Hilfe von Differenzialgleichungen werden wir auch Signale analysieren, die durch Schwingungen und Vibrationen erzeugt werden. Dies erfordert eine Frequenzanalyse der Signale, was zum Thema Fourier-Reihen für periodische Signale und Fourier-Transformation für nicht-periodische Signale führt. Beide Methoden werden auch bei der Lösung von Differenzialgleichungen eingesetzt.

Dieser Band bietet Studierenden an Universitäten und Hochschulen eine anschauliche Darstellung dieser Themen als praktische Hilfe für die höhere Mathematik. Die mathematische Konzepte werden klar motiviert, systematisch eingeführt und mit vielen Animationen visualisiert.

Wichtige Formeln und Aussagen sind deutlich hervorgehoben, um die Lesbarkeit der Bücher zu erhöhen. Zahlreiche Abbildungen und Skizzen unterstützen den Charakter eines modernen Lehrbuchs. Das farbliche Layout sorgt für eine übersichtliche Darstellung der Inhalte, indem z.B. neue Begriffe und Definitionen in grün, wichtige Aussagen und Sätze in blau eingefügt werden.

Darüber hinaus ermöglichen weitere Stilmittel eine leichte Lesbarkeit des Buchs, indem z.B.

- mit dem Symbol „⚠ **Achtung:**" auf Stellen besonders hingewiesen, die man anfänglich oftmals falsch bearbeitet, übersieht oder nicht beachtet,
- durch Tipps und Merkregeln die Bearbeitung der Beispiele und Übungsaufgaben erleichtert wird,
- durch Markierungen am Seitenrand Gliederungspunkte und Orientierungshilfen gegeben werden,
- die zahlreichen Zusammenfassungen farblich hervorgehoben werden,
- wichtige Formel und Ergebnisse gekennzeichnet werden,
- Musterbeispiele und Anwendungsbeispiele übersichtlich aus dem Text hervorgehen;
- ausführlich durchgerechnete Beispiele,
- viele Aufgaben (mit den Lösungen auf der Homepage)
- und zahlreiche Abbildungen und Skizzen zum **Selbststudium** und zur **Prüfungsvorbereitung** dienen.

Neben den im Buch behandelten Themen gibt es auf der Website zusätzliches Material sowie MAPLE-Arbeitsblätter, die für die aktuelle Version von MAPLE heruntergeladen werden können. Die Beschreibung finden Sie unter:

https://www.imathonline.de/buecher/mathe/start.htm

Im Buch verweisen die folgenden beiden Symbole ausdrücklich auf zusätzliche Informationen, die auf der Homepage zu finden sind:

① Animationen, die im gif-Format verfügbar sind: Durch Anklicken der entsprechenden Stelle im Web werden die Animationen über den Internetbrowser abgespielt.

② Die Verweise geben die MAPLE-Beschreibungen an. Alle MAPLE-Arbeitsblätter sind auf der Website verfügbar. Eine Übersicht über alle Arbeitsblätter finden Sie in *index.mw*.

Mein herzlicher Dank gilt dem Springer-Verlag für die gute und angenehme Zusammenarbeit sowie Frau Lanza für die gute und professionelle Umsetzung auch dieses dritten Bandes. Mein ganz besonderer Dank gilt meinem geschätzten Kollegen Professor Jürgen Kirchhof, der durch zahlreiche Verbesserungs- und Korrekturvorschläge zum Gelingen dieser 9. Auflage erheblich beigetragen hat.

Karlsruhe, im Juni 2025   *Thomas Westermann*

Inhaltsverzeichnis

Inhaltsverzeichnis von Band 1

Inhaltsverzeichnis von Band 2

Lineare Differenzialgleichungssysteme

15

15

15 Lineare Differenzialgleichungssysteme

In vielen Anwendungen sind zeitlich veränderliche Größen $x_1(t)$, $x_2(t)$, ..., $x_n(t)$ gekoppelt, so dass die Änderung einer Größe $\dot{x}_i(t)$ nicht nur von t und $x_i(t)$, sondern auch von den restlichen Größen und deren Ableitungen abhängt. Dies führt auf Differenzialgleichungssysteme. Wir behandeln in diesem Abschnitt *lineare Differenzialgleichungssysteme* erster Ordnung mit konstanten Koeffizienten. Für diese Systeme verwenden wir im Folgenden die Abkürzung *LDGS*.

Die homogenen LDGS werden mit Hilfe der Eigenvektoren und Eigenwerten der zum Problem zugeordneten Systemmatrix gelöst. Falls erforderlich, werden auch die Hauptvektoren der Eigenwerte bestimmt. Mit Hilfe dieser Eigenvektoren und Hauptvektoren erhält man einen Fundamentalsystem der homogenen Lösung. Die Methode der Variation der Konstanten wird verwendet, um eine Lösung für das inhomogene Problem zu berechnen.

15.1 Einführung

Einfachste Beispiele für LDGS erhält man bei elektrischen Filterschaltungen bestehend aus RCL-Elementen oder bei mechanischen Koppelschwingungen, bei denen mehrere Feder-Masse-Systeme gekoppelt werden. Zur Einführung betrachten wir ein gekoppeltes System aus Doppelpendel.

Anwendungsbeispiel 15.1 (Gekoppelte Pendel).

Zwei Fadenpendel der Länge l, an deren Ende jeweils eine Masse m_1 bzw. m_2 hängt, werden durch eine Feder mit der Federkonstanten D gekoppelt (siehe Abb. 15.1). Die beiden Massen werden um den Winkel φ_1 bzw. φ_2 ausgelenkt. Berücksichtigt man, dass während der Bewegung auf die Massen jeweils eine Reibungskraft proportional zur Geschwindigkeit wirkt

$$F_{R_i} = -\gamma\, l\, \dot{\varphi}_i(t) \quad \text{mit Reibungskoeffizient } \gamma,$$

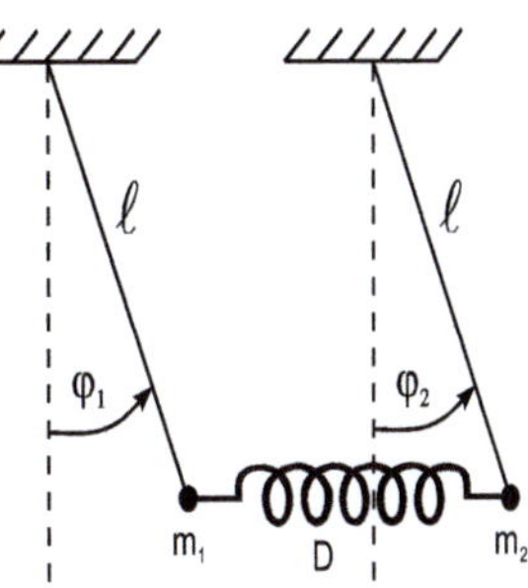

Abb. 15.1. Gekoppelte Pendel

so lauten die Bewegungsgleichungen für kleine Auslenkungen φ_1 und φ_2:

$$\ddot{\varphi}_1\left(t\right) = -\frac{g}{l}\,\varphi_1\left(t\right) - \frac{\gamma}{m_1}\,\dot{\varphi}_1\left(t\right) + \frac{D}{m_1}\left(\varphi_2\left(t\right) - \varphi_1\left(t\right)\right)$$

$$\ddot{\varphi}_2\left(t\right) = -\frac{g}{l}\,\varphi_2\left(t\right) - \frac{\gamma}{m_2}\,\dot{\varphi}_2\left(t\right) + \frac{D}{m_2}\left(\varphi_1\left(t\right) - \varphi_2\left(t\right)\right),$$

$$(*)$$

wenn $\varphi_1\left(t\right)$ und $\varphi_2\left(t\right)$ die Auslenkungen der Massen m_1 und m_2 zum Zeitpunkt t sind.

Dies ist ein LDGS **zweiter** Ordnung für die Winkelauslenkungen $\varphi_1\left(t\right)$ und $\varphi_2\left(t\right)$. Wir reduzieren dieses System von zwei Differenzialgleichungen 2. Ordnung auf ein System von vier Differenzialgleichungen 1. Ordnung. Dazu führen wir die zu $\varphi_1\left(t\right)$ und $\varphi_2\left(t\right)$ gehörenden Winkelgeschwindigkeiten $\dot{\varphi}_1\left(t\right)$ und $\dot{\varphi}_2\left(t\right)$ als zusätzliche Größen ein. Zur übersichtlicheren Darstellung setzen wir

$$\begin{aligned} y_1\left(t\right) &= \varphi_1\left(t\right) \\ y_2\left(t\right) &= \dot{\varphi}_1\left(t\right) \\ y_3\left(t\right) &= \varphi_2\left(t\right) \\ y_4\left(t\right) &= \dot{\varphi}_2\left(t\right). \end{aligned}$$

Differenzieren wir jede dieser vier unbekannten Funktionen $y_i\left(t\right)$, so gilt mit $(*)$:

$$\dot{y}_1\left(t\right) = \dot{\varphi}_1\left(t\right) \quad = \quad y_2\left(t\right)$$

$$\begin{aligned} \dot{y}_2\left(t\right) = \ddot{\varphi}_1\left(t\right) \quad &= \quad -\frac{g}{l}\,\varphi_1\left(t\right) - \frac{\gamma}{m_1}\,\dot{\varphi}_1\left(t\right) + \frac{D}{m_1}\left(\varphi_2\left(t\right) - \varphi_1\left(t\right)\right) \\ &= \quad -\frac{g}{l}\,y_1\left(t\right) - \frac{\gamma}{m_1}\,y_2\left(t\right) + \frac{D}{m_1}\left(y_3\left(t\right) - y_1\left(t\right)\right) \end{aligned}$$

$$\dot{y}_3\left(t\right) = \dot{\varphi}_2\left(t\right) \quad = \quad y_4\left(t\right)$$

$$\begin{aligned} \dot{y}_4\left(t\right) = \ddot{\varphi}_2\left(t\right) \quad &= \quad -\frac{g}{l}\,\varphi_2\left(t\right) - \frac{\gamma}{m_2}\,\dot{\varphi}_2\left(t\right) + \frac{D}{m_2}\left(\varphi_1\left(t\right) - \varphi_2\left(t\right)\right) \\ &= \quad -\frac{g}{l}\,y_3\left(t\right) - \frac{\gamma}{m_2}\,y_4\left(t\right) + \frac{D}{m_2}\left(y_1\left(t\right) - y_3\left(t\right)\right). \end{aligned}$$

Definieren wir die Vektorfunktion $\vec{y}\left(t\right) := \begin{pmatrix} y_1\left(t\right) \\ y_2\left(t\right) \\ y_3\left(t\right) \\ y_4\left(t\right) \end{pmatrix}$ und $\vec{y}\,'\left(t\right) := \begin{pmatrix} \dot{y}_1\left(t\right) \\ \dot{y}_2\left(t\right) \\ \dot{y}_3\left(t\right) \\ \dot{y}_4\left(t\right) \end{pmatrix}$ als die Ableitung, so lässt sich obiges LDGS in Vektornotation schreiben als

$$\vec{y}\,'\left(t\right) = \begin{pmatrix} y_2\left(t\right) \\ \left(-\frac{g}{l} - \frac{D}{m_1}\right) y_1\left(t\right) - \frac{\gamma}{m_1}\,y_2\left(t\right) + \frac{D}{m_1}\,y_3\left(t\right) \\ y_4\left(t\right) \\ \frac{D}{m_2}\,y_1\left(t\right) + \left(-\frac{g}{l} - \frac{D}{m_2}\right) y_3\left(t\right) - \frac{\gamma}{m_2}\,y_4\left(t\right) \end{pmatrix}$$

$$= \begin{pmatrix} 0 & 1 & 0 & 0 \\ -\frac{g}{l} - \frac{D}{m_1} & -\frac{\gamma}{m_1} & \frac{D}{m_1} & 0 \\ 0 & 0 & 0 & 1 \\ \frac{D}{m_2} & 0 & -\frac{g}{l} - \frac{D}{m_2} & -\frac{\gamma}{m_2} \end{pmatrix} \begin{pmatrix} y_1(t) \\ y_2(t) \\ y_3(t) \\ y_4(t) \end{pmatrix}.$$

Mit der Matrix

$$A := \begin{pmatrix} 0 & 1 & 0 & 0 \\ -\frac{g}{l} - \frac{D}{m_1} & -\frac{\gamma}{m_1} & \frac{D}{m_1} & 0 \\ 0 & 0 & 0 & 1 \\ \frac{D}{m_2} & 0 & -\frac{g}{l} - \frac{D}{m_2} & -\frac{\gamma}{m_2} \end{pmatrix}$$

stellt sich obiges Problem abgekürzt dar als:

$$\vec{y}\,'(t) = A\,\vec{y}(t).$$

$\square$

Da sich mit obigem Vorgehen jedes LDGS mit Differenzialgleichungen höherer Ordnung in ein erweitertes LDGS 1. Ordnung überführen lässt, betrachten wir im Folgenden nur Systeme 1. Ordnung:

Allgemeine Problemstellung: Sei I ein Intervall, $\vec{f}(t)\colon I \to \mathbb{R}^n$ eine gegebene Vektorfunktion mit stetigen Komponenten $f_i(t)$ $(i = 1,\dots,n)$ und A eine $(n \times n)$-Matrix. Dann betrachten wir das LDGS

$$\vec{y}\,'(t) = A\,\vec{y}(t) + \vec{f}(t). \tag{1}$$

Für $\vec{f}(t) \neq 0$ heißt (1) ein **inhomogenes** System.
Für $\vec{f}(t) = 0$ heißt (1) ein **homogenes** System.

Gesucht ist eine differenzierbare Vektorfunktion $\vec{y}\colon I \to \mathbb{C}^n$, welche das LDGS (1) erfüllt.

Die Koeffizienten der $(n \times n)$-Matrix A können komplexe Zahlen sein; für die Anwendungen sind es aber in der Regel reelle Zahlen. Die gesuchte Vektorfunktion $\vec{y}(t)$ besteht aus n Funktionen

$$\vec{y}(t) = (y_1(t),\dots,y_n(t))^t\,;$$

jede dieser Funktionen ist differenzierbar und $\vec{y}\,'(t) = (y_1'(t),\dots,y_n'(t))^t$. Wir diskutieren wie bei linearen Differenzialgleichungen 1. Ordnung das homogene Problem:

15.2 Homogene lineare Differenzialgleichungssysteme

Wir betrachten das homogene LDGS

$$\vec{y}\,'(t) = A\,\vec{y}(t) \tag{2}$$

mit einer $(n \times n)$-Matrix A. Obwohl die Lösungen zunächst nicht bekannt sind, ist man in der Lage, Aussagen darüber zu treffen, welche Eigenschaften die Lösungen des LDGS besitzen:

Satz 15.1: Homogene lineare Differenzialgleichungssysteme

Die Menge aller Lösungen $\mathbb{L}_h$ eines homogenen LDGS

$$\vec{y}\,'(t) = A\,\vec{y}(t)$$

mit einer $(n \times n)$-Matrix A ist ein n-**dimensionaler Vektorraum**.

Diese zentrale Aussage über homogene LDGS werden wir anhand des Eingangsbeispiels verdeutlichen. Dass die Lösungsmenge einen Vektorraum bildet, spiegelt die Gültigkeit der Superpositionsgesetzes wider. Es besagt im Falle von schwingungsfähigen Systemen, dass mit zwei Schwingungsformen $\vec{y}_1(t)$ und $\vec{y}_2(t)$ auch deren Überlagerung (Superposition) $\vec{y}_1(t) + \vec{y}_2(t)$ eine mögliche Schwingungsform darstellt. Außerdem ist mit jeder Schwingung $\vec{y}(t)$ auch ein Vielfaches $\alpha\,\vec{y}(t)$ eine Schwingungsform. Zusätzlich gilt die triviale Aussage, dass die Ruhelage $\vec{0}$ auch einen Zustand des Systems darstellt. Formal ist dies allgemein für homogene LDGS nachprüfbar, wie die folgende Argumentation zeigt:

(1) Der Nullvektor $\vec{y}(t) = \vec{0}$ ist immer eine Lösung:
Für $\vec{y}(t) = \vec{0}$ folgt $\vec{y}\,'(t) = \vec{0}\,' = \vec{0}$. Außerdem ist $A\vec{0} = \vec{0} \Rightarrow \vec{0}\,' = A\vec{0}$.
$\Rightarrow$ Der Nullvektor $\vec{0}$ ist immer eine Lösung des homogenen LDGS.

(2) Sind $\vec{y}_1(t)$ und $\vec{y}_2(t)$ Lösungen. Dann gilt $\vec{y}_1\,'(t) = A\,\vec{y}_1(t)$ und $\vec{y}_2\,'(t) = A\,\vec{y}_2(t)$. Mit diesen beiden Lösungen ist auch die Überlagerung $\vec{y}_1(t) + \vec{y}_2(t)$ eine Lösung, denn
$$\left(\vec{y}_1(t) + \vec{y}_2(t)\right)' = \vec{y}_1\,'(t) + \vec{y}_2\,'(t) = A\,\vec{y}_1(t) + A\,\vec{y}_2(t) = A\left(\vec{y}_1(t) + \vec{y}_2(t)\right).$$

(3) Ist $\vec{y}(t)$ eine Lösung, d.h. $\vec{y}\,'(t) = A\,\vec{y}(t)$, dann ist $\alpha\,\vec{y}(t)$ ebenfalls eine Lösung: $\left(\alpha\,\vec{y}(t)\right)' = \alpha\,\vec{y}\,'(t) = \alpha\,A\,\vec{y}(t) = A\left(\alpha\,\vec{y}(t)\right).$ $\qquad\square$

Damit ist allgemein gezeigt, dass **für alle physikalischen Systeme, die sich durch homogene LDGS beschreiben lassen, immer das Superpositionsgesetz gültig ist!** Nach dem Unterraumkriterium aus der Linearen Algebra (siehe Band 1, Kapitel 2.4.2) ist (1) - (3) gleichbedeutend, dass $\mathbb{L}_h$ einen Vektorraum bildet. Da jeder endlich dimensionale Vektorraum eine Basis besitzt, lässt sich jede Lösung des homogenen LDGS darstellen als Linearkombination von Basisfunktionen:

$$\vec{y}(t) = c_1\,\vec{\varphi}_1(t) + c_2\,\vec{\varphi}_2(t) + \ldots + c_k\,\vec{\varphi}_k(t).$$

Die Frage ist, wieviele Basisfunktionen es gibt bzw. wieviele freie Parameter c_i die Lösungsdarstellung enthalten muss.

Kehren wir zum Pendelproblem aus Beispiel 15.1 zurück: Es gibt 4 unabhängige Möglichkeiten, das System anzuregen: Auslenkung φ_1, Auslenkung φ_2, Anfangsgeschwindigkeit $\dot{\varphi}_1$, Anfangsgeschwindigkeit $\dot{\varphi}_2$. Somit muss die Lösungsdarstellung für das Pendelproblem mindestens 4 freie Parameter enthalten, die unabhängig gewählt werden können. Folglich ist die Dimension von $\mathbb{L}_h \geq 4$. Für das Pendelproblem sind Vektorfunktionen $\vec{y}(t) = (y_1(t), \ldots, y_4(t))$ mit vier Komponenten gesucht. Daher ist die Dimension von $\mathbb{L}_h \leq 4$.

$$\Rightarrow \dim(\mathbb{L}_h) = 4.$$

Der folgende Satz klärt, welche Bedingungen erfüllt sein müssen, damit die Lösungen des LDGS linear unabhängig sind:

Satz 15.2: Linear unabhängige Funktionen

Sei $\mathbb{L}_h$ die Lösungsmenge des homogenen LDGS $\vec{y}'(t) = A\,\vec{y}(t)$ mit einer $(n \times n)$-Matrix A. Für n verschiedene Lösungen $\vec{\varphi}_1(t)$, $\vec{\varphi}_2(t)$, $\ldots, \vec{\varphi}_n(t)$ sind die nachfolgenden Aussagen gleichbedeutend:

(1) $\vec{\varphi}_1, \ldots, \vec{\varphi}_n$ sind **linear unabhängige Funktionen**.

(2) Für jedes t sind die Vektoren $\vec{\varphi}_1(t), \ldots, \vec{\varphi}_n(t)$ linear unabhängig.

(3) Für ein t_0 sind die Vektoren $\vec{\varphi}_1(t_0), \ldots, \vec{\varphi}_n(t_0)$ linear unabhängig.

Konsequenzen der Sätze:

(1) Sind $\vec{\varphi}_1, \vec{\varphi}_2, \ldots, \vec{\varphi}_k$ Lösungsfunktionen des homogenen LDGS, dann ist jede beliebige Linearkombination

$$\vec{y}(t) = c_1\,\vec{\varphi}_1(t) + c_2\,\vec{\varphi}_2(t) + \ldots + c_k\,\vec{\varphi}_k(t) \quad (c_k \in \mathbb{C}\,,\ k \in \mathbb{N})$$

ebenfalls eine Lösung.

(2) Da $\mathbb{L}_h$ einen n-dimensionalen Vektorraum bildet, gibt es eine Basis aus n Funktionen, so dass sich die allgemeine Lösung des homogenen LDGS darstellen lässt als Linearkombination dieser Basisfunktionen:

$$\vec{y}(t) = c_1\,\vec{\varphi}_1(t) + c_2\,\vec{\varphi}_2(t) + \ldots + c_n\,\vec{\varphi}_n(t).$$

(3) Zwar ist noch nicht geklärt, wie man die Basisfunktionen berechnet, aber aufgrund von Satz 15.2 kann man bei gegebenen Lösungen entscheiden, ob eine Basis von $\mathbb{L}_h$ vorliegt oder nicht.

Da die Basisfunktionen des Vektorraumes $\mathbb{L}_h$ für die Beschreibung aller Lösungen des homogenen LDGS eine entscheidende Rolle spielen, erhalten sie eine eigene Bezeichnung:

Definition: *Unter einem* **Lösungs-Fundamentalsystem** *des homogenen LDGS*

$$\vec{y}\,'(t) = A\,\vec{y}(t) \tag{2}$$

versteht man eine Basis von Vektorfunktionen $(\vec{\varphi}_1(t)\,,\ \ldots, \vec{\varphi}_n(t))$ des Vektorraums $\mathbb{L}_h$ aller Lösungen.

Im n-dimensionalen Vektorraum $\mathbb{R}^n$ sind n Vektoren genau dann linear unabhängig, wenn die Determinante dieser Vektoren nicht verschwindet:

Satz 15.3: Fundamentalsystem

n Lösungen $(\vec{\varphi}_1, \vec{\varphi}_2, \ldots, \vec{\varphi}_n)$ von (2) bilden ein **Fundamentalsystem**

$$\Leftrightarrow\quad \det\left(\vec{\varphi}_1(t_0)\,,\ \ \vec{\varphi}_2(t_0)\,,\ \ \ldots, \vec{\varphi}_n(t_0)\right) \neq 0 \quad \text{für ein}\ \ t_0\,.$$

Anwendungsbeispiel 15.2 (Bewegte Ladung im Magnetfeld).

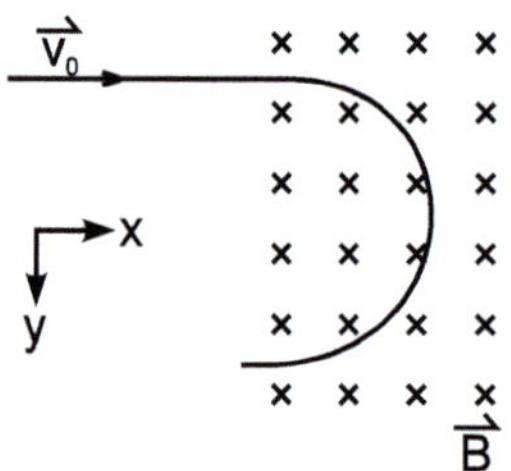

Abb. 15.2. Elektron im Magnetfeld

Die Newtonsche Bewegungsgleichung eines geladenen Teilchens $q = -e$ in einem homogenen Magnetfeld $\vec{B} = \begin{pmatrix} 0 \\ 0 \\ B_z \end{pmatrix}$ lautet

$$m\,\frac{d}{dt}\,\vec{v}(t) = q\left(\vec{v} \times \vec{B}\right) = q\,\begin{vmatrix} \vec{e}_x & v_x & 0 \\ \vec{e}_y & v_y & 0 \\ \vec{e}_z & v_z & B_z \end{vmatrix}$$

$$= -e\begin{pmatrix} v_y\,B_z \\ -v_x\,B_z \\ 0 \end{pmatrix}.$$

In Komponentenschreibweise gilt mit $\omega = \frac{e}{m}\,B_z$ für die 1. Komponente: $\dot{v}_x(t) = -\frac{e}{m} B_z v_y(t) = -\omega\, v_y(t),$

die 2. Komponente: $\dot{v}_y(t) = \frac{e}{m} B_z v_x(t) = \omega\, v_x(t),$

die 3. Komponente: $\dot{v}_z(t) = 0.$

Aus der dritten Komponente folgt $v_z(t) = const. \Rightarrow v_z(t) = 0$, wenn keine Anfangsgeschwindigkeit in z-Richtung vorliegt.

Für die ersten beiden Komponenten $v_x(t), v_y(t)$ erhalten wir ein LDGS der Form

$$\begin{pmatrix} v_x(t) \\ v_y(t) \end{pmatrix}' = \begin{pmatrix} 0 & -\omega \\ \omega & 0 \end{pmatrix} \begin{pmatrix} v_x(t) \\ v_y(t) \end{pmatrix} \Rightarrow \vec{v}'(t) = A\,\vec{v}(t) \qquad (*)$$

mit der (2×2)-Matrix $A = \begin{pmatrix} 0 & -\omega \\ \omega & 0 \end{pmatrix}$. Wie man durch Nachrechnen bestätigt, sind $\vec{v}_1(t) = \begin{pmatrix} \cos(\omega t) \\ \sin(\omega t) \end{pmatrix}$ und $\vec{v}_2(t) = \begin{pmatrix} -\sin(\omega t) \\ \cos(\omega t) \end{pmatrix}$ Lösungen von $(*)$:

$$\vec{v}_1'(t) = \begin{pmatrix} \cos(\omega t) \\ \sin(\omega t) \end{pmatrix}' = \begin{pmatrix} -\omega \sin(\omega t) \\ \omega \cos(\omega t) \end{pmatrix}$$

$$A\,\vec{v}_1(t) = \begin{pmatrix} 0 & -\omega \\ \omega & 0 \end{pmatrix} \begin{pmatrix} \cos(\omega t) \\ \sin(\omega t) \end{pmatrix} = \begin{pmatrix} -\omega \sin(\omega t) \\ \omega \cos(\omega t) \end{pmatrix}$$

$\Rightarrow \vec{v}_1'(t) = A\,\vec{v}_1(t)$. Analog prüft man dies für $\vec{v}_2(t)$ nach.

$\vec{v}_1(t)$ und $\vec{v}_2(t)$ sind linear unabhängig: Nach Satz 15.3 genügt es zu prüfen, dass $\det(\vec{v}_1(0), \vec{v}_2(0)) \neq 0$:

$$\det(\vec{v}_1(0), \vec{v}_2(0)) = \begin{vmatrix} 1 & 0 \\ 0 & 1 \end{vmatrix} = 1 \neq 0\,.$$

$\Rightarrow (\vec{v}_1, \vec{v}_2)$ bilden ein Fundamentalsystem und jede Lösung des Problems lässt sich schreiben als Linearkombination von $\vec{v}_1$ und $\vec{v}_2$

$$\vec{v}(t) = \begin{pmatrix} v_x(t) \\ v_y(t) \end{pmatrix} = c_1\,\vec{v}_1(t) + c_2\,\vec{v}_2(t) = c_1 \begin{pmatrix} \cos(\omega t) \\ \sin(\omega t) \end{pmatrix} + c_2 \begin{pmatrix} -\sin(\omega t) \\ \cos(\omega t) \end{pmatrix}$$

bzw. in Komponenten

$$v_x(t) = c_1 \cos(\omega t) - c_2 \sin(\omega t)$$
$$v_y(t) = c_1 \sin(\omega t) + c_2 \cos(\omega t).$$

Die Konstanten c_1 und c_2 werden durch die Anfangsbedingungen des Problems festgelegt. In unserem Beispiel ist $v_x(0) = v_0$ und $v_y(0) = 0$:

$$\begin{array}{l} v_x(0) = c_1 = v_0 \\ v_y(0) = c_2 = 0 \end{array} \quad \Rightarrow \quad \boxed{\begin{array}{l} v_x(t) = v_0 \cos(\omega t) \\ v_y(t) = v_0 \sin(\omega t) \end{array}} \qquad \square$$

15.2.1 Lösung des homogenen LDGS mit konstanten Koeffizienten

Die Lösung von homogenen LDGS reduziert sich vollständig auf die Analyse der Matrix A. Grundlage hierfür bildet der folgende Satz:

Satz 15.4: Lösungen von homogenen LDGS

Sei A eine $(n \times n)$-Matrix und $\vec{x} = \begin{pmatrix} x_1 \\ \vdots \\ x_n \end{pmatrix} \in \mathbb{C}^n$ ein Vektor, zu dem es ein $\lambda \in \mathbb{C}$ gibt, so dass $A\vec{x} = \lambda\vec{x}$. Dann ist die Funktion

$$\vec{\varphi}(t) = \vec{x}\, e^{\lambda t}$$

eine Lösung des homogenen LDGS $\vec{y}'(t) = A\vec{y}(t)$.

Begründung: Sei $\vec{x} \in \mathbb{R}^n$ ein Vektor, zu dem es ein $\lambda \in \mathbb{C}$ gibt mit $A\vec{x} = \lambda\vec{x}$. Dann gilt für die Ableitung der Vektorfunktion $\vec{\varphi}(t) = \vec{x}\,e^{\lambda t}$:

$$\vec{\varphi}'(t) = \left(\vec{x}\,e^{\lambda t}\right)' = \vec{x}\,\lambda\,e^{\lambda t} = (\lambda\,\vec{x})\,e^{\lambda t}$$

$$= (A\,\vec{x})\,e^{\lambda t} = A\left(\vec{x}\,e^{\lambda t}\right) = A\,\vec{\varphi}(t). \qquad \square$$

Die Frage ist also, wie verschafft man sich Vektoren $\vec{x}$ mit der Eigenschaft $\boxed{A\vec{x} = \lambda\vec{x}}$? Dies ist das Problem der Suche nach Eigenwerten und Eigenvektoren einer gegebenen Matrix A, das in Band 2, Abschnitt 11.1 behandelt wird. Wir fassen im folgenden Abschnitt die wichtigsten Aussagen zusammen.

15.2.2 Eigenwerte und Eigenvektoren

Definition: *Sei A eine $(n \times n)$-Matrix und $\vec{x} \neq \vec{0}$ ein Vektor. $\vec{x}$ ist* **Eigenvektor** *von A, wenn es eine komplexe Zahl λ gibt mit*

$$A\vec{x} = \lambda\vec{x}.$$

λ *heißt dann* **Eigenwert** *von A zum Eigenvektor $\vec{x}$.*

Visualisierung: Die Animation zeigt die graphische Interpretation eines Eigenvektors $\vec{x}$. Hierzu wird für eine gegebene (2×2)-Matrix A sowohl der Vektor $\vec{x}$ als auch $A\vec{x}$ graphisch dargestellt. In der Animation rotiert $\vec{x}$ im Einheitskreis. Einen Eigenvektor erhält man dann, wenn $\vec{x}$ und $A\vec{x}$ parallel sind.

Das Verfahren zur Lösung des Eigenwertproblems besteht darin, zunächst alle Eigenwerte zu bestimmen und dann die Eigenvektoren für jeden Eigenwert zu berechnen. Dazu formulieren wir $A\,\vec{x} = \lambda\,\vec{x}$ in die äquivalente Gleichung

$$(A - \lambda\,I_n)\,\vec{x} = \vec{0} \qquad (3)$$

um, wobei I_n die Einheitsmatrix ist. Um einen Eigenvektor $\vec{x} \neq \vec{0}$ zu bestimmen, muss die Determinante der Matrix $A - \lambda\,I_n$ Null ergeben

$$\det\,(A - \lambda\,I_n) = 0.$$

Nach den Abschnitten 11.1 bis 11.3 aus Band 2 wissen wir das Folgende:

Zusammenfassung: Eigenwerte und Eigenvektoren einer Matrix A.

Sei A eine $(n \times n)$-Matrix.

(1) λ ist ein Eigenwert der Matrix A $\Leftrightarrow$ $\det\,(A - \lambda\,I_n) = 0$.

(2) $P\,(\lambda) = \det\,(A - \lambda\,I_n)$ ist das **charakteristische Polynom**. Die Nullstellen des charakteristischen Polynoms sind die Eigenwerte von A.

(3) Ist λ ein Eigenwert der Matrix A, so sind alle Eigenvektoren zum Eigenwert λ gegeben als Lösung des linearen Gleichungssystems $(A - \lambda\,I_n)\,\vec{x} = \vec{0}$.

(4) Ist λ ein Eigenwert von A, dann bildet die Menge der Eigenvektoren zum Eigenwert λ einen Vektorraum.

Um die Eigenvektoren einer Matrix A zu berechnen, bestimmt man zunächst sämtliche Eigenwerte von A und dann zu jedem Eigenwert die zugehörigen Eigenvektoren:

Beispiel 15.3. Gegeben ist die (3×3)-Matrix $A = \begin{pmatrix} 5 & 7 & -5 \\ 0 & 4 & -1 \\ 2 & 8 & -3 \end{pmatrix}$. Gesucht sind alle Eigenwerte und Eigenvektoren dieser Matrix.

Schritt 1: Zur Bestimmung der Eigenwerte gehen wir zur Matrix $A - \lambda\,I_3$ über

$$A - \lambda\,I_3 = \begin{pmatrix} 5 & 7 & -5 \\ 0 & 4 & -1 \\ 2 & 8 & -3 \end{pmatrix} - \lambda \begin{pmatrix} 1 & 0 & 0 \\ 0 & 1 & 0 \\ 0 & 0 & 1 \end{pmatrix} = \begin{pmatrix} 5 - \lambda & 7 & -5 \\ 0 & 4 - \lambda & -1 \\ 2 & 8 & -3 - \lambda \end{pmatrix}$$

und berechnen über die Determinante das charakteristische Polynom

$$\det\left(A - \lambda\, I_3\right) \;=\; \begin{vmatrix} 5 - \lambda & 7 & -5 \\ 0 & 4 - \lambda & -1 \\ 2 & 8 & -3 - \lambda \end{vmatrix}$$

$$=\; (5 - \lambda)\begin{vmatrix} 4 - \lambda & -1 \\ 8 & -3 - \lambda \end{vmatrix} + 2\begin{vmatrix} 7 & -5 \\ 4 - \lambda & -1 \end{vmatrix}$$

$$=\; -\lambda^3 + 6\lambda^2 - 11\lambda + 6 = -(\lambda - 1)(\lambda - 2)(\lambda - 3).$$

Aus $\det\left(A - \lambda\, I_3\right) \overset{!}{=} 0$ erhalten wir die Eigenwerte $\lambda_1 = 1$, $\lambda_2 = 2$ und $\lambda_3 = 3$.

Schritt 2: Nachdem die Eigenwerte der Matrix bestimmt sind, berechnen wir zu jedem Eigenwert die zugehörigen Eigenvektoren, indem wir das lineare Gleichungssystem $\left(A - \lambda\, I_n\right)\vec{x} = \vec{0}$ lösen:

i) Berechnung der Eigenvektoren zum Eigenwert $\lambda_1 = 1$: Gesucht sind Vektoren $\vec{x} \neq \vec{0}$, so dass $\left(A - \lambda_1 I_3\right)\vec{x} = \vec{0}$. Zu lösen ist das LGS

$$\begin{pmatrix} 5 - 1 & 7 & -5 \\ 0 & 4 - 1 & -1 \\ 2 & 8 & -3 - 1 \end{pmatrix}\begin{pmatrix} x_1 \\ x_2 \\ x_3 \end{pmatrix} = \begin{pmatrix} 0 \\ 0 \\ 0 \end{pmatrix} :$$

$$\hookrightarrow \left(\begin{array}{ccc|c} 4 & 7 & -5 & 0 \\ 0 & 3 & -1 & 0 \\ 2 & 8 & -4 & 0 \end{array}\right) \hookrightarrow \left(\begin{array}{ccc|c} 4 & 7 & -5 & 0 \\ 0 & 3 & -1 & 0 \\ 0 & -9 & 3 & 0 \end{array}\right) \hookrightarrow \left(\begin{array}{ccc|c} 4 & 7 & -5 & 0 \\ 0 & 3 & -1 & 0 \\ 0 & 0 & 0 & 0 \end{array}\right).$$

Damit ist $x_3 = t$; $3x_2 - t = 0 \hookrightarrow x_2 = \frac{1}{3}t$; $4x_1 + \frac{7}{3}t - 5t = 0 \hookrightarrow$

$x_1 = \frac{2}{3}t$. Setzt man z.B. $t = 3$, so erhält man $\vec{x}_1 = \begin{pmatrix} 2 \\ 1 \\ 3 \end{pmatrix}$ als einen

Eigenvektor zum Eigenwert $\lambda_1 = 1$.

ii) Berechnung der Eigenvektoren zum Eigenwert $\lambda_2 = 2$: Zu lösen ist das lineare Gleichungssystem $\left(A - \lambda_2 I_3\right)\vec{x} = \vec{0}$:

$$\left(\begin{array}{ccc|c} 5 - 2 & 7 & -5 & 0 \\ 0 & 4 - 2 & -1 & 0 \\ 2 & 8 & -3 - 2 & 0 \end{array}\right) \hookrightarrow \left(\begin{array}{ccc|c} 3 & 7 & -5 & 0 \\ 0 & 2 & -1 & 0 \\ 0 & 0 & 0 & 0 \end{array}\right).$$

Damit ist $x_3 = t$; $2x_2 - t = 0 \hookrightarrow x_2 = \frac{1}{2}t$; $3x_1 + \frac{7}{2}t - 5t = 0 \hookrightarrow$
$x_1 = \frac{1}{2}t$. Einen Eigenvektor zum Eigenwert $\lambda_2 = 2$ erhält man z.B

für $t = 2$ durch $\vec{x}_2 = \begin{pmatrix} 1 \\ 1 \\ 2 \end{pmatrix}$.

iii) Berechnung der Eigenvektoren zum Eigenwert $\lambda_3 = 3$: Durch Lösen des linearen Gleichungssystems $(A - \lambda_3\,I_3)\,\vec{x} = \vec{0}$ erhält man z.B.

$$\vec{x}_3 = \begin{pmatrix} -1 \\ 1 \\ 1 \end{pmatrix} \text{ als einen Eigenvektor zum Eigenwert } \lambda_3 = 3. \qquad \square$$

15.2.3 Lösen von homogenen LDGS mit Eigenvektoren

Kommen wir nun zu unserem ursprünglich gestellten Problem, dem Lösen von homogenen LDGS, zurück. Zusammenfassend können wir mit den Begriffen aus dem vorigen Abschnitt formulieren:

Folgerung/Zusammenfassung: Fundamentalsystem

Besitzt die $(n \times n)$-Matrix A eine Basis von Eigenvektoren $\vec{x}_1, \vec{x}_2, \ldots, \vec{x}_n$ zu den Eigenwerten $\lambda_1, \ldots, \lambda_n \in \mathbb{C}$, so bilden die Vektorfunktionen

$$\vec{\varphi}_k\,(t) = \vec{x}_k\,e^{\lambda_k\,t} \qquad (k = 1, \ldots, n)$$

ein Lösungs-Fundamentalsystem des homogenen LDGS

$$\vec{y}\,'(t) = A\,\vec{y}(t)\ .$$

Die in 15.2.2 beschriebene Vorgehensweise zur Bestimmung der Eigenwerte und zugehörigen Eigenvektoren ist ausreichend, um ein Fundamentalsystem des LDGS $\vec{y}\,'(t) = A\,\vec{y}(t)$ zu berechnen, wenn man eine Basis aus Eigenvektoren findet. Dies ist aber nur unter gewissen Voraussetzungen der Fall, welche der folgende Satz zusammenfasst (siehe Band 2, Kapitel 11).

Satz 15.5: Basis aus Eigenvektoren

Sei A eine $(n \times n)$-Matrix.

(1) Besitzt das charakteristische Polynom $P(\lambda) = \det(A - \lambda\,I_n)$ n verschiedene Nullstellen, dann gibt es eine Basis aus Eigenvektoren.

(2) Existieren zu jedem Eigenwert der Vielfachheit m, m linear unabhängige Eigenvektoren, dann gibt es eine Basis aus Eigenvektoren.

(3) Ist A eine reelle, symmetrische Matrix (d.h. $A = A^t$), dann gibt es eine Basis aus Eigenvektoren.

(4) Ist A eine komplexe, *hermitische* Matrix (d.h. $A = \overline{A^t}$), dann gibt es eine Basis aus Eigenvektoren.

Bemerkung: Stimmt die Dimension des Eigenraumes $\mathrm{Eig}(A, \lambda)$ mit der Vielfachheit des Eigenwerts überein, dann existiert eine Basis aus Eigenvektoren. Man kann allgemeiner sogar zeigen, dass diese Bedingung nicht nur notwendig, sondern auch hinreichend ist: **Es existiert eine Basis aus Eigenvektoren genau dann, wenn für alle Eigenwerte die Vielfachheit der Nullstelle mit der Dimension des Eigenraumes übereinstimmt.** Das sind genau die Matrizen, die wir in Band 2, Kapitel 11.3 als *diagonalisierbare* Matrizen bezeichnet haben.

Musterbeispiel 15.4 **(Eigenwerte und Eigenvektoren).**

Gesucht ist ein Lösungs-Fundamentalsystem des LDGS

$$\vec{y}\,'(t) = A\,\vec{y}(t) \quad \text{mit} \quad A = \begin{pmatrix} 1 & 1 & 1 \\ 1 & 1 & 1 \\ 1 & 1 & 1 \end{pmatrix}.$$

(i) **Bestimmung der Eigenwerte** von A:

$$P(\lambda) = \det(A - \lambda I_3) = \begin{vmatrix} 1-\lambda & 1 & 1 \\ 1 & 1-\lambda & 1 \\ 1 & 1 & 1-\lambda \end{vmatrix} =$$

$$= (1-\lambda) \begin{vmatrix} 1-\lambda & 1 \\ 1 & 1-\lambda \end{vmatrix} - \begin{vmatrix} 1 & 1 \\ 1 & 1-\lambda \end{vmatrix} + \begin{vmatrix} 1 & 1 \\ 1-\lambda & 1 \end{vmatrix}$$

$$= -\lambda^2 (\lambda - 3).$$

Die Eigenwerte sind die Nullstellen des charakteristischen Polynoms:

$$P(\lambda) \stackrel{!}{=} 0 \quad \hookrightarrow \quad \lambda_1 = 0 \quad \text{Eigenwert mit Vielfachheit 2.}$$
$$\lambda_2 = 3 \quad \text{Eigenwert mit Vielfachheit 1.}$$

(ii) **Bestimmung der Eigenvektoren** von A:

Eigenvektoren zum Eigenwert $\lambda_1 = 0$:

$$(A - 0 \cdot I_3)\,\vec{x} = 0 \quad \hookrightarrow \quad \left(\begin{array}{ccc|c} 1 & 1 & 1 & 0 \\ 1 & 1 & 1 & 0 \\ 1 & 1 & 1 & 0 \end{array}\right) \quad \hookrightarrow \quad \left(\begin{array}{ccc|c} 1 & 1 & 1 & 0 \\ 0 & 0 & 0 & 0 \\ 0 & 0 & 0 & 0 \end{array}\right).$$

$\hookrightarrow x_3 = r;\ x_2 = t;\ x_1 = -r - t.$ Damit folgt

$$\mathrm{Eig}(A, 0) = \left\{ \vec{x} \in \mathbb{R}^3 : \vec{x} = \begin{pmatrix} x_1 \\ x_2 \\ x_3 \end{pmatrix} = r \begin{pmatrix} -1 \\ 0 \\ 1 \end{pmatrix} + t \begin{pmatrix} -1 \\ 1 \\ 0 \end{pmatrix};\ r, t \in \mathbb{R} \right\}.$$

Die Dimension des Eigenraums $\mathrm{Eig}(A, 0)$ ist 2 und gleich der Vielfachheit des Eigenwerts. Zwei linear unabhängige Eigenvektoren sind z.B.

$$\vec{x}_1 = \begin{pmatrix} -1 \\ 0 \\ 1 \end{pmatrix} \quad \text{und} \quad \vec{x}_2 = \begin{pmatrix} -1 \\ 1 \\ 0 \end{pmatrix}.$$

Eigenvektoren zum Eigenwert $\lambda_2 = 3$:

$$(A - 3\,I_3)\,\vec{x} = 0 \;\hookrightarrow\; \begin{pmatrix} -2 & 1 & 1 & 0 \\ 1 & -2 & 1 & 0 \\ 1 & 1 & -2 & 0 \end{pmatrix} \;\hookrightarrow\; \begin{pmatrix} -2 & 1 & 1 & 0 \\ 0 & -1 & 1 & 0 \\ 0 & 0 & 0 & 0 \end{pmatrix}.$$

$$\hookrightarrow x_3 = r; \quad x_2 = r; \quad -2\,x_1 + r + r = 0 \hookrightarrow x_1 = r.$$

$$\Rightarrow \mathrm{Eig}\,(A,\,3) = \left\{ \vec{x} \in \mathbb{R}^3 : \; \vec{x} = \begin{pmatrix} x_1 \\ x_2 \\ x_3 \end{pmatrix} = r \begin{pmatrix} 1 \\ 1 \\ 1 \end{pmatrix} ; \, r \in \mathbb{R} \right\}.$$

Die Dimension des Eigenraumes $\mathrm{Eig}(A,\,3)$ ist 1 und gleich der Vielfachheit

des Eigenwertes. Ein Eigenvektor ist z.B. $\vec{x}_3 = \begin{pmatrix} 1 \\ 1 \\ 1 \end{pmatrix}$.

(iii) Ein **Fundamentalsystem** von $\vec{y}\,'(t) = A\,\vec{y}(t)$ ist damit

$$\begin{pmatrix} -1 \\ 0 \\ 1 \end{pmatrix} e^{0\,t}, \quad \begin{pmatrix} -1 \\ 1 \\ 0 \end{pmatrix} e^{0\,t}, \quad \begin{pmatrix} 1 \\ 1 \\ 1 \end{pmatrix} e^{3\,t}$$

und die allgemeine Lösung lautet

$$\vec{y}(t) = c_1 \begin{pmatrix} -1 \\ 0 \\ 1 \end{pmatrix} e^{0\,t} + c_2 \begin{pmatrix} -1 \\ 1 \\ 0 \end{pmatrix} e^{0\,t} + c_3 \begin{pmatrix} 1 \\ 1 \\ 1 \end{pmatrix} e^{3\,t}$$

mit frei wählbaren Konstanten c_1, c_2, c_3. $\square$

Musterbeispiel 15.5 (**Lösen von LDGS**).

Das Lösen von LDGS erster Ordnung soll am Beispiel der folgenden drei gekoppelten Differenzialgleichungen zusammengefasst werden. Gegeben ist das System von Differenzialgleichungen:

$$4y_2(t) = y_2'(t) + y_3(t)$$
$$5y_1(t) + 7y_2(t) = y_1'(t) + 5y_3(t) \qquad (*)$$
$$y_3'(t) = 2y_1(t) + 8y_2(t) - 3y_3(t).$$

Gesucht sind die Lösungen $y_1(t)$, $y_2(t)$ und $y_3(t)$ zu den Anfangsbedingungen

$$y_1(0) = 3,\, y_2(0) = 2,\, y_3(0) = 1.$$

1. Aufstellen des LDGS: Alle Terme mit Ableitungen werden auf die linke und die gesuchten Funktionen auf die rechte Seite gebracht.

$$y_1'(t) = 5y_1(t) + 7y_2(t) - 5y_3(t)$$
$$y_2'(t) = 4y_2(t) - y_3(t)$$
$$y_3'(t) = 2y_1(t) + 8y_2(t) - 3y_3(t)$$

2. Aufstellen der Systemmatrix:

$$\begin{pmatrix} y_1(t) \\ y_2(t) \\ y_3(t) \end{pmatrix}' = \begin{pmatrix} 5 & 7 & -5 \\ 0 & 4 & -1 \\ 2 & 8 & -3 \end{pmatrix} \begin{pmatrix} y_1(t) \\ y_2(t) \\ y_3(t) \end{pmatrix} \Rightarrow A = \begin{pmatrix} 5 & 7 & -5 \\ 0 & 4 & -1 \\ 2 & 8 & -3 \end{pmatrix} .$$

3. Bestimmung der Eigenwerte und Eigenvektoren: Nach Beispiel 15.3 sind

$$\vec{x}_1 = \begin{pmatrix} 2 \\ 1 \\ 3 \end{pmatrix}, \ \vec{x}_2 = \begin{pmatrix} 1 \\ 1 \\ 2 \end{pmatrix} \text{ und } \vec{x}_3 = \begin{pmatrix} -1 \\ 1 \\ 1 \end{pmatrix}$$

Eigenvektoren zu den Eigenwerten $\lambda_1 = 1$, $\lambda_2 = 2$ und $\lambda_3 = 3$.

4. Fundamentalsystem: Durch die Kenntnis der Eigenwerten und der zugehörigen Eigenvektoren ist man in der Lage, ein Fundamentalsystem durch $\vec{x}_1 e^{\lambda_1 t}$, $\vec{x}_2 e^{\lambda_2 t}$, $\vec{x}_3 e^{\lambda_3 t}$ anzugeben

$$\begin{pmatrix} 2 \\ 1 \\ 3 \end{pmatrix} e^{1t} , \ \begin{pmatrix} 1 \\ 1 \\ 2 \end{pmatrix} e^{2t} , \ \begin{pmatrix} -1 \\ 1 \\ 1 \end{pmatrix} e^{3t} .$$

5. Allgemeine Lösung: Die allgemeine Lösung $\vec{y}(t)$ ist dann eine Linearkombination der Fundamentallösungen

$$\vec{y}(t) = c_1 \begin{pmatrix} 2 \\ 1 \\ 3 \end{pmatrix} e^{1t} + c_2 \begin{pmatrix} 1 \\ 1 \\ 2 \end{pmatrix} e^{2t} + c_3 \begin{pmatrix} -1 \\ 1 \\ 1 \end{pmatrix} e^{3t} .$$

In Komponentenschreibweise lauten die gesuchten Funktionen

$$y_1(t) = 2\,c_1 e^{1t} + 1\,c_2 e^{2t} - c_3 e^{3t}$$
$$y_2(t) = 1\,c_1 e^{1t} + 1\,c_2 e^{2t} + c_3 e^{3t}$$
$$y_3(t) = 3\,c_1 e^{1t} + 2\,c_2 e^{2t} + c_3 e^{3t} .$$

6. Bestimmung der Koeffizienten: Die Koeffizienten bestimmen sich über die Anfangsbedingungen:

$$y_1(0) = 2\,c_1 + 1\,c_2 - c_3 = 3$$
$$y_2(0) = 1\,c_1 + 1\,c_2 + c_3 = 2$$
$$y_3(0) = 3\,c_1 + 2\,c_2 + c_3 = 1 .$$

Dies ist ein lineares Gleichungssystem für die Konstanten c_1, c_2 und c_3 der Form

$$\left(\begin{array}{ccc|c} 2 & 1 & -1 & 3 \\ 1 & 1 & 1 & 2 \\ 3 & 2 & 1 & 1 \end{array} \right) \hookrightarrow \left(\begin{array}{ccc|c} 1 & 1 & 1 & 2 \\ 0 & -1 & -3 & -1 \\ 0 & 0 & -1 & 4 \end{array} \right) ,$$

das z.B. mit dem Gauß-Algorithmus gelöst wird. Es ergeben sich die Konstanten zu $c_1 = -7$, $c_2 = 13$ und $c_3 = -4$. Damit lauten die Lösungen des LDGS $(*)$

$$y_1(t) = -14\,e^{1t} + 13\,e^{2t} + 4\,e^{3t}$$
$$y_2(t) = -7\,e^{1t} + 13\,e^{2t} - 4\,e^{3t}$$
$$y_3(t) = -21\,e^{1t} + 26\,e^{2t} - 4\,e^{3t} \; . \qquad \square$$

Die bisher beschriebenen Methoden lassen sich direkt auf LDGS der Form

$$\vec{y}\,''(t) = A\,\vec{y}\,(t)$$

übertragen. Dies ist deshalb von besonderem Interesse, da Schwingungsprobleme ohne Reibung sich durch solche LDGS beschreiben lassen.

Satz 15.6: Lineare Differenzialgleichungssysteme zweiter Ordnung

Ist A eine $(n \times n)$-Matrix und $\vec{x}$ ein Eigenvektor zum Eigenwert λ. Dann sind die Funktionen

$$\vec{y}_1(t) = \vec{x}\,e^{+\sqrt{\lambda}\,t} \qquad \text{und} \qquad \vec{y}_2(t) = \vec{x}\,e^{-\sqrt{\lambda}\,t}$$

Lösungen des LDGS zweiter Ordnung

$$\vec{y}\,''(t) = A\,\vec{y}\,(t) \; .$$

Begründung: Ist $\vec{x}$ ein Eigenvektor zum Eigenwert λ. Dann gilt für $\vec{y}\,(t) := \vec{x}\,e^{\sqrt{\lambda}\,t}$:

$$\vec{y}\,''(t) \;=\; \left(\vec{x}\,e^{\sqrt{\lambda}\,t}\right)'' = \left(\vec{x}\,\sqrt{\lambda}\,e^{\sqrt{\lambda}\,t}\right)' = \vec{x}\,\sqrt{\lambda}^2\,e^{\sqrt{\lambda}\,t} = \lambda\,\vec{x}\,e^{\sqrt{\lambda}\,t}$$

$$\;=\; A\,\vec{x}\,e^{\sqrt{\lambda}\,t} = A\,\vec{y}\,(t).$$

D.h. $\vec{y}\,(t)$ ist eine Lösung des LDGS zweiter Ordnung $\vec{y}\,''(t) = A\,\vec{y}\,(t)$. Analog zeigt man, dass auch $\vec{x}\,e^{-\sqrt{\lambda}\,t}$ eine Lösung des LDGS ist. $\qquad \square$

Tipp: Besitzt A eine Basis aus Eigenvektoren $(\vec{x}_1, \ldots, \vec{x}_n)$ mit den zugehörigen Eigenwerten $\lambda_i \neq 0$ $(i = 1, \ldots, n)$, dann ist

$$\vec{x}_1\,e^{\sqrt{\lambda_1}\,t}, \; \vec{x}_1\,e^{-\sqrt{\lambda_1}\,t}, \ldots, \vec{x}_n\,e^{\sqrt{\lambda_n}\,t}, \; \vec{x}_n\,e^{-\sqrt{\lambda_n}\,t}$$

ein Fundamentalsystem zu $\vec{y}\,''(t) = A\,\vec{y}\,(t)$. Man muss in diesem Fall nicht zu dem System erster Ordnung übergehen, sondern kann die Eigenwerte und Eigenvektoren der Matrix A zu Lösung des LDGS heranziehen!

Anwendungsbeispiel 15.6 (Gekoppelte Pendel ohne Reibung).

Kommen wir auf das Einführungsbeispiel 15.1 der gekoppelten Pendel zurück. Vernachlässigen wir Reibungskräfte, ist das System von Differenzialgleichungen für die Winkelauslenkungen $\varphi_1(t)$ und $\varphi_2(t)$ gegeben durch

$$\ddot{\varphi}_1(t) = -\frac{g}{l}\,\varphi_1(t) + \frac{D}{m}\,(\varphi_2(t) - \varphi_1(t))$$

$$\ddot{\varphi}_2(t) = -\frac{g}{l}\,\varphi_2(t) + \frac{D}{m}\,(\varphi_1(t) - \varphi_2(t)).$$

Für $\vec{\varphi}(t) := \begin{pmatrix} \varphi_1(t) \\ \varphi_2(t) \end{pmatrix}$ gilt mit $A = \begin{pmatrix} -\frac{g}{l} - \frac{D}{m} & \frac{D}{m} \\[1em] \frac{D}{m} & -\frac{g}{l} - \frac{D}{m} \end{pmatrix}$

$$\vec{\varphi}''(t) = A\,\vec{\varphi}(t).$$

(i) Berechnung der Eigenwerte:

$$P(\lambda) = \det(A - \lambda I_2) = \begin{vmatrix} -\frac{g}{l} - \frac{D}{m} - \lambda & \frac{D}{m} \\[1em] \frac{D}{m} & -\frac{g}{l} - \frac{D}{m} - \lambda \end{vmatrix}$$

$$= \left(-\frac{g}{l} - \frac{D}{m} - \lambda\right)^2 - \left(\frac{D}{m}\right)^2 \stackrel{!}{=} 0.$$

Die Eigenwerte sind die Nullstellen des charakteristischen Polynoms

$$P(\lambda) \stackrel{!}{=} 0 \;\Rightarrow\; \left(\frac{g}{l} + \frac{D}{m}\right) + \lambda_{1/2} = \pm\frac{D}{m}$$

$$\hookrightarrow \boxed{\lambda_1 = -\frac{g}{l}} \quad \text{und} \quad \boxed{\lambda_2 = -\frac{g}{l} - 2\frac{D}{m}}.$$

(ii) Berechnung der Eigenvektoren:

$$\lambda_1 = -\frac{g}{l}: \quad (A - \lambda_1 I_2)\,\vec{x} = 0 \hookrightarrow \left(\begin{array}{cc|c} -\frac{D}{m} & \frac{D}{m} & 0 \\[0.6em] \frac{D}{m} & -\frac{D}{m} & 0 \end{array}\right) \hookrightarrow \left(\begin{array}{cc|c} -\frac{D}{m} & \frac{D}{m} & 0 \\[0.6em] 0 & 0 & 0 \end{array}\right):$$

Eigenvektor zum Eigenwert λ_1 ist $\vec{x}_1 = \begin{pmatrix} 1 \\ 1 \end{pmatrix}$ (gleichphasig).

$$\lambda_2 = -\frac{g}{l} - 2\frac{D}{m}: \quad (A - \lambda_2 I_2)\,\vec{x} = 0 \hookrightarrow \left(\begin{array}{cc|c} \frac{D}{m} & \frac{D}{m} & 0 \\[0.6em] \frac{D}{m} & \frac{D}{m} & 0 \end{array}\right) \hookrightarrow \left(\begin{array}{cc|c} \frac{D}{m} & \frac{D}{m} & 0 \\[0.6em] 0 & 0 & 0 \end{array}\right):$$

Eigenvektor zum Eigenwert λ_2 ist $\vec{x}_2 = \begin{pmatrix} 1 \\ -1 \end{pmatrix}$ (gegenphasig).

(iii) Aufstellen des Fundamentalsystems: Mit den Eigenvektoren und zugehörigen Eigenwerten stellen wir das komplexe Fundamentalsystem auf:

$$\vec{x}_1\, e^{\sqrt{\lambda_1}\, t}, \quad \vec{x}_1\, e^{-\sqrt{\lambda_1}\, t}, \quad \vec{x}_2\, e^{\sqrt{\lambda_2}\, t}, \quad \vec{x}_2\, e^{-\sqrt{\lambda_2}\, t}$$

mit

$$\sqrt{\lambda_1} = \sqrt{-\frac{g}{l}} = i\,\sqrt{\frac{g}{l}} = i\,\omega_1$$

und

$$\sqrt{\lambda_2} = \sqrt{-\frac{g}{l} - 2\frac{D}{m}} = i\,\sqrt{\frac{g}{l} + 2\frac{D}{m}} = i\,\omega_2.$$

(iv) Interpretation:

$\omega_1 = \sqrt{\frac{g}{l}}$ ist die Eigenfrequenz des Pendels ohne Federkopplung. Zu dieser Frequenz gehört der Eigenvektor $\begin{pmatrix} 1 \\ 1 \end{pmatrix}$, welches einem *gleichphasigen* Auslenken der Pendel entspricht (siehe linke Abb. (1)). Die Feder ist nicht bemerkbar und beide Pendel schwingen mit der Eigenfrequenz eines Einzelpendels ohne Kopplung.

$\omega_2 = \sqrt{\frac{g}{l} + 2\frac{D}{m}}$ ist die Eigenfrequenz des Pendels mit Federkopplung, wenn die beiden Massen gegenphasig ausgelenkt werden. Der zugehörige Eigenvektor ist $\begin{pmatrix} 1 \\ -1 \end{pmatrix}$ (siehe rechte Abb. (2)). Durch die entgegengesetzte Auslenkung der Pendel macht sich die Federauslenkung doppelt bemerkbar, welches sich in dem Faktor $2\frac{D}{m}$ bei der Frequenz widerspiegelt.

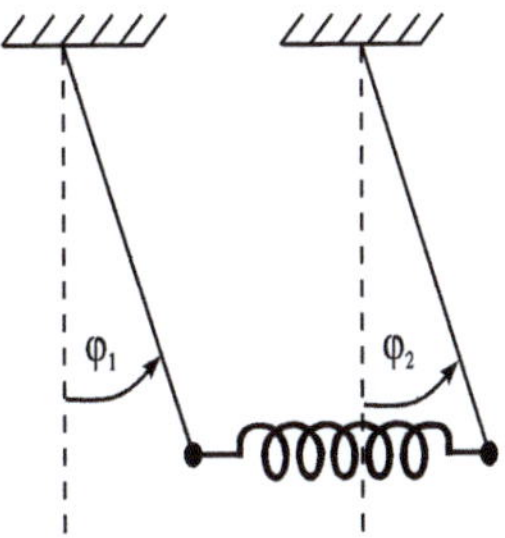

(1) Gleichphasige Auslenkung

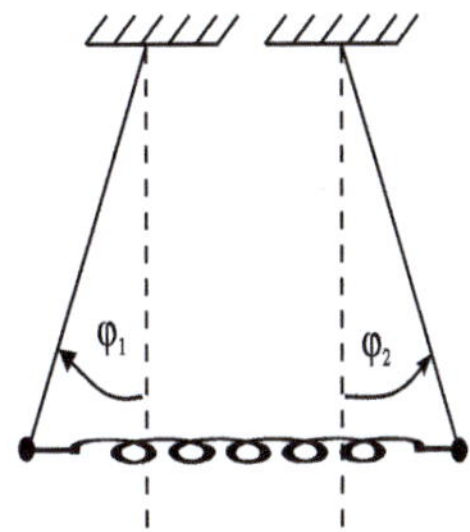

(2) Gegenphasige Auslenkung

Die zu ω_1 und ω_2 gehörenden Schwingungen nennt man *Grundschwingungen*. Regt man das System mit einem **Eigenvektor** an, so wird nur die zugehörige **Eigenfrequenz** angeregt. Alle anderen Schwingungsformen sind Überlagerungen dieser Grundschwingungen. Die allgemeine Lösung ist mit beliebigen komplexen Konstanten c_1, c_2, c_3, c_4 gegeben durch

$$\vec{\varphi}\,(t) = c_1 \begin{pmatrix} 1 \\ 1 \end{pmatrix} e^{i\,\omega_1\, t} + c_2 \begin{pmatrix} 1 \\ 1 \end{pmatrix} e^{-i\,\omega_1\, t} + c_3 \begin{pmatrix} 1 \\ -1 \end{pmatrix} e^{i\,\omega_2\, t} + c_4 \begin{pmatrix} 1 \\ -1 \end{pmatrix} e^{-i\,\omega_2\, t}.$$

(v) Übergang zu einem reellen Fundamentalsystem: Aufgrund der Eulerschen Formel (siehe Band 1, Kapitel 5.1)

$$e^{i\,\omega\,t} = \cos(\omega\,t) + i\,\sin(\omega\,t)$$

gilt für beliebiges t

$$\begin{aligned} \cos(\omega\,t) &= \tfrac{1}{2}\left(e^{i\,\omega\,t} + e^{-i\,\omega\,t}\right) \\ \sin(\omega\,t) &= \tfrac{1}{2i}\left(e^{i\,\omega\,t} - e^{-i\,\omega\,t}\right). \end{aligned}$$

Mit den Lösungen $\vec{\psi}_1(t) = \vec{x}_1\,e^{i\,\omega_1\,t}$ und $\vec{\psi}_2(t) = \vec{x}_1\,e^{-i\,\omega_1\,t}$ erfüllen auch die beiden Überlagerungen

$$\frac{1}{2}\,\vec{\psi}_1(t) + \frac{1}{2}\,\vec{\psi}_2(t) \;=\; \vec{x}_1\,\frac{1}{2}\left(e^{i\,\omega_1\,t} + e^{-i\,\omega_1\,t}\right) \;=\; \vec{x}_1\,\cos\left(\omega_1\,t\right)$$

$$\frac{1}{2i}\,\vec{\psi}_1(t) - \frac{1}{2i}\,\vec{\psi}_2(t) \;=\; \vec{x}_1\,\frac{1}{2i}\left(e^{i\,\omega_1\,t} - e^{-i\,\omega_1\,t}\right) \;=\; \vec{x}_1\,\sin\left(\omega_1\,t\right)$$

das LDGS. Analog erhält man $\vec{x}_2\,\cos\left(\omega_2\,t\right)$, $\vec{x}_2\,\sin\left(\omega_2\,t\right)$ als Lösungen. Insgesamt haben wir somit vier reelle Lösungen durch Linearkombination der vier komplexen Lösungen erhalten:

$$\vec{x}_1\,\cos\left(\omega_1\,t\right)\;,\quad \vec{x}_1\,\sin\left(\omega_1\,t\right)\;,\quad \vec{x}_2\,\cos\left(\omega_2\,t\right)\;,\quad \vec{x}_2\,\sin\left(\omega_2\,t\right)\;.$$

Die allgemeine reelle Lösung lautet daher

$$\vec{\varphi}(t) = \begin{pmatrix} \varphi_1(t) \\ \varphi_2(t) \end{pmatrix} = c_1 \begin{pmatrix} 1 \\ 1 \end{pmatrix} \cos\left(\omega_1\,t\right) + c_2 \begin{pmatrix} 1 \\ 1 \end{pmatrix} \sin\left(\omega_1\,t\right)$$

$$+ c_3 \begin{pmatrix} 1 \\ -1 \end{pmatrix} \cos\left(\omega_2\,t\right) + c_4 \begin{pmatrix} 1 \\ -1 \end{pmatrix} \sin\left(\omega_2\,t\right)$$

bzw. in Komponentendarstellung

$$\begin{aligned} \varphi_1(t) &= c_1\,\cos\left(\omega_1\,t\right) + c_2\,\sin\left(\omega_1\,t\right) + c_3\,\cos\left(\omega_2\,t\right) + c_4\,\sin\left(\omega_2\,t\right) \\ \varphi_2(t) &= c_1\,\cos\left(\omega_1\,t\right) + c_2\,\sin\left(\omega_1\,t\right) - c_3\,\cos\left(\omega_2\,t\right) - c_4\,\sin\left(\omega_2\,t\right). \end{aligned}$$

Die Anfangsbedingungen legen die Konstanten c_1, c_2, c_3, c_4 fest.

(vi) Lösung für unterschiedliche Anfangsbedingungen:
a) Mit $\varphi_1(0) = \varphi_0$, $\varphi_2(0) = \varphi_0$, $\dot{\varphi}_1(0) = 0$, $\dot{\varphi}_2(0) = 0$ regt man die gleichphasige Grundschwingung an. Aus den Anfangsbedingungen folgt $c_1 = \varphi_0$, $c_2 = c_3 = c_4 = 0$. Somit lautet die Lösung

$$\begin{aligned} \varphi_1(t) &= \varphi_0\,\cos\left(\omega_1\,t\right) \\ \varphi_2(t) &= \varphi_0\,\cos\left(\omega_1\,t\right). \end{aligned}$$

Die Pendel schwingen gleichphasig mit der Frequenz $\omega_1 = \sqrt{\frac{g}{l}}$.

b) Für $\varphi_1\left(0\right)=-\varphi_0$, $\varphi_2\left(0\right)=\varphi_0$, $\dot{\varphi}_1\left(0\right)=0$, $\dot{\varphi}_2\left(0\right)=0$ regt man die gegenphasige Grundschwingung an. Aus den Anfangsbedingungen folgt $c_3=-\varphi_0$, $\quad c_1=c_2=c_4=0$

$$\Rightarrow \quad \begin{aligned} \varphi_1\left(t\right) &= -\varphi_0\,\cos\left(\omega_2\,t\right)\\ \varphi_2\left(t\right) &= \varphi_0\,\cos\left(\omega_2\,t\right). \end{aligned}$$

Die Pendel schwingen gegenphasig mit der Frequenz $\omega_2=\sqrt{\frac{g}{l}+2\,\frac{D}{m}}$.

c) Wird nur das erste Pendel ausgelenkt, lauten die Anfangsbedingungen

$$\varphi_1\left(0\right)=-\varphi_0,\ \varphi_2\left(0\right)=0,\ \dot{\varphi}_1\left(0\right)=0,\ \dot{\varphi}_2\left(0\right)=0.$$

Aus diesen Anfangsbedingungen erhalten wir vier lineare Gleichungen für die zu bestimmenden Koeffizienten:

$$c_1+c_3=-\varphi_0$$
$$c_1-c_3=0$$
$$c_2\,\omega_1+c_4\,\omega_2=0$$
$$c_2\,\omega_1-c_4\,\omega_2=0.$$

Die Lösung des linearen Gleichungssystem ist

$$c_1=\tfrac{1}{2}\varphi_0,\ c_2=0,\ c_3=\tfrac{1}{2}\varphi_0,\ c_4=0.$$

In Abb. 15.3 wird für die Pendellänge $l=2$, Federkonstante $D=0.2$ und Masse $m=1$ die Lösung für $\varphi_1\left(t\right)$ graphisch dargestellt. Die Anfangsauslenkung ist hierbei $\varphi_0=-0.1$. Die so entstandene Schwingung wird auch als Schwebung bezeichnet.

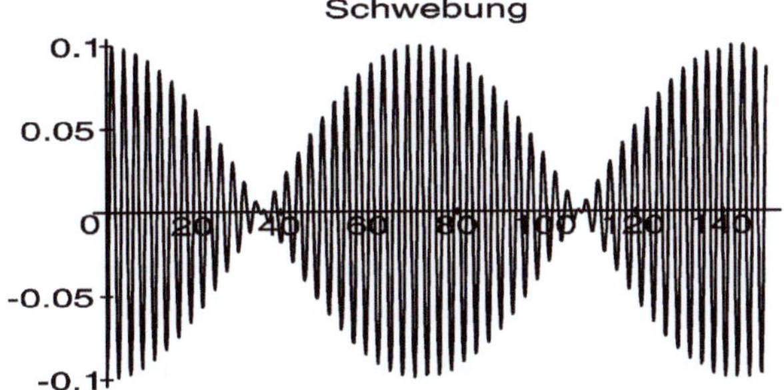

Abb. 15.3. Schwebung beim Doppelpendel ohne Reibung

Visualisierung: In der Animation wird die Schwebung des Pendels visualisiert. Zunächst ist das erste Pendel voll ausgelengt und beginnt zu schwingen. Im Verlauf der Zeit überträgt sich immer mehr Energie über die Feder ans zweite Pendel, welches dann voll durchschwingt. Das erste Pendel ist dann kurzfristig in Ruhe. □

15.2.4 Hauptvektoren

Solange die Matrix A diagonalisiert werden kann, sind wir in der Lage, ein Fundamentalsystem für das lineare Differenzialgleichungssystem erster Ordnung anzugeben. Wir müssen nur die Eigenwerte und die entsprechenden Eigenvektoren berechnen und erhalten damit so viele linear unabhängige Lösungen, wie wir für ein Fundamentalsystem benötigen. Aber was passiert, wenn die Matrix nicht diagonalisiert werden kann? Betrachten wir hierzu das folgende Beispiel:

Beispiel 15.7. Gesucht ist ein Fundamentalsystem zur LDGS

$$\vec{y}\,'(t) = A\,\vec{y}(t) \quad \text{mit} \quad A = \begin{pmatrix} -3 & 1 \\ -4 & 1 \end{pmatrix}.$$

(i) **Berechnung der Eigenwerte von A:**

$$P(\lambda) = \det(A - \lambda I_2) = \begin{vmatrix} -3 - \lambda & 1 \\ -4 & 1 - \lambda \end{vmatrix}$$

$$= (1 - \lambda) \cdot (-3 - \lambda) + 4 = \lambda^2 + 2\lambda + 1 = (\lambda + 1)^2 = 0$$

Die Eigenwerte sind die Nullstellen des charakteristischen Polynoms. Also ist $\lambda = -1$ eine doppelte Nullstelle.

(ii) **Berechnung der Eigenvektoren zum Eigenwert $\lambda = -1$:**

$$(A + 1 \cdot I_2)\,\vec{x} = \vec{0}: \quad \left(\begin{array}{cc|c} -2 & 1 & 0 \\ -4 & 2 & 0 \end{array}\right) \hookrightarrow \left(\begin{array}{cc|c} -2 & 1 & 0 \\ 0 & 0 & 0 \end{array}\right).$$

$\hookrightarrow x_2 = r$; $x_1 = \frac{1}{2}r$. Nur $\vec{x}_1 = r \begin{pmatrix} \frac{1}{2} \\ 1 \end{pmatrix}$ ergeben die Eigenvektoren zum Eigenwert $\lambda = -1$. Die Dimension des Eigenraums $\text{Eig}(A, -1)$ ist 1, aber die Vielfachheit des Eigenwerts ist 2. Folglich erhalten wir zunächst nur eine Lösung des Differenzialgleichungssystems, nämlich

$$\vec{y}_1(t) = \vec{x}_1 \cdot e^{\lambda t} = \begin{pmatrix} 1 \\ 2 \end{pmatrix} \cdot e^{-t}.$$

Aber für ein Fundamentalsystem benötigen wir zwei linear unabhängige Lösungen! $\qquad\square$

Um eine zweite Lösung zu finden, wählen wir den Ansatz

$$\vec{y}(t) = (\vec{x}_2 + \vec{x}_1 \cdot t) \cdot e^{\lambda t}.$$

Dabei ist $\vec{x}_1$ der Eigenvektor zum Eigenwert $\lambda = -1$ und $\vec{x}_2$ ein zweiter noch unbekannter Vektor, den wir so bestimmen müssen, dass $\vec{y}(t)$ eine Lösung ergibt. Wir setzen diesen Ansatz in die Differenzialgleichung ein, indem wir $\vec{y}(t)$ differenzieren, um die linke Seite der LDEq zu erhalten, und die Matrix A

auf $\vec{y}(t)$ anwenden, um die rechte Seite zu erhalten.

$$\vec{y}'(t) = \vec{x}_1 \cdot e^{\lambda t} + (\vec{x}_2 + \vec{x}_1 \cdot t) \cdot e^{\lambda t} \cdot \lambda$$
$$= (\vec{x}_1 + \lambda \vec{x}_2 + \lambda \vec{x}_1 \cdot t) \cdot e^{\lambda t}$$

$$A\,\vec{y}(t) = A\,(\vec{x}_2 + \vec{x}_1 \cdot t) \cdot e^{\lambda t}$$
$$= (A\,\vec{x}_2 + A\,\vec{x}_1 \cdot t) \cdot e^{\lambda t}$$
$$= (A\,\vec{x}_2 + \lambda \vec{x}_1 \cdot t) \cdot e^{\lambda t}$$

und somit

$$\vec{x}_1 + \lambda \vec{x}_2 + \lambda \vec{x}_1 \cdot t = A\,\vec{x}_2 + \lambda \vec{x}_1 \cdot t.$$

Durch Vergleich der rechten und linken Seite der Gleichung erhalten wir

$$(A - \lambda\,I_2)\,\vec{x}_2 = \vec{x}_1 \ .$$

Wir müssen dieses System linearer Gleichungen lösen, wobei die rechte Seite der Eigenvektor $\vec{x}_1$ zum Eigenwert $\lambda = -1$ ist.

Die Lösung des linearen Gleichungssystems ergibt den zweiten Vektor $\vec{x}_2$, den wir *Hauptvektor* der Stufe 2 nennen.

Wenn wir $(A - \lambda\,I_2)$ auf beide Seiten der Gleichung anwenden, erhalten wir

$$(A - \lambda\,I_2)^2 \vec{x}_2 = (A - \lambda\,I_2)\vec{x}_1 = 0.$$

Verallgemeinernd definieren wir

Definition: *Sei A eine $(n \times n)$-Matrix und $\lambda \in \mathbb{C}$ ein Eigenwert. Ein Vektor $\vec{x}$ heißt Hauptvektor der Matrix A zum Eigenwert λ wenn es eine Zahl $k \in \mathbb{N}$ gibt, so dass*

$$(A - \lambda I_n)^k\,\vec{x} = \vec{0}.$$

Der Hauptvektor $\vec{x}$ heißt **Hauptvektor der Stufe k**, *falls*

$$(A - \lambda I_n)^k\,\vec{x} = \vec{0} \ \text{ aber } \ (A - \lambda\,I_n)^{k-1}\,\vec{x} \neq \vec{0}.$$

Wir verwenden hier die Konvention, dass $(A - \lambda\,I_n)^0 = I_n$.

Bemerkung: Eigenvektoren sind auch Hauptvektoren der Stufe 1.

Beispiel 15.8 (Hauptvektoren). Gesucht ist ein Fundamentalsystem des LDGS

$$\vec{y}\,'(t) = A\,\vec{y}(t) \quad \text{mit} \quad A = \begin{pmatrix} -3 & 1 \\ -4 & 1 \end{pmatrix}.$$

Aus Beispiel 15.7 wissen wir, dass $\lambda = -1$ ein Eigenwert zum Eigenvektor $\vec{x}_1 = \begin{pmatrix} 1 \\ 2 \end{pmatrix}$ ist. Die geometrische Vielfachheit des Eigenvektors ist 2, während die algebraische Vielfachheit des Eigenwerts 1 ist. Wir benötigen also einen Hauptvektor, um ein Fundamentalsystem des Problems zu bestimmen. Daher lösen wir die lineare Gleichung $(A - \lambda I_2)\,\vec{x}_2 = \vec{x}_1$:

$$\left(\begin{array}{cc|c} -2 & 1 & 1 \\ -4 & 2 & 2 \end{array}\right) \hookrightarrow \left(\begin{array}{cc|c} -2 & 1 & 1 \\ 0 & 0 & 0 \end{array}\right)$$

$\hookrightarrow x_2 = r$; $x_1 = \frac{1}{2}r - \frac{1}{2}$. Damit sind $\vec{x} = \begin{pmatrix} -\frac{1}{2} \\ 0 \end{pmatrix} + r \begin{pmatrix} \frac{1}{2} \\ 1 \end{pmatrix}$ Hauptvektoren der Stufe 2 zum Eigenwert $\lambda = -1$. Wir setzen $r = 1$, um einen Hauptvektor der Stufe 2 zu erhalten: $\vec{x}_2 = \begin{pmatrix} 0 \\ 1 \end{pmatrix}$.

Mit dem Eigenvektor $\vec{x}_1$ und dem Hauptvektor $\vec{x}_2$ erhalten wir eine zweite unabhängige Lösung des LDGS

$$\vec{y}_2(t) = (\vec{x}_2 + \vec{x}_1 \cdot t) \cdot e^{\lambda t} = \begin{pmatrix} 0 + t \\ 1 + 2t \end{pmatrix} \cdot e^{-t},$$

welche zusammen mit $\vec{y}_1(t) = \vec{x}_1 \cdot e^{-t} = \begin{pmatrix} 1 \\ 2 \end{pmatrix} \cdot e^{-t}$ ein Fundamentalsystem bildet. $\qquad\square$

Satz 15.7: Fundamentalsystem aus Hauptvektoren

Durch Berechnung der Eigenwerte und Eigenvektoren und gegebenenfalls der Hauptvektoren wird ein Fundamentalsystem für das homogene Differenzialgleichungssystem erster Ordnung berechnet

$$\vec{y}\,'(t) = A\,\vec{y}(t).$$

Wenn λ ein Eigenwert der Ordnung k ist, dann müssen wir die Hauptvektoren mit steigender Stufe berechnen, bis wir k Hauptvektoren erhalten. Wenn $\vec{x}_i$ Hauptvektoren der Stufe i sind $(i = 1, \ldots, k)$, dann sind

$$\vec{y}_1(t) := \vec{x}_1 \cdot e^{\lambda t}$$
$$\vec{y}_2(t) := (\vec{x}_2 + \vec{x}_1 t) \cdot e^{\lambda t}$$
$$\cdots$$
$$\vec{y}_k(t) := \left(\vec{x}_k + \ldots + \vec{x}_2 \frac{1}{(k-2)!} t^{k-2} + \vec{x}_1 \frac{1}{(k-1)!} t^{k-1} \right) \cdot e^{\lambda t}$$

linear unabhängige Lösungen des LDGS.

Ein nicht-trivialer Satz der linearen Algebra besagt:

Satz 15.8: Basis aus Hauptvektoren

Für jede $(n \times n)$-Matrix A gibt es eine Basis aus Hauptvektoren.

Beispiel 15.9. Gesucht ist ein Fundamentalsystem von

$$\vec{y}\,'(t) = A\,\vec{y}(t) \quad \text{mit} \quad A = \begin{pmatrix} 1 & 1 & 0 \\ 0 & 1 & 1 \\ 0 & 0 & 1 \end{pmatrix}.$$

(1) **Berechnung der Eigenwerte von A:**

$$P(\lambda) = \det(A - \lambda\,I_3) = \begin{vmatrix} 1-\lambda & 1 & 0 \\ 0 & 1-\lambda & 1 \\ 0 & 0 & 1-\lambda \end{vmatrix} = -(\lambda - 1)^3.$$

Damit ist $\lambda = 1$ ein Eigenwert mit der algebraischen Vielfachheit 3.

(2) **Berechnung der Eigenvektoren zu $\lambda = 1$:**

$$(A - 1 \cdot I_3)\,\vec{x} = \vec{0} \hookrightarrow \left(\begin{array}{ccc|c} 0 & 1 & 0 & 0 \\ 0 & 0 & 1 & 0 \\ 0 & 0 & 0 & 0 \end{array}\right) \hookrightarrow \left(\begin{array}{ccc|c} 0 & 0 & 0 & 0 \\ 0 & 1 & 0 & 0 \\ 0 & 0 & 1 & 0 \end{array}\right).$$

Alle Eigenvektoren sind $\vec{x}_1 = \begin{pmatrix} 1 \\ 0 \\ 0 \end{pmatrix}$ und Vielfache von $\vec{x}_1$. Die geometrische Vielfachheit des Eigenvektors ist 1. Damit müssen wir Hauptvektoren bestimmen, bis wir insgesamt drei linear unabhängige Vektoren erhalten.

(3) **Berechnung von Hauptvektoren der Stufe 2:**

$$(A - 1 \cdot I_3)\,\vec{x} = \vec{x}_1 : \left(\begin{array}{ccc|c} 0 & 1 & 0 & 1 \\ 0 & 0 & 1 & 0 \\ 0 & 0 & 0 & 0 \end{array}\right) \ \dots \ \hookrightarrow \vec{x} = \begin{pmatrix} \tau \\ 1 \\ 0 \end{pmatrix}.$$

Somit ist $\vec{x} = \tau \cdot \begin{pmatrix} 1 \\ 0 \\ 0 \end{pmatrix} + \begin{pmatrix} 0 \\ 1 \\ 0 \end{pmatrix}.$

Der erste Teil ist der Eigenvektor $\vec{x}_1$. Um einen Hauptvektor der Stufe 2 zu bestimmen, wählen wir z.B. $\tau = 0$ und erhalten $\vec{x}_2 = \begin{pmatrix} 0 \\ 1 \\ 0 \end{pmatrix}.$

(4) **Berechnung von Hauptvektoren der Stufe 3:** Um einen Hauptvektor der Stufe 3 zu erhalten, wählen wir $\vec{x}_2$ als rechte Seite des Systems.

$$(A - 1 \cdot I_3)\,\vec{x} = \vec{\mathbf{x}}_2 : \left(\begin{array}{ccc|c} 0 & 1 & 0 & 0 \\ 0 & 0 & 1 & 1 \\ 0 & 0 & 0 & 0 \end{array}\right) \;\hookrightarrow\; \vec{x} = \begin{pmatrix} \tau \\ 0 \\ 1 \end{pmatrix}.$$

Wir schreiben die Lösung um $\vec{x} = \tau \cdot \begin{pmatrix} 1 \\ 0 \\ 0 \end{pmatrix} + \begin{pmatrix} 0 \\ 0 \\ 1 \end{pmatrix}$. Der erste Teil ist wieder der Eigenvektor $\vec{x}_1$. Wir wählen also $\tau = 0$, um einen Hauptvektor der Stufe 3 zu erhalten

$$\vec{x}_2 = \begin{pmatrix} 0 \\ 0 \\ 1 \end{pmatrix}.$$

Da $\vec{x}_1$, $\vec{x}_2$ und $\vec{x}_3$ die Einheitsvektoren sind, bildet der Eigenvektor $\vec{x}_1$ zusammen mit seinen Hauptvektoren $\vec{x}_2$ und $\vec{x}_3$ eine Basis von $\mathbb{R}^3$.

(5) **Fundamentalsystem:** Nimmt man den Eigenvektor und die Hauptvektoren der Stufe 2 und 3, so erhält man ein Fundamentalsystem zum LDGS

$$\vec{y}_1(t) = \vec{x}_1 \cdot e^{\lambda t} = \begin{pmatrix} 1 \\ 0 \\ 0 \end{pmatrix} \cdot e^t$$

$$\vec{y}_2(t) = (\vec{x}_2 + \vec{x}_1\,t) \cdot e^{\lambda t} = \begin{pmatrix} t \\ 1 \\ 0 \end{pmatrix} \cdot e^t$$

$$\vec{y}_3(t) = (\vec{x}_3 + \vec{x}_2\,t + \vec{x}_1\,\tfrac{1}{2}t^2) \cdot e^{\lambda t} = \begin{pmatrix} \frac{1}{2}t^2 \\ t \\ 1 \end{pmatrix} \cdot e^t \qquad \square$$

Bemerkung: Bei der Berechnung eines Hauptvektors der Stufe 2 können wir alternativ $\tau = 1$ wählen und erhalten $\vec{x}_2 = \begin{pmatrix} 1 \\ 1 \\ 0 \end{pmatrix}$. Mit diesem Hauptvektor berechnen wir einen Hauptvektor der Stufe 3 und erhalten $\vec{x}_3 = \begin{pmatrix} \sigma \\ 1 \\ 1 \end{pmatrix}$ für beliebiges σ. Damit stellt auch $\vec{x}_1$, $\vec{x}_2$ und $\vec{x}_3$ eine Basis von $\mathbb{R}^3$ dar, da $\det(\vec{x}_1, \vec{x}_2, \vec{x}_3) = 1 \neq 0$.

Beispiel 15.10. Gesucht ist eine Fundamentalsystem zu

$$\vec{y}\,'(t) = A\,\vec{y}(t) \quad \text{mit} \quad A = \begin{pmatrix} 0 & 1 & 0 \\ 0 & 0 & 1 \\ -1 & -3 & -3 \end{pmatrix}.$$

Analog zu Beispiel 15.9 berechnen wir das charakteristische Polynom. $\lambda = -1$ ist ein Eigenwert der Ordnung 3 mit dem zugehörigen Eigenvektor $\vec{x}_1 = \begin{pmatrix} 1 \\ -1 \\ 1 \end{pmatrix}$. Die geometrische Vielfachheit ist daher 1. Wir bestimmen daher einen Hauptvektor der Stufe 2, $\vec{x}_2 = \begin{pmatrix} 2 \\ -1 \\ 0 \end{pmatrix}$, und auch ein Hauptvektor der Stufe 3, $\vec{x}_3 = \begin{pmatrix} 3 \\ -1 \\ 0 \end{pmatrix}$. Wir verzichten auf die Details der Berechnung und geben nur die Endergebnisse an. Ein Fundamentalsystem ist

$$\vec{y}_1(t) = \vec{x}_1 \cdot e^{\lambda t} = \begin{pmatrix} 1 \\ -1 \\ 1 \end{pmatrix} \cdot e^{-t}$$

$$\vec{y}_2(t) = (\vec{x}_2 + \vec{x}_1\, t) \cdot e^{\lambda t} = \begin{pmatrix} 2+t \\ -1-t \\ t \end{pmatrix} \cdot e^{-t}$$

$$\vec{y}_3(t) = (\vec{x}_3 + \vec{x}_2\, t + \vec{x}_1\, \tfrac{1}{2}t^2) \cdot e^{\lambda t} = \begin{pmatrix} 3 + 2t + \frac{1}{2}t^2 \\ -1 - t - \frac{1}{2}t^2 \\ \frac{1}{2}t^2 \end{pmatrix} \cdot e^{-t} \qquad \square$$

Beispiel 15.11. Gesucht ist ein Fundamentalsystem von

$$\vec{y}\,'(t) = A\,\vec{y}(t) \quad \text{mit} \quad A = \begin{pmatrix} 8 & 0 & 1 \\ -2 & 9 & 2 \\ -1 & 0 & 10 \end{pmatrix}.$$

Analog zu den vorherigen Beispielen berechnen wir das charakteristische Polynom. $\lambda = 9$ ist ein Eigenwert der algebraischen Vielfachheit 3.

(1) **Berechnung von Eigenvektoren zu $\lambda = 9$:**

$$(A - 9 \cdot I_3)\,\vec{x} = \vec{0}: \quad \left(\begin{array}{ccc|c} -1 & 0 & 1 & 0 \\ -2 & 0 & 2 & 0 \\ -1 & 0 & 1 & 0 \end{array}\right) \hookrightarrow \left(\begin{array}{ccc|c} -1 & 0 & 1 & 0 \\ 0 & 0 & 0 & 0 \\ 0 & 0 & 0 & 0 \end{array}\right).$$

Die Lösung für dieses System hat zwei Parameter und zum Beispiel $\vec{x}_1 = \begin{pmatrix} 0 \\ 1 \\ 0 \end{pmatrix}$ und $\vec{x}_2 = \begin{pmatrix} 1 \\ 0 \\ 1 \end{pmatrix}$ sind linear unabhängige Eigenvektoren. Um einen Hauptvektor der Stufe 2 zu finden, beginnen wir mit $\vec{x}_1$.

(2) **Berechnung eines Hauptvektors der Stufe 2 für $\vec{x}_1$:** Um einen Hauptvektor der Stufe 2 zu berechnen, lösen wir das System

$$(A - 9 \cdot I_3)\, \vec{x} = \vec{\mathbf{x}}_1 : \ \left(\begin{array}{ccc|c} -1 & 0 & 1 & 0 \\ -2 & 0 & 2 & 1 \\ -1 & 0 & 1 & 0 \end{array}\right) \ \hookrightarrow \ \left(\begin{array}{ccc|c} -1 & 0 & 1 & 0 \\ 0 & 0 & 0 & \mathbf{1} \\ 0 & 0 & 0 & 0 \end{array}\right).$$

Aus der zweiten Zeile erkennen wir, dass das System nicht lösbar ist. Das bedeutet, dass es für den Eigenwert $\vec{x}_1$ keinen Hauptvektor der Stufe 2 gibt.

(3) **Berechnung eines Hauptvektors der Stufe 2 für $\vec{x}_2$:** Nun versuchen wir, das System für $\vec{x}_2$ zu lösen

$$(A - 9 \cdot I_3)\, \vec{x} = \vec{\mathbf{x}}_2 : \ \left(\begin{array}{ccc|c} -1 & 0 & 1 & 1 \\ -2 & 0 & 2 & 0 \\ -1 & 0 & 1 & 1 \end{array}\right) \ \hookrightarrow \ \left(\begin{array}{ccc|c} -1 & 0 & 1 & 0 \\ 0 & 0 & 0 & \mathbf{-2} \\ 0 & 0 & 0 & 0 \end{array}\right).$$

Aus der zweiten Zeile erkennen wir, dass auch dieses System nicht lösbar ist. Das bedeutet, dass es für den Eigenwert $\vec{x}_2$ ebenfalls keinen Hauptvektor der Stufe 2 gibt.

Um einen Hauptvektor der Stufe 2 zu finden, müssen wir also eine geeignete Linearkombination aus $\vec{x}_1$ und $\vec{x}_2$ finden

$$\alpha\, \vec{x}_1 + \beta\, \vec{x}_2 = \begin{pmatrix} \beta \\ \alpha \\ \beta \end{pmatrix}$$

für den wir einen Hauptvektor berechnen können:

$$\left(\begin{array}{ccc|c} -1 & 0 & 1 & \beta \\ -2 & 0 & 2 & \alpha \\ -1 & 0 & 1 & \beta \end{array}\right) \ \hookrightarrow \ \left(\begin{array}{ccc|c} -1 & 0 & 1 & \beta \\ 0 & 0 & 0 & -2\beta + \alpha \\ 0 & 0 & 0 & 0 \end{array}\right).$$

Wenn wir $\alpha = 2\beta$ setzen, ist das System lösbar. Statt $\vec{x}_1$ oder $\vec{x}_2$ nehmen wir also den Eigenvektor $\vec{x}_3 = \begin{pmatrix} 1 \\ 2 \\ 1 \end{pmatrix}$ zum Eigenwert $\lambda = 9$ und berechnen hierzu einen Hauptvektor der Stufe 2.

(4) **Berechnung eines Hauptvektors der Stufe 2 für $\vec{x}_3$:**

$$\left(\begin{array}{ccc|c} -1 & 0 & 1 & 1 \\ -2 & 0 & 2 & 2 \\ -1 & 0 & 1 & 1 \end{array}\right) \ \hookrightarrow \ \left(\begin{array}{ccc|c} -1 & 0 & 1 & 1 \\ 0 & 0 & 0 & \mathbf{0} \\ 0 & 0 & 0 & 0 \end{array}\right).$$

Die Lösung dieses linearen Systems ist

$$\vec{x} = \begin{pmatrix} -1 \\ 0 \\ 0 \end{pmatrix} + \tau \begin{pmatrix} 1 \\ 0 \\ 1 \end{pmatrix} + \sigma \begin{pmatrix} 0 \\ 1 \\ 0 \end{pmatrix},$$

wobei wir die beiden Eigenvektoren $\vec{x}_1$ und $\vec{x}_2$ identifizieren. Wenn wir $\sigma = 0$ und $\tau = 0$ wählen, erhalten wir den Hauptvektor $\vec{v} = \begin{pmatrix} -1 \\ 0 \\ 0 \end{pmatrix}$.

(5) **Fundamentalsystem:** Aus den beiden Eigenvektoren $\vec{x}_1$ und $\vec{x}_2$ erhalten wir zwei unabhängige Lösungen

$$\vec{y}_1(t) = \vec{x}_1 \cdot e^{\lambda t} = \begin{pmatrix} 0 \\ 1 \\ 0 \end{pmatrix} \cdot e^{9t}$$

$$\vec{y}_2(t) = \vec{x}_2 \cdot e^{\lambda t} = \begin{pmatrix} 1 \\ 0 \\ 1 \end{pmatrix} \cdot e^{9t}$$

Für den Eigenvektor $\vec{x}_3$ haben wir einen Hauptvektor der Stufe 2, $\vec{v}$, gefunden, so dass wir eine zusätzliche, linear unabhängige Lösung des Differenzialsystems erhalten durch

$$\vec{y}_3(t) = (\vec{v} + \vec{x}_3\, t) \cdot e^{9t} = \begin{pmatrix} -1+t \\ 2t \\ t \end{pmatrix} \cdot e^{9t}. \qquad \square$$

Bemerkung: Um das inhomogene Problem zu lösen, fassen wir das Fundamentalsystem zur **Fundamentalmatrix** zusammen. Die Spalten der Fundamentalmatrix sind die Vektoren des Fundamentalsystems:

$$F(t) := (\vec{y}_1(t),\, \vec{y}_2(t),\, \vec{y}_3(t))$$

$$= \begin{pmatrix} 0 & e^{9t} & (-1+t) \cdot e^{9t} \\ e^{9t} & 0 & 2t \cdot e^{9t} \\ 0 & e^{9t} & t \cdot e^{9t} \end{pmatrix} = \begin{pmatrix} 0 & 1 & -1+t \\ 1 & 0 & 2t \\ 0 & 1 & t \end{pmatrix} \cdot e^{9t}.$$

Mit dieser Fundamentalmatrix werden wir im nächsten Abschnitt Lösungen für das inhomogene Problem bestimmen.

15.3 Inhomogene lineare Differenzialgleichungssysteme

Die Berechnung der Lösung eines inhomogenen LDGS

$$\vec{y}\,'(t) = A\,\vec{y}\,(t) + \vec{f}(t)$$

kann auf elegante Weise mit Hilfe der Fourier-Transformation (siehe Kapitel 18) oder, wenn Anfangsbedingungen gegeben sind, mit der Laplace-Transformation (siehe Band 2, Kapitel 14) erfolgen. Wir werden in diesem Abschnitt eine spezielle Lösung des inhomogenen Systems mit der Methode **Variation der Konstanten** berechnen. Dazu gehen wir zu der folgenden Konstruktion über:

Sei $(\vec{y}_1\,(t)\ ,\ \ \vec{y}_2\,(t)\ ,\ \ \ldots, \vec{y}_n\,(t))$ ein Lösungs-Fundamentalsystem des homogenen Problems, d.h.

$$\vec{y}_i\,'(t) = A\,\vec{y}_i\,(t) \qquad (i = 1,\ldots, n)\ . \tag{$*$}$$

Man beachte, dass jede Lösung $\vec{y}_i\,(t)$ aus n Komponenten $\vec{y}_i\,(t) = (y_{1i}\,(t), y_{2i}\,(t), \ldots, y_{ni}\,(t))^t$ besteht! Aus den n Basisfunktionen $\vec{y}_1\,(t), \ldots, \vec{y}_n\,(t)$ bilden wir die Matrix

$$\mathbf{F}\,(t) := (\vec{y}_1\,(t)\ ,\ \ \ldots, \vec{y}_n\,(t)),$$

deren Spalten aus den Basisfunktionen gebildet werden:

Fundamentalmatrix:

$$\mathbf{F}\,(t) = \begin{pmatrix} y_{11}\,(t) & y_{12}\,(t) & \cdots & y_{1n}\,(t) \\ y_{21}\,(t) & y_{22}\,(t) & \cdots & y_{2n}\,(t) \\ \vdots & \vdots & & \vdots \\ y_{n1}\,(t) & y_{n2}\,(t) & \cdots & y_{nn}\,(t) \end{pmatrix}.$$

Damit ist $\mathbf{F}\,(t)$ eine quadratische, invertierbare $(n \times n)$-Matrix, denn

$$\det\,(\mathbf{F}\,(t)) = \det\,(\vec{y}_1\,(t), \ldots, \vec{y}_n\,(t)) \neq 0,$$

da die Basisfunktionen $\vec{y}_1, \ldots, \vec{y}_n$ linear unabhängig sind. Wir definieren als Ableitung einer Matrix die Ableitung jeder ihrer Komponenten

$$\mathbf{F}'\,(t) := \begin{pmatrix} y_{11}'\,(t) & \cdots & y_{1n}'\,(t) \\ y_{21}'\,(t) & \cdots & y_{2n}'\,(t) \\ \vdots & & \vdots \\ y_{n1}'\,(t) & \cdots & y_{nn}'\,(t) \end{pmatrix} = (\vec{y}_1'\,(t)\ ,\ \ \ldots, \vec{y}_n'\,(t))\ .$$

Da die Vektorfunktionen $\vec{y}_i\,(t)$ Lösungen des homogenen LDGS (∗), gilt für $F'\,(t)$ weiter

$$
\begin{aligned}
\mathbf{F}'\,(t) &= (\vec{y}_1'\,(t)\ ,\ \vec{y}_2'\,(t)\ ,\ \ldots,\vec{y}_n'\,(t)) \\
&= (A\,\vec{y}_1\,(t)\ ,\ A\,\vec{y}_2\,(t)\ ,\ \ldots,A\,\vec{y}_n\,(t)) \\
&= A\ (\vec{y}_1\,(t)\ ,\ \vec{y}_2\,(t)\ ,\ \ldots,\vec{y}_n\,(t)) \\
&= A\ \mathbf{F}\,(t).
\end{aligned}
$$

Wir betrachten nun das inhomogene LDGS

$$
\begin{aligned}
\vec{y}\,'\,(t) &= A\,\vec{y}\,(t) + \vec{f}\,(t) \\
\vec{y}\,(t_0) &= \vec{y}_0
\end{aligned}
\tag{1}
$$

mit einer gegebenen, stetigen Funktion $\vec{f}\,(t)$ und der Anfangsbedingung $\vec{y}_0$. Als **Ansatz** für eine Lösung wählen wir die Funktion

$$
\vec{y}\,(t) = \mathbf{F}\,(t)\cdot\vec{u}\,(t) \qquad \text{(Variation der Konstanten)}
$$

mit einer noch unbekannten, gesuchten Vektorfunktion $\vec{u}\,(t) = (u_1\,(t),\,u_2\,(t),\,\ldots,u_n\,(t))^t$. Dann gilt für die Ableitung von $\vec{y}\,(t)$ nach der Produktregel

$$
\begin{aligned}
\vec{y}\,'\,(t) &= \mathbf{F}'\,(t)\,\vec{u}\,(t) + \mathbf{F}\,(t)\,\vec{u}\,'\,(t) \\
&= A\,\mathbf{F}\,(t)\,\vec{u}\,(t) + \mathbf{F}\,(t)\,\vec{u}\,'\,(t) \\
&= A\,\vec{y}\,(t) + \mathbf{F}\,(t)\,\vec{u}\,'\,(t) \\
&\overset{!}{=} A\,\vec{y}\,(t) + \vec{f}\,(t).
\end{aligned}
$$

$\vec{y}\,(t)$ erfüllt also das inhomogene LDGS genau dann, wenn

$$
\mathbf{F}\,(t)\,\vec{u}\,'\,(t) = \vec{f}\,(t)\ .
$$

Da $\mathbf{F}\,(t)$ eine invertierbare Matrix ist, folgt weiter

$$
\vec{u}\,'\,(t) = \mathbf{F}^{-1}\,(t)\,\vec{f}\,(t)
$$

$$
\text{bzw.}\quad \vec{u}\,(t) = \vec{c} + \int_{t_0}^{t}\mathbf{F}^{-1}\,(\xi)\,\vec{f}\,(\xi)\,d\xi.
$$

Die Lösung des Problems ist somit nach dem Ansatz $\vec{y}\,(t) = \mathbf{F}\,(t)\cdot\vec{u}\,(t)$

$$
\vec{y}\,(t) = \mathbf{F}\,(t)\left\{\vec{c} + \int_{t_0}^{t}\mathbf{F}^{-1}\,(\xi)\,\vec{f}\,(\xi)\,d\xi\right\}.
$$

Diese Lösung können wir auch schreiben in der Form

$$
\vec{y}\,(t) = \underbrace{\mathbf{F}\,(t)\,\vec{c}}_{\text{homogene Lösung}} + \underbrace{\mathbf{F}\,(t)\int_{t_0}^{t}\mathbf{F}^{-1}\,(\xi)\,\vec{f}\,(\xi)\,d\xi}_{\text{eine spezielle Lösung}}.
$$

Der konstante Vektor $\vec{c} = (c_1, \ldots, c_n)^t$ muss nun noch so gewählt werden, dass die Vektorgleichung $\vec{y}(t_0) = \mathbf{F}(t_0)\,\vec{c} = c_1\vec{y}_1(t_0) + \ldots + c_n\,\vec{y}_n(t_0)$ erfüllt wird.

Satz 15.9: Inhomogenes LDGS

Sei A eine $(n \times n)$-Matrix und $\vec{f}\colon I \to \mathbb{R}^n$ eine stetige Vektorfunktion. Sei $\mathbb{L}_h$ der Vektorraum aller Lösungen des homogenen Systems

$$\vec{y}'(t) = A\,\vec{y}(t)$$

und $\mathbb{L}_I$ die Menge aller Lösungen des inhomogenen Systems

$$\vec{y}'(t) = A\,\vec{y}(t) + \vec{f}(t)\ .$$

Dann gilt mit einer beliebigen partikulären Lösung $\vec{\psi}(t) \in \mathbb{L}_I$

$$\mathbb{L}_I = \vec{\psi}(t) + \mathbb{L}_h.$$

Mit anderen Worten: **Man erhält die allgemeine Lösung des inhomogenen Problems als Summe einer speziellen Lösung des inhomogenen LDGS und der allgemeinen Lösung des homogenen Problems.**

Satz 15.10: Variation der Konstanten

Sei $\mathbf{F}(t) = (\vec{y}_1(t)\ ,\ \ldots, \vec{y}_n(t))$ ein Lösungs-Fundamentalsystem von

$$\vec{y}'(t) = A\,\vec{y}(t)\ .$$

Dann ist

$$\vec{y}(t) = \mathbf{F}(t)\,\vec{c} + \mathbf{F}(t) \int_{t_0}^{t} \mathbf{F}^{-1}(\xi)\,\vec{f}(\xi)\,d\xi$$

die allgemeine Lösung von

$$\vec{y}'(t) = A\,\vec{y}(t) + \vec{f}(t)\ .$$

Sofern eine Anfangsbedingung $\vec{y}(t_0)$ gegeben ist, muss der konstante Vektor $\vec{c}$ so gewählt werden, dass die Anfangsbedingung erfüllt wird.

Beispiel 15.12 (Inhomogenes Problem). Gesucht ist die allgemeine Lösung des inhomogenen Problems

$$\vec{y}'(t) = A\,\vec{y}(t) + \vec{f}(t) \quad \text{mit}\ \ A = \begin{pmatrix} -1 & 3 \\ 2 & -2 \end{pmatrix}\ \text{und}\ \vec{f}(t) = \begin{pmatrix} 0 \\ e^{-t} \end{pmatrix}.$$

(i) **Aufstellen der Fundamentalmatrix $\mathbf{F}(t)$:** Um die Fundamentalmatrix aufstellen zu können, benötigen wir die Eigenwerte und Eigenvektoren

$$P\left(\lambda\right) = \det\left(A - \lambda\, I_2\right) = \begin{vmatrix} -1-\lambda & 3 \\ 2 & -2-\lambda \end{vmatrix} = \lambda^2 + 3\lambda - 4 = 0\,.$$

Die Eigenwerte der Matrix A sind $\lambda_1 = -4$ und $\lambda_2 = 1$. Für jeden Eigenwert lösen wir das zugehörige lineare Gleichungssystem

$$\left(A - \lambda_i \cdot I_2\right)\vec{x} = \vec{0}\,.$$

Daraus folgen die Eigenvektoren $\begin{pmatrix} 1 \\ -1 \end{pmatrix}$ zu $\lambda_1 = -4$ und $\begin{pmatrix} 3 \\ 2 \end{pmatrix}$ zu $\lambda_2 = 1$.

Damit bilden $\vec{y}_1(t) = \begin{pmatrix} 1 \\ -1 \end{pmatrix} \cdot e^{-4}$ und $\vec{y}_2(t) = \begin{pmatrix} 3 \\ 2 \end{pmatrix} \cdot e^t$ ein Fundamentalsystem und

$$\mathbf{F}(t) = \begin{pmatrix} e^{-4t} & 3e^t \\ -e^{-4t} & 2e^t \end{pmatrix}$$

ist die Fundamentalmatrix. Die Determinante von $\mathbf{F}(t)$ ist

$$\det(\mathbf{F}(t)) = 2\,e^{-3t} + 3\,e^{-3t} = 5\,e^{-3t} \neq 0$$

mit der zugehörigen inversen Matrix

$$\mathbf{F}^{-1}(t) = \begin{pmatrix} \frac{2}{5}e^{4t} & -\frac{3}{5}e^{4t} \\ \frac{1}{5}e^{-t} & \frac{1}{5}e^{-t} \end{pmatrix}\,.$$

(ii) **Berechnung von $\mathbf{F}^{-1}(t) \cdot \vec{f}(t)$ mit anschließender Integration:**

$$\mathbf{F}^{-1}(t) \cdot \vec{f}(t) = \begin{pmatrix} \frac{2}{5}e^{4t} & -\frac{3}{5}e^{4t} \\ \frac{1}{5}e^{-t} & \frac{1}{5}e^{-t} \end{pmatrix} \cdot \begin{pmatrix} 0 \\ e^{-t} \end{pmatrix} = \begin{pmatrix} -\frac{3}{5}e^{3t} \\ \frac{1}{5}e^{-2t} \end{pmatrix}$$

und

$$\mathbf{F}(t) \cdot \int \mathbf{F}^{-1}(t) \cdot \vec{f}(t)\, dt = \mathbf{F}(t) \cdot \int \begin{pmatrix} -\frac{3}{5}e^{3t} \\ \frac{1}{5}e^{-2t} \end{pmatrix} dt$$

$$= \mathbf{F}(t) \cdot \begin{pmatrix} -\frac{3}{5}e^{3t}\frac{1}{3} \\ \frac{1}{5}e^{-2t}\frac{1}{-2} \end{pmatrix} = \begin{pmatrix} e^{-4t} & 3e^t \\ -e^{-4t} & 2e^t \end{pmatrix} \cdot \begin{pmatrix} -\frac{1}{5}e^{3t} \\ -\frac{1}{10}e^{-2t} \end{pmatrix}$$

$$= \begin{pmatrix} -\frac{1}{2}e^{-t} \\ 0 \end{pmatrix}\,.$$

(iii) **Lösung des inhomogenen Problems**

Zusammen mit der homogenen Lösung erhalten wir die allgemeine Lösung des inhomogenen Problems

$$\vec{y}(t) = \vec{y}_h(t) + \vec{y}_p(t)$$
$$= c_1 \begin{pmatrix} 1 \\ -1 \end{pmatrix} \cdot e^{-4} + c_2 \begin{pmatrix} 3 \\ 2 \end{pmatrix} \cdot e^t + \begin{pmatrix} -\frac{1}{2}e^{-t} \\ 0 \end{pmatrix}. \qquad \square$$

Bemerkungen: Die Inhomogenität $\vec{f}(t) = \begin{pmatrix} 0 \\ e^{-t} \end{pmatrix} = \begin{pmatrix} 0 \\ 1 \end{pmatrix} e^{-t}$ ist eine Exponentialfunktion und das Ergebnis zeigt, dass wir auch für die partikuläre Lösung eine Exponentialfunktion erhalten.

Beispiel 15.13 (Partikuläre Lösung). Gesucht ist eine partikuläre Lösung des inhomogenen Problems

$$\vec{y}'(t) = A\,\vec{y}(t) + \vec{f}(t) \ \text{ mit } \ A = \begin{pmatrix} -1 & 3 \\ 2 & -2 \end{pmatrix} \ \text{und} \ \vec{f}(t) = \begin{pmatrix} t \\ 0 \end{pmatrix}.$$

Nach Beispiel 15.12 kennen wir bereits ein Fundamentalsystem und daher auch die Fundamentalmatrix mit deren Inversen

$$\mathbf{F}(t) = \begin{pmatrix} e^{-4t} & 3e^t \\ -e^{-4t} & 2e^t \end{pmatrix} \ \text{ und } \ \mathbf{F}^{-1}(t) = \begin{pmatrix} \frac{2}{5}e^{4t} & -\frac{3}{5}e^{4t} \\ \frac{1}{5}e^{-t} & \frac{1}{5}e^{-t} \end{pmatrix}.$$

Wir bestimmen $\mathbf{F}^{-1}(t) \cdot \vec{f}(t)$ und integrieren.

$$\mathbf{F}^{-1}(t) \cdot \vec{f}(t) = \begin{pmatrix} \frac{2}{5}e^{4t} & -\frac{3}{5}e^{4t} \\ \frac{1}{5}e^{-t} & \frac{1}{5}e^{-t} \end{pmatrix} \cdot \begin{pmatrix} t \\ 0 \end{pmatrix} = \begin{pmatrix} \frac{2}{5}t\,e^{4t} \\ \frac{1}{5}t\,e^{-t} \end{pmatrix}.$$

Eine partikuläre Lösung ist daher

$$\vec{y}_p(t) = \mathbf{F}(t) \cdot \int \mathbf{F}^{-1}(t) \cdot \vec{f}(t)\,dt = \mathbf{F}(t) \cdot \begin{pmatrix} \frac{1}{40}(-1+4t)\,e^{4t} \\ \frac{1}{5}(-1-t)\,e^{-t} \end{pmatrix}$$
$$= \begin{pmatrix} e^{-4t} & 3e^t \\ -e^{-4t} & 2e^t \end{pmatrix} \cdot \begin{pmatrix} \frac{1}{40}(-1+4t)\,e^{4t} \\ \frac{1}{5}(-1-t)\,e^{-t} \end{pmatrix}$$
$$= \begin{pmatrix} -\frac{5}{8} - \frac{1}{2}t \\ -\frac{3}{8} - \frac{1}{2}t \end{pmatrix}.$$

Diese partikuläre Lösung ist ebenfalls ein Polynom. $\qquad \square$

Betrachtet man die Beispiele 15.12 und 15.13, so sieht man, dass die spezielle Lösung vom gleichen Typ ist wie die Inhomogenität $\vec{f}(t)$. Dies führt zur Berechnung einer partikulären Lösung durch den Ansatz der rechten Seite, den wir bereits für Differenzialgleichungen erster Ordnung eingeführt haben (siehe Band 2, Abschnitt 13.4).

Um die Grundidee zu verdeutlichen, verwenden wir die bereits besprochenen Beispiele und berechnen nochmals eine partikuläre Lösung nun aber durch den Ansatz der rechten Seite.

Beispiel 15.14 (Ansatz von Typ der rechten Seite). Gesucht ist eine partikuläre Lösung des inhomogenen Problems

$$\vec{y}\,'(t) = A\,\vec{y}(t) + \vec{f}(t) \;\; \text{mit} \;\; A = \begin{pmatrix} -1 & 3 \\ 2 & -2 \end{pmatrix} \;\; \text{und} \;\; \vec{f}(t) = \begin{pmatrix} 0 \\ e^{-t} \end{pmatrix}.$$

Die Inhomogenität $\vec{f}(t) = \begin{pmatrix} 0 \\ e^{-t} \end{pmatrix} = \begin{pmatrix} 0 \\ 1 \end{pmatrix} e^{-t}$ ist eine Exponentialfunktion e^{-t}. Also wählen wir den Ansatz Vektor mal Exponentialfunktion

$$\vec{y}_p(t) = \begin{pmatrix} a \\ b \end{pmatrix} e^{-t} = \begin{pmatrix} a\,e^{-t} \\ b\,e^{-t} \end{pmatrix}.$$

Um die noch unbekannten Komponenten des Vektors a und b zu bestimmen, werten wir beide Seiden des Systems $\vec{y}\,'(t) = A\,\vec{y}(t) + \vec{f}(t)$ aus:

$$\begin{pmatrix} -a\,e^{-t} \\ -b\,e^{-t} \end{pmatrix} = \begin{pmatrix} -1 & 3 \\ 2 & -2 \end{pmatrix} \cdot \begin{pmatrix} a\,e^{-t} \\ b\,e^{-t} \end{pmatrix} + \begin{pmatrix} 0 \\ e^{-t} \end{pmatrix}$$

$$\begin{pmatrix} -a \\ -b \end{pmatrix} e^{-t} = \begin{pmatrix} -a + 3b \\ 2a - 2b + 1 \end{pmatrix} e^{-t}.$$

Wir vergleichen die beiden Komponenten und erhalten

$$-a = -a + 3b$$
$$-b = 2a - 2b + 1$$

mit der Lösung $a = -\frac{1}{2}$ und $b = 0$.

Dies ergibt dieselbe Lösung wie in Beispiel 15.12 unter Verwendung der Fundamentalmatrix

$$\vec{y}_p(t) = \begin{pmatrix} -\frac{1}{2}e^{-t} \\ 0 \end{pmatrix}. \qquad\qquad \square$$

Beispiel 15.15 (Ansatz von Typ der rechten Seite). Gesucht ist eine partikuläre Lösung des inhomogenen Problems

$$\vec{y}\,'(t) = A\,\vec{y}(t) + \vec{f}(t) \ \ \text{mit} \ \ A = \begin{pmatrix} -1 & 3 \\ 2 & -2 \end{pmatrix} \ \text{und} \ \vec{f}(t) = \begin{pmatrix} t \\ 0 \end{pmatrix}.$$

Die Inhomogenität $\vec{f}(t) = \begin{pmatrix} t \\ 0 \end{pmatrix}$ ist vom Typ Polynomfunktion vom Grade 1. Also wählen wir den Ansatz Polynom vom Grade 1 für jede der Komponenten der partikulären Lösung

$$\vec{y}_p(t) = \begin{pmatrix} a_1 + b_1\,t \\ a_2 + b_2\,t \end{pmatrix}.$$

Um die Parameter a_1, a_2 und b_1, b_2 zu bestimmen, werten wir die linke und rechte Seite des Systems $\vec{y}\,'(t) = A\,\vec{y}(t) + \vec{f}(t)$ aus

$$\begin{aligned} \begin{pmatrix} b_1 \\ b_2 \end{pmatrix} &= \begin{pmatrix} -1 & 3 \\ 2 & -2 \end{pmatrix} \cdot \begin{pmatrix} a_1 + b_1\,t \\ a_2 + b_2\,t \end{pmatrix} + \begin{pmatrix} t \\ 0 \end{pmatrix} \\[2mm] &= \begin{pmatrix} -a_1 - b_1\,t + 3a_2 + 3b_2\,t + t \\ 2a_1 + 2b_1\,t - 2a_2 - 2b_2\,t \end{pmatrix} \\[2mm] &= \begin{pmatrix} (-a_1 + 3a_2) + (-b_1 + 3b_2 + 1)\,t \\ (2a_1 - 2a_2) + (2b_1 - 2b_2)\,t \end{pmatrix}. \end{aligned}$$

und vergleichen für jede Komponente die Koeffizienten der Polynome. Die erste Komponente liefert

$$\begin{aligned} t^1 &: \ 0 = -b_1 + 3b_2 + 1 \\ t^0 &: \ b_1 = -a_1 + 3a_2 \end{aligned}$$

und die zweite

$$\begin{aligned} t^1 &: \ 0 = 2b_1 - 2b_2 \\ t^0 &: \ b_2 = 2a_1 - 2a_2. \end{aligned}$$

Die Lösungen dieser linearen Gleichungen sind $a_1 = -\frac{5}{8}$, $b_1 = -\frac{1}{2}$ und $a_2 = -\frac{3}{8}$, $b_2 = -\frac{1}{2}$.

Wir erhalten dieselbe spezielle Lösung wie in Beispiel 15.13 unter Verwendung der Fundamentalmatrix

$$\vec{y}_p(t) = \begin{pmatrix} -\frac{5}{8} - \frac{1}{2}\,t \\ -\frac{3}{8} - \frac{1}{2}\,t \end{pmatrix}. \qquad\qquad \square$$

Beispiel 15.16. Gesucht ist eine partikuläre Lösung des inhomogenen Problems

$$\vec{y}\,'(t) = A\,\vec{y}(t) + \vec{f}(t) \quad \text{mit} \quad A = \begin{pmatrix} 2 & 1 \\ 3 & 4 \end{pmatrix}, \ \vec{f}(t) = \begin{pmatrix} -3t\,e^{-t} \\ -(3t+5)\,e^{-t} \end{pmatrix}.$$

Inhomogenität $\vec{f}(t)$ ist vom Typ Polynom vom Grad 1 mal Exponentialfunktion e^{-t}. Wir wählen also den Ansatz

$$\vec{y}_p(t) = \begin{pmatrix} (a_1 + b_1\,t)\,e^{-t} \\ (a_2 + b_2\,t)\,e^{-t} \end{pmatrix}.$$

Um die unbekannten Parameter a_1, a_2 und b_1, b_2 zu bestimmen, werten wir die rechte und linke Seite des Systems aus: $\vec{y}\,'(t)$ und $A\,\vec{y}(t) + \vec{f}(t)$.

$$\vec{y}_p'(t) = \begin{pmatrix} b_1\,e^{-t} + (a_1 + b_1\,t)(-1)\,e^{-t} \\ b_2\,e^{-t} + (a_2 + b_2\,t)(-1)\,e^{-t} \end{pmatrix}$$

$$= \begin{pmatrix} b_1 - a_1 - b_1\,t \\ b_2 - a_2 - b_2\,t \end{pmatrix} \cdot e^{-t}$$

$$A\,\vec{y}(t) + \vec{f}(t) = \begin{pmatrix} 2 & 1 \\ 3 & 4 \end{pmatrix} \cdot \begin{pmatrix} a_1 + b_1\,t \\ a_2 + b_2\,t \end{pmatrix} e^{-t} + \begin{pmatrix} -3t \\ -(3t+5) \end{pmatrix} e^{-t}.$$

Wir vergleichen die beiden Komponenten

$$b_1 - a_1 - b_1\,t = 2a_1 + 2b_1\,t + a_2 + b_2\,t - 3t$$

$$b_2 - a_2 - b_2\,t = 3a_1 + 3b_1\,t + 4a_2 + 4b_2\,t - 3t - 5$$

mit der Lösung $a_1 = 0$, $b_1 = 1$ und $a_2 = 1$, $b_2 = 0$. Eine partikuläre Lösung ist daher

$$\vec{y}_p(t) = \begin{pmatrix} t \\ 1 \end{pmatrix} e^{-t}. \qquad\qquad \square$$

Bemerkung: Die Matrix A hat die Eigenwerte $\lambda_1 = 1$ und $\lambda_2 = 5$ mit den zugehörigen Eigenvektoren $\vec{x}_1 = \begin{pmatrix} 1 \\ -1 \end{pmatrix}$ und $\vec{x}_2 = \begin{pmatrix} 1 \\ 3 \end{pmatrix}$. Die allgemeine Lösung des inhomogenen Problems lautet daher

$$\vec{y}(t) = \vec{y}_h(t) + \vec{y}_p(t)$$

$$= c_1 \begin{pmatrix} 1 \\ -1 \end{pmatrix} e^{t} + c_2 \begin{pmatrix} 1 \\ 3 \end{pmatrix} e^{5t} + \begin{pmatrix} t \\ 1 \end{pmatrix} e^{-t}$$

Anwendungsbeispiel 15.17 (Geladene Teilchen in elektromagnetischen Feldern).

Die Bewegungsgleichungen (nicht-relativistische Lorentzgleichung) eines geladenen Teilchens mit Ladung $q = -e$ in elektromagnetischen Feldern $\vec{E}$ und $\vec{B}$ lauten

$$m \frac{d}{dt} \vec{v}(t) = q \left(\vec{E} + \vec{v}(t) \times \vec{B} \right) \; ; \quad \vec{v}(0) = \vec{v}_0 \, .$$

Für $\vec{B} = \begin{pmatrix} 0 \\ 0 \\ B_Z \end{pmatrix}$ und $\vec{E} = \begin{pmatrix} E_x \\ E_y \\ E_z \end{pmatrix}$ gilt nach Beispiel 15.2 für die

1. Komponente: $\dot{v}_x(t) = -\frac{e}{m} B_z v_y(t) - \frac{e}{m} E_x$
2. Komponente: $\dot{v}_y(t) = \frac{e}{m} B_z v_x(t) - \frac{e}{m} E_y$
3. Komponente: $\dot{v}_z(t) = -\frac{e}{m} E_z \qquad \Rightarrow v_z(t) = v_{0z} - \frac{e}{m} E_z \cdot t.$

Wir erhalten für die ersten beiden Komponenten folgendes inhomogene LDGS

$$\vec{v}'(t) = \begin{pmatrix} v'_x(t) \\ v'_y(t) \end{pmatrix} = \begin{pmatrix} 0 & -\omega \\ \omega & 0 \end{pmatrix} \vec{v}(t) + \begin{pmatrix} -\frac{e}{m} E_x \\ -\frac{e}{m} E_y \end{pmatrix} \quad \text{mit} \quad \omega = \frac{e}{m} B \, .$$

Setzen wir ein homogenes Magnetfeld voraus, stellt nach Beispiel 15.2

$$\vec{y}_1(t) = \begin{pmatrix} \cos(\omega t) \\ \sin(\omega t) \end{pmatrix} , \quad \vec{y}_2(t) = \begin{pmatrix} -\sin(\omega t) \\ \cos(\omega t) \end{pmatrix}$$

ein Lösungs-Fundamentalsystem dar. Damit ist

$$\mathbf{F}(t) = \begin{pmatrix} \cos(\omega t) & -\sin(\omega t) \\ \sin(\omega t) & \cos(\omega t) \end{pmatrix} \quad \text{und} \quad \mathbf{F}^{-1}(t) = \begin{pmatrix} \cos(\omega t) & \sin(\omega t) \\ -\sin(\omega t) & \cos(\omega t) \end{pmatrix} \, .$$

Die Methode der Variation der Konstanten liefert die Lösung des inhomogenen Problems:

$$\begin{aligned}
\vec{u}(t) &= \vec{v}_0 + \int_0^t \mathbf{F}^{-1}(\xi)\, \vec{f}(\xi)\, d\xi \\[2mm]
&= \vec{v}_0 + \int_0^t \begin{pmatrix} \cos(\omega \xi) & \sin(\omega \xi) \\ -\sin(\omega \xi) & \cos(\omega \xi) \end{pmatrix} \begin{pmatrix} -\frac{e}{m} E_x \\ -\frac{e}{m} E_y \end{pmatrix} d\xi \\[2mm]
&= \vec{v}_0 - \frac{e}{m} \int_0^t \begin{pmatrix} E_x \cos(\omega \xi) + E_y \sin(\omega \xi) \\ -E_x \sin(\omega \xi) + E_y \cos(\omega \xi) \end{pmatrix} d\xi \\[2mm]
&= \vec{v}_0 - \frac{e}{m} \frac{1}{\omega} \begin{pmatrix} E_x \sin(\omega t) - E_y \cos(\omega t) + E_y \\ E_x \cos(\omega t) - E_x + E_y \sin(\omega t) \end{pmatrix} .
\end{aligned}$$

Die Lösung des inhomogenen Problems, welche auch gleichzeitig die Anfangsbedingung $\vec{y}(t_0) = \vec{v}_0$ erfüllt, lautet damit

$$
\begin{aligned}
\vec{y}(t) \;=\; & \mathbf{F}(t)\,\vec{u}(t) = \mathbf{F}(t)\,\vec{v}_0 \\
& -\frac{e}{m}\frac{1}{\omega}\,\mathbf{F}(t)
\begin{pmatrix}
E_x\,\sin(\omega t) - E_y\,\cos(\omega t) + E_y \\
E_x\,\cos(\omega t) - E_x + E_y\,\sin(\omega t)
\end{pmatrix} \\[2mm]
=\; &
\begin{pmatrix}
\cos(\omega t)\,v_{0x} - \sin(\omega t)\,v_{0y} \\
\sin(\omega t)\,v_{0x} + \cos(\omega t)\,v_{0y}
\end{pmatrix} \\
& -\frac{e}{m}\frac{1}{\omega}
\begin{pmatrix}
E_x\,\sin(\omega t) + E_y\,(\cos(\omega t) - 1) \\
E_x\,(1 - \cos(\omega t)) + E_y\,\sin(\omega t)
\end{pmatrix}.
\end{aligned}
$$

Die Geschwindigkeitskomponenten sind

$$
v_x(t) = \cos(\omega t)\,v_{0x} - \sin(\omega t)\,v_{0y} - \frac{1}{B}\left(E_x\,\sin(\omega t) + E_y\,(\cos(\omega t) - 1)\right)
$$

$$
v_y(t) = \sin(\omega t)\,v_{0x} + \cos(\omega t)\,v_{0y} - \frac{1}{B}\left(E_x\,(1 - \cos(\omega t)) + E_y\,\sin(\omega t)\right)
$$

$$
v_z(t) = v_{0z} - \frac{\omega}{B}\,E\,t
$$

Mit den Parametern $\omega = 1$, $B = 0.1$, $E_x = 10$, $E_y = 4$, $E_z = 1$ und den Anfangswerten $v_{0x} = 1$, $v_{0y} = 0$, $v_{0z} = 0$ für die Geschwindigkeit wird die Bewegung durch die in Abb. 15.4 angegebene Raumkurve beschrieben.

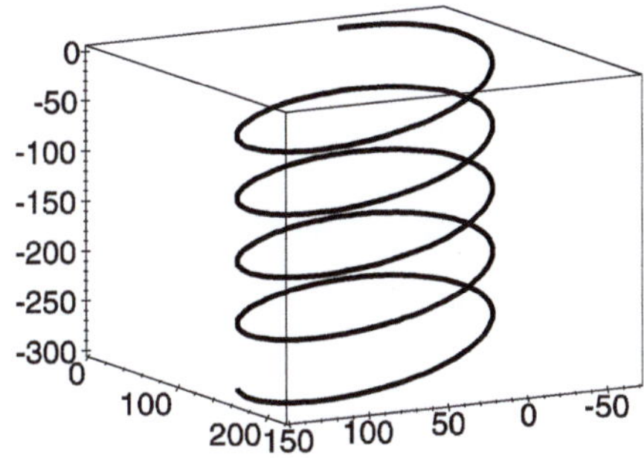

Abb. 15.4. Raumkurve eines Elektrons im elektromagnetischen Feld

15.4 Aufgaben zu Lineare Differenzialgleichungssysteme

15.1 Bestimmen Sie ein Lösungs-Fundamentalsystem des LDGS erster Ordnung

a) $y'(t) = A\,y(t)$ mit $A = \begin{pmatrix} 2 & 0 & -2 \\ 0 & 4 & 0 \\ -2 & 0 & 5 \end{pmatrix}$

b) $y'(t) = B\,y(t)$ mit $B = \begin{pmatrix} -2 & -9 & 5 \\ -5 & -10 & 7 \\ -9 & -21 & 14 \end{pmatrix}$

Prüfen Sie, ob die Eigenvektoren eine Basis des $\mathbb{R}^3$ bilden.

15.2 Bestimmen Sie die Lösungen des LDGS zweiter Ordnung

$$y''(t) = A\,y(t) \quad \text{mit } A = \begin{pmatrix} 1 & -2 \\ -2 & 4 \end{pmatrix}.$$

15.3 a) Die Bewegungsgleichungen eines geladenen Teilchens im Magnetfeld lauten

$$\dot{v}_x = -\frac{e}{m}\,B_z\,v_y, \qquad \dot{v}_y = \frac{e}{m}\,B_z\,v_x,$$

wenn $\vec{B} = B_z\,\vec{e}_z$. Man bestimme ein reelles Fundamentalsystem.

b) Man bestimme eine partikuläre Lösung, wenn neben dem Magnetfeld $\vec{B}$ noch ein elektrisches Feld $\vec{E} = E_0 \begin{pmatrix} 0 \\ t \\ 0 \end{pmatrix}$ wirkt:

$$\dot{v}_x = -\frac{e}{m}\,B_z\,v_y \qquad \dot{v}_y = \frac{e}{m}\,B_z\,v_x + E_0 \cdot t.$$

15.4 Gegeben ist die Matrix $A = \begin{pmatrix} -3 & 1 \\ 1 & -3 \end{pmatrix}$.

a) Man bestimme zur Matrix A sämtliche Eigenwerte und Eigenvektoren.
b) Man bestimme ein Fundamentalsystem von $\vec{y}'(t) = A\,\vec{y}(t)$.
c) Man bestimme ein komplexes FS von $\vec{y}''(t) = A\,\vec{y}(t)$.
d) Man bestimme ein reelles FS von $\vec{y}''(t) = A\,\vec{y}(t)$.
e) Man stelle das zu $\vec{y}''(t)$ äquivalente LDGS 1. Ordnung auf.

15.5 Geben Sie je ein Fundamentalsystem für $\vec{y}' = A\,\vec{y}$ an:

a) $A = \begin{pmatrix} 3 & 4 \\ -5 & -5 \end{pmatrix}$ b) $A = \begin{pmatrix} 3 & 1 & 1 \\ 1 & 5 & 1 \\ 1 & 1 & 3 \end{pmatrix}$

c) $A = \begin{pmatrix} 3 & -1 & 1 \\ -1 & 3 & -1 \\ 1 & -1 & 3 \end{pmatrix}$

15.6 Lösen Sie das Anfangswertproblem:

$$\begin{aligned}
y_1'(x) &= 3\,y_1(x) &+\; 2\,y_2(x) &-\; y_3(x), & y_1(0) &= 2 \\
y_2'(x) &= 2\,y_1(x) &+\; 3\,y_2(x) &-\; y_3(x), & y_2(0) &= 4 \\
y_3'(x) &= -y_1(x) &-\; y_2(x) &+\; 4\,y_3(x), & y_3(0) &= 0
\end{aligned}$$

15.7 Lösen Sie die Differenzialgleichung 2. Ordnung

$$y'' - 5\,y' + 6\,y = 0 \qquad\qquad (*)$$

indem Sie die Hilfsfunktionen $y_1 = y$, $y_2 = y'$ einführen und $(*)$ als System schreiben und lösen!
Wie lautet die Lösung für $y\,(0) = 1$, $y'\,(0) = 0$?

15.8 a) Schreiben Sie das System 2. Ordnung

$$\vec{y}'' = \begin{pmatrix} 1 & 2 \\ 3 & 2 \end{pmatrix} \vec{y}$$

um in ein System 1. Ordnung
b) Lösen Sie das LDGS 1. Ordnung.
c) Welchen alternativen Lösungsweg gibt es?

15.9 Bestimmen Sie Fundamentalsysteme der LDGS erster Ordnung

a) $\vec{y}'\,(t) = A\,\vec{y}\,(t)$ mit $A = \begin{pmatrix} 3 & 3 & 1 \\ -1 & 6 & -1 \\ -1 & 1 & 3 \end{pmatrix}$

b) $\vec{y}'\,(t) = B\,\vec{y}\,(t)$ mit $B = \begin{pmatrix} 2 & 1 & -1 \\ 0 & -3 & -1 \\ 0 & 1 & 1 \end{pmatrix}$

c) $\vec{y}'\,(t) = C\,\vec{y}\,(t)$ mit $C = \begin{pmatrix} 2 & 1 & 0 \\ 0 & 2 & 0 \\ 0 & 1 & 2 \end{pmatrix}$

indem Sie die Eigenvektoren und Hauptvektoren berechnen. Überprüfen Sie, dass die Eigenvektoren zusammen mit ihren Hauptvektoren eine Basis von $\mathbb{R}^3$ bilden.

Lineare Differenzialgleichungen n-ter Ordnung

16

© Der/die Autor(en), exklusiv lizenziert an
Springer-Verlag GmbH, DE, ein Teil von Springer Nature 2025
T. Westermann, *Mathematik für Ingenieure 3*,
https://doi.org/10.1007/978-3-662-71919-0_2

16 Lineare Differenzialgleichungen n-ter Ordnung

Viele kinematische Probleme führen nach dem Newtonschen Bewegungsgesetz auf Differenzialgleichungen 2. Ordnung. Für ausgedehnte Körper sogar auf 4. oder höherer Ordnung. In diesem Abschnitt behandeln wir genereller das systematische Lösen von linearen Differenzialgleichungen n-ter Ordnung.

Die theoretischen Grundlagen übertragen sich aus Abschnitt 15.2, da wir eine lineare Differenzialgleichung n-ter Ordnung auf ein System von n linearen Differenzialgleichungen 1. Ordnung reduzieren können. Gemäß der Lösungsstruktur lösen wir zuerst das homogene Problem und kommen dann auf die inhomogenen Differenzialgleichungen zu sprechen.

16.1 Einleitende Beispiele

Anwendungsbeispiel 16.1 (Fadenpendel).

An einem Faden der Länge l ist eine Masse m befestigt. Gesucht ist der Winkel $\varphi(t)$ als Funktion der Zeit, wenn die Masse um kleine Winkel φ_0 ausgelenkt wird. Die Kräfte, die auf die Masse m wirken, sind die Komponente der Gewichtskraft F_t senkrecht zum Faden

$$F_t = -F_G \sin \varphi = -m\,g\,\sin \varphi$$

$$\approx -m\,g\,\varphi \quad \text{(kleine Winkel)}$$

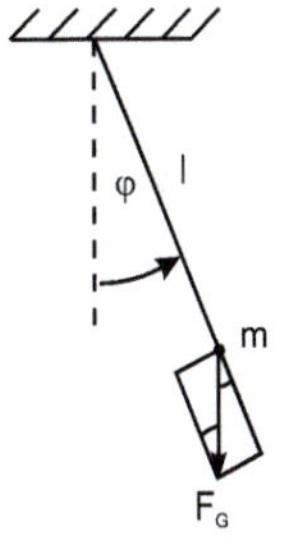

und die Reibungskraft F_R proportional zur Geschwindigkeit

$$F_R = -\gamma\,v = -\gamma\,(l\,\dot{\varphi})\,.$$

Abb. 16.1.
Fadenpendel

Nach dem Newtonschen Bewegungsgesetz ist die Beschleunigungskraft,

$$F_B = m\,\ddot{x}(t) = m\,l\,\ddot{\varphi}(t)\,,$$

gleich der Summe aller angreifenden Kräfte:

$$\boxed{m\,l\,\ddot{\varphi}(t) = -m\,g\,\varphi(t) - \gamma\,l\,\dot{\varphi}(t)}$$

(homogene, lineare DG 2. Ordnung). $\square$

Anwendungsbeispiel 16.2 (Federpendel).

Am Ende einer senkrecht herabhängenden Feder mit der Federkonstanten D befindet sich eine Masse m. Es wirkt eine Reibungskraft proportional zur Momentangeschwindigkeit. Die Auslenkung der Masse m zur Zeit t wird mit $x(t)$ bezeichnet. Gesucht ist das *Weg-Zeit-Gesetz* $x(t)$, wenn die Masse m zum Zeitpunkt $t_0 = 0$ um x_0 aus der Ruhelage ausgelenkt wird.

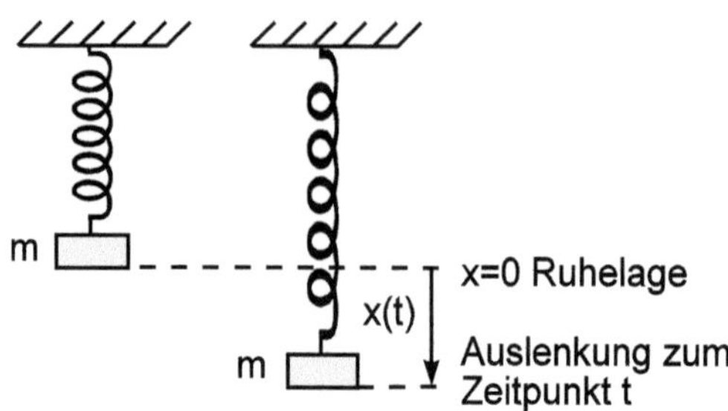

Abb. 16.2. Federpendel

Die Kräfte, die auf die Masse m wirken, sind die Federrückstellkraft $F_D = -D\,x(t)$ und die Reibungskraft $F_R = -\beta\,\dot{x}(t)$. Nach dem Newtonschen Bewegungsgesetz ist die Beschleunigungskraft $F_B = m\,\ddot{x}(t)$ gleich der Summe aller angreifenden Kräfte:

$$\boxed{\,m\,\ddot{x}(t) = -\beta\,\dot{x}(t) - D\,x(t) \quad \text{mit } x(0) = x_0,\ \dot{x}(0) = 0\,}$$

(homogene, lineare DG 2. Ordnung). □

Anwendungsbeispiel 16.3 (RCL-Kreis).

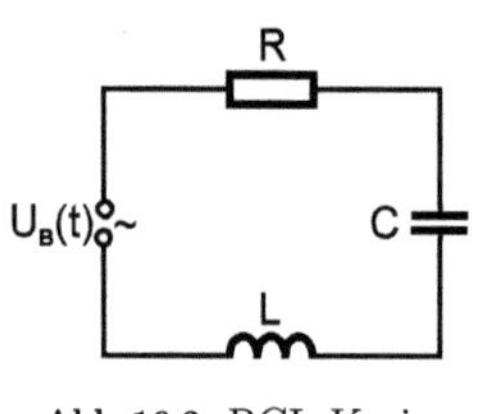

Abb. 16.3. RCL-Kreis

Der RCL-Wechselstromkreis ist das elektromagnetische Analogon zu den Pendelbeispielen. Ein Stromkreis ist aufgebaut mit einer Induktivität L, einer Kapazität C und einem Ohmschen Widerstand R. Zur Zeit $t = 0$ wird der Stromkreis durch Anlegen einer äußeren Spannungsquelle

$$U_B(t) = U_0 \sin(\omega t)$$

geschlossen. Gesucht ist der Strom $I(t)$ als Funktion der Zeit.

Nach dem Maschensatz ist die Summe der Spannungsabfälle an R, C und L gleich der eingespeisten Spannung U_B

$$U_R(t) + U_L(t) + U_C(t) = U_B(t)\ .$$

Mit dem Ohmschen Gesetz $(U_R(t) = R \cdot I\,(t))$, dem Induktionsgesetz $(U_L(t) = L\,\frac{dI(t)}{dt})$ und der Spannung am Kondensator $\left(U_C(t) = \frac{1}{C}Q\,(t) = \frac{1}{C}\int_0^t I\,(\tau)\,d\tau\right)$ gilt

$$R \cdot I\,(t) + L\,\frac{dI\,(t)}{dt} + \frac{1}{C}\int_0^t I\,(\tau)\,d\tau = U_0\,\sin\,(\omega t)$$

bzw. nach Differenziation

$$\boxed{L\,\ddot{I}\,(t) + R\,\dot{I}\,(t) + \tfrac{1}{C}\,I\,(t) = U_0\,\omega\,\cos\,(\omega t)}$$

(inhomogene, lineare DG 2. Ordnung). $\square$

16.1.1 Allgemeine Problemstellung:

Problemstellung: Sei $f(x)$ eine auf dem Intervall I stetige Funktion und seien $a_k \in \mathbb{R}$ $(k = 0,\ldots, n-1)$ reelle Koeffizienten. Gesucht ist eine n-mal stetig differenzierbare Funktion $y(x)$ mit der Eigenschaft, dass sie für alle $x \in I$ die lineare Differenzialgleichung

$$y^{(n)}\,(x) + a_{n-1}\,y^{(n-1)}\,(x) + \ldots + a_1\,y'\,(x) + a_0\,y\,(x) = f\,(x) \qquad (\text{DG } n)$$

erfüllt.

Bezeichnung:

Für $f\,(x) \neq 0$ heißt (DG n) eine **inhomogene DG n-ter Ordnung**;
für $f\,(x) = 0$ heißt (DG n) eine **homogene DG n-ter Ordnung**.

Wir diskutieren im Folgenden die Problemstellungen: Wie viele Lösungen besitzt eine lineare Differenzialgleichung n-ter Ordnung? Wie ist der Aufbau der allgemeinen Lösung des inhomogenen Problems? Wie löst man das homogene Problem, wie das inhomogene?

Zur Beantwortung dieser Fragen zeigen wir zunächst, dass eine DG n-ter Ordnung in ein äquivalentes System 1. Ordnung übergeführt werden kann. Denn somit können wir anschließend die Ergebnisse aus Kapitel 15 über lineare Differenzialgleichungssysteme 1. Ordnung auf lineare Differenzialgleichungen n-ter Ordnung übertragen.

16.1.2 Reduktion einer linearen DG n-ter Ordnung auf ein System

Ausgehend von der inhomogenen Differenzialgleichung n-ter Ordnung konstruieren wir ein System 1. Ordnung, indem wir - verallgemeinernd zum Vorgehen in Beispiel 15.1 - n Funktionen $y_0\,(x), y_1\,(x), \ldots, y_{n-1}\,(x)$ einführen, die durch die Bestimmungsgleichungen

$$
\begin{aligned}
y_0\,(x) &:= y\,(x) \\
y_1\,(x) &:= y'\,(x) \\
y_2\,(x) &:= y''\,(x) \\
&\;\vdots \\
y_{n-1}\,(x) &:= y^{(n-1)}\,(x)
\end{aligned}
$$

festgelegt werden. Definieren wir die Vektorfunktion

$$
\vec{Y}\,(x) := \begin{pmatrix} y_0\,(x) \\ y_1\,(x) \\ \vdots \\ y_{n-2}\,(x) \\ y_{n-1}\,(x) \end{pmatrix}
$$

folgt für deren Ableitung

$$
\vec{Y}'\,(x) = \begin{pmatrix} y_0'\,(x) \\ y_1'\,(x) \\ \vdots \\ y_{n-2}'\,(x) \\ y_{n-1}'\,(x) \end{pmatrix} = \begin{pmatrix} y'\,(x) \\ y''\,(x) \\ \vdots \\ y^{(n-1)}\,(x) \\ y^{(n)}\,(x) \end{pmatrix}
$$

$$
= \begin{pmatrix} y_1\,(x) \\ y_2\,(x) \\ \vdots \\ y_{n-1}\,(x) \\ -a_0\,y\,(x) - a_1\,y'\,(x) - \ldots - a_{n-1}\,y^{(n-1)}\,(x) + f\,(x) \end{pmatrix}.
$$

Die Gleichheit der ersten $(n-1)$ Komponenten gilt nach Definition der Funktionen $y_i\,(x)$ und die der letzten Komponente aufgrund der Differenzialgleichung (DG n)

$$
y^{(n)}\,(x) = -a_0\,y\,(x) - a_1\,y'\,(x) - \ldots - a_{n-1}\,y^{(n-1)}\,(x) + f\,(x).
$$

Ersetzen wir auch in der letzten Komponente die Ableitungen von $y\,(x)$ durch die entsprechenden Funktionen $y_i\,(x)$, ist

$$
\vec{Y}'\,(x) = \begin{pmatrix} y_1\,(x) \\ y_2\,(x) \\ \vdots \\ y_{n-1}\,(x) \\ -a_0\,y_0\,(x) - a_1\,y_1\,(x) - \ldots - a_{n-1}\,y_{n-1}\,(x) + f\,(x) \end{pmatrix}
$$

$$= \begin{pmatrix} 0 & 1 & 0 & & 0 \\ 0 & 0 & 1 & & 0 \\ \vdots & \vdots & & \ddots & \vdots \\ 0 & 0 & 0 & & 1 \\ -a_0 & -a_1 & -a_2 & \cdots & -a_{n-1} \end{pmatrix} \vec{Y}(x) + \begin{pmatrix} 0 \\ 0 \\ \vdots \\ 0 \\ f(x) \end{pmatrix} \quad \text{(DGS)}$$

Dies ist ein inhomogenes System 1. Ordnung für $\vec{Y}(x)$.

Bemerkungen:

(1) Ist $y(x)$ eine Lösung der inhomogenen, linearen Differenzialgleichung n-ter Ordnung (DG n), dann ist $\vec{Y}(x) = (y(x), y'(x), \ldots, y^{(n-1)}(x))^t$ eine Lösung des entsprechenden inhomogenen Systems 1. Ordnung (DGS).

(2) Es ist aber auch die Umkehrung gültig:
Ist $\vec{Y}(x) = (y_0(x), y_1(x), \ldots, y_{n-1}(x))^t$ eine Lösung des Systems (DGS), dann ist die erste Komponente des Vektors $\vec{Y}(x)$ nämlich $y(x) := y_0(x)$ eine Lösung der Differenzialgleichung n-ter Ordnung (DG n).

Begründung: Ist $\vec{Y}(x)$ eine Lösung des Systems, so gilt für die erste Komponente $y_0(x)$ nach (DGS):

$$\begin{aligned} y_0'(x) &= y_1(x) \\ y_0''(x) &= y_1'(x) = y_2(x) \\ &\vdots & \vdots \\ y_0^{(n-1)}(x) &= y_{n-2}'(x) = y_{n-1}(x) \\ y_0^{(n)}(x) &= y_{n-1}'(x) \\ &= -a_0\, y_0(x) - a_1\, y_1(x) - \ldots - a_{n-1}\, y_{n-1}(x) + f(x) \\ &= -a_0\, y_0(x) - a_1\, y_0'(x) - \ldots - a_{n-1}\, y_0^{(n-1)}(x) + f(x). \end{aligned}$$

Somit ist $y_0(x)$ eine Lösung der DG n-ter Ordnung. Die Umkehrung gilt aufgrund obiger Überlegungen und der Konstruktion des Systems (DGS). □

Beispiel 16.4. Gesucht ist das zur Differenzialgleichung 4. Ordnung

$$x''''(t) + 8\, x'''(t) + 22\, x''(t) + 24\, x'(t) + 9\, x(t) = 0$$

gehörende LDGS 1. Ordnung.

Die Differenzialgleichung ist von 4. Ordnung, also definieren wir vier Funktionen

$$\begin{aligned} y_0(t) &= x(t) \\ y_1(t) &= x'(t) \\ y_2(t) &= x''(t) \\ y_3(t) &= x'''(t). \end{aligned}$$

Dann gilt für die Ableitungen der Funktionen $y_0\,(t)$, $y_1\,(t)$, $y_2\,(t)$ und $y_3\,(t)$

$$
\begin{array}{rclcl}
y_0'\,(t) &=& x'\,(t) &=& y_1\,(t) \\
y_1'\,(t) &=& x''\,(t) &=& y_2\,(t) \\
y_2'\,(t) &=& x'''\,(t) &=& y_3\,(t) \\
y_3'\,(t) &=& x''''\,(t) &=& -9\,x\,(t) - 24\,x'\,(t) - 22\,x''\,(t) - 8\,x'''\,(t) \\
&& &=& -9\,y_0\,(t) - 24\,y_1\,(t) - 22\,y_2\,(t) - 8\,y_3\,(t).
\end{array}
$$

Für den Vektor $\vec{Y}\,(t) := \begin{pmatrix} y_0\,(t) \\ y_1\,(t) \\ y_2\,(t) \\ y_3\,(t) \end{pmatrix}$ gilt dann

$$
\begin{aligned}
\vec{Y}'\,(t) &= \begin{pmatrix} y_0' \\ y_1' \\ y_2' \\ y_3' \end{pmatrix} = \begin{pmatrix} y_1 \\ y_2 \\ y_3 \\ -9\,y_0 - 24\,y_1 - 22\,y_2 - 8\,y_3 \end{pmatrix} \\[2ex]
&= \begin{pmatrix} 0 & 1 & 0 & 0 \\ 0 & 0 & 1 & 0 \\ 0 & 0 & 0 & 1 \\ -9 & -24 & -22 & -8 \end{pmatrix} \vec{Y}\,(t)\,.
\end{aligned}
$$

Dies ist das zur Differenzialgleichung gehörende System 1. Ordnung.   □

Satz 16.1:

Das Lösen einer linearen Differenzialgleichung n-ter Ordnung (DG n) ist äquivalent zum Lösen des zugehörigen Systems 1. Ordnung (DGS).

Bemerkung: Nach Satz 16.1 ist es gleichgültig, ob die Differenzialgleichung n-ter Ordnung gelöst wird oder das zugehörige System 1. Ordnung. Dieser Satz hat weitreichende Konsequenzen für das *numerische* Lösen von Differenzialgleichungen n-ter Ordnung: Statt eine Differenzialgleichung n-ter Ordnung zu lösen, geht man zum System 1. Ordnung über und löst jede dieser Differenzialgleichungen 1. Ordnung mit einem numerischen Verfahren wie z.B. dem Euler-Verfahren (siehe Band 2, Abschnitt 13.4.2).

Durch die in Satz 16.1 aufgestellte Äquivalenz übertragen sich auch die Aussagen über die Lösung von Systemen auf Differenzialgleichungen n-ter Ordnung. Entsprechend Satz 15.1 und Satz 15.9 gilt

Satz 16.2: Lösung linearer DG n-ter Ordnung

---

(1) Sei $\mathbb{L}_h$ die Menge aller Lösungen der *homogenen linearen Differenzialgleichung n-ter Ordnung*

$$y^{(n)}(x) + a_{n-1}\, y^{(n-1)}(x) + \ldots + a_1\, y'(x) + a_0\, y(x) = 0 \ .$$

$\mathbb{L}_h$ **ist ein n-dimensionaler Vektorraum**.

(2) Sei $\mathbb{L}_i$ die Menge aller Lösungen der *inhomogenen linearen Differenzialgleichung n-ter Ordnung*

$$y^{(n)}(x) + a_{n-1}\, y^{(n-1)}(x) + \ldots + a_1\, y'(x) + a_0\, y(x) = f(x) \ .$$

Dann ist

$$\mathbb{L}_i = y_p(x) + \mathbb{L}_h,$$

wenn $y_p(x)$ eine beliebige *partikuläre (= spezielle)* Lösung der inhomogenen Differenzialgleichung ist.

(3) n verschiedene Lösungen $\varphi_1(x), \varphi_2(x), \ldots, \varphi_n(x)$ der homogenen Differenzialgleichung sind genau dann linear unabhängig, wenn für **ein**, und damit für alle $x \in I$, die sog. **"Wronski-Determinante"** $W(x)$ ungleich Null ist:

$$W(x) = \det \begin{pmatrix} \varphi_1(x) & \varphi_2(x) & \cdots \varphi_n(x) \\ \varphi_1'(x) & \varphi_2'(x) & \cdots \varphi_n'(x) \\ \vdots & \vdots & \vdots \\ \varphi_1^{(n-1)}(x) & \varphi_2^{(n-1)}(x) & \cdots \varphi_n^{(n-1)}(x) \end{pmatrix} \neq 0.$$

Definition: *Eine Basis $\varphi_1(x), \ldots, \varphi_n(x)$ des Lösungsraumes $\mathbb{L}_h$ der homogenen Differenzialgleichung heißt* **Lösungs-Fundamentalsystem**.

Folgerung: Fundamentalsystem

$\varphi_1(x), \ldots, \varphi_n(x)$ ist ein Fundamentalsystem genau dann, wenn

$$W(x_0) \neq 0 \qquad \text{für ein } x_0 \in I.$$

Beispiel 16.5. Gegeben ist für $x > 0$ die homogene DG 2. Ordnung

$$y''(x) - \frac{1}{2\,x}\,y'(x) + \frac{1}{2\,x^2}\,y(x) = 0 \ .$$

Zwei Lösungen sind

$$\varphi_1(x) = x\,, \quad \varphi_2(x) = \sqrt{x}\,,$$

wie man durch Einsetzen in die Differenzialgleichung bestätigt. Die Wronski-Determinante zu φ_1, φ_2 lautet

$$W(x) = \det\begin{pmatrix} \varphi_1(x) & \varphi_2(x) \\ \varphi_1'(x) & \varphi_2'(x) \end{pmatrix} = \begin{vmatrix} x & \sqrt{x} \\ 1 & \frac{1}{2\sqrt{x}} \end{vmatrix} = -\frac{1}{2}\,\sqrt{x}\ .$$

Für $x > 0$ ist $W(x) \neq 0$ und $(\varphi_1(x), \varphi_2(x))$ bilden somit ein Fundamentalsystem. Die allgemeine Lösung der Differenzialgleichung ist daher

$$y(x) = c_1\,x + c_2\,\sqrt{x}\ .$$

Die Konstanten c_1 und c_2 bestimmen sich aus Anfangsbedingungen. □

Anwendungsbeispiel 16.6 **(Elektron im Magnetfeld).**

Nach Beispiel 15.2 lauten die nicht-relativistischen Bewegungsgleichungen eines Elektrons in einem homogenen Magnetfeld, welches senkrecht zur Bewegungsrichtung steht,

$$\dot{v}_x(t) = -\omega\,v_y(t) \quad \text{und} \quad \dot{v}_y(t) = \omega\,v_x(t)$$

mit $\omega = \frac{e}{m}\,B \neq 0$. Differenziert man die erste Gleichung, $\ddot{v}_x(t) = -\omega\,\dot{v}_y(t)$, und setzt die zweite ein, erhält man eine Differenzialgleichung 2. Ordnung für die Geschwindigkeit $v_x(t)$:

$$\boxed{\ddot{v}_x(t) + \omega^2\,v_x(t) = 0.}$$

Zwei Lösungen dieser Differenzialgleichung kann man direkt angeben:

$$\varphi_1(t) = \cos(\omega t) \quad \text{und} \quad \varphi_2(t) = \sin(\omega t)\ ,$$

wie man durch Einsetzen in die Differenzialgleichung bestätigt! Diese beiden Lösungen bilden ein Fundamentalsystem, da die Wronski-Determinante

$$W(t) \;=\; \det\begin{pmatrix} \varphi_1(t) & \varphi_2(t) \\ \varphi_1'(t) & \varphi_2'(t) \end{pmatrix} = \begin{vmatrix} \cos(\omega t) & \sin(\omega t) \\ -\omega\sin(\omega t) & \omega\cos(\omega t) \end{vmatrix}$$

$$=\; \omega\cos^2(\omega t) + \omega\sin^2(\omega t) = \omega \neq 0.$$

Daher ist die allgemeine Lösung für $v_x(t)$

$$v_x(t) = c_1\cos(\omega t) + c_2\sin(\omega t)\ .$$ □

Im Folgenden werden wir uns mit der Frage beschäftigen, wie man alle Lösungen des homogenen Problems und eine spezielle Lösung des inhomogenen Problems berechnet: Die Lösung des homogenen Problems ist äquivalent zur Bestimmung der Nullstellen eines Polynoms n-ten Grades (*charakteristisches Polynom*) ($\to$ 16.2). Eine partikuläre Lösung des inhomogenen Problems bestimmt man oftmals durch einen speziellen Ansatz (siehe Abschnitt 16.3).

16.2 Homogene DG n-ter Ordnung mit konstanten Koeffizienten

Beispiel 16.7. Gegeben ist die Differenzialgleichung 2. Ordnung

$$\ddot{x}(t) + \omega_0^2\, x(t) = 0.$$

Die zugehörige physikalische Problemstellung kann z.B. das Fadenpendel ohne Reibung 16.1, das Federpendel 16.2, ein LC-Kreis 16.3 oder die Bewegungsgleichung eines Elektrons im Magnetfeld 16.6 sein.

Zur Lösung der Differenzialgleichung wählen wir den **Ansatz**:

$$x(t) = e^{\lambda t}. \tag{$*$}$$

Setzen wir diesen Ansatz in die Differenzialgleichung ein, folgt

$$\lambda^2 e^{\lambda t} + \omega_0^2\, e^{\lambda t} = 0 \ \hookrightarrow\ \lambda^2 + \omega_0^2 = 0\ .$$

Man nennt

$$P(\lambda) = \lambda^2 + \omega_0^2$$

das zur Differenzialgleichung zugehörige *charakteristische Polynom*. Wenn die im Ansatz auftretende Größe λ eine Nullstelle des charakteristischen Polynoms ist, dann ist $e^{\lambda t}$ eine Lösung der Differenzialgleichung. Aus $P(\lambda) = 0$, folgt $\lambda = \pm\sqrt{-\omega_0^2} = \pm i\,\omega_0$.

$$\Rightarrow \varphi_1(t) = e^{i\,\omega_0 t} \quad \text{und} \quad \varphi_2(t) = e^{-i\,\omega_0 t}$$

sind Lösungen der Differenzialgleichung. Sie bilden gleichzeitig ein Fundamentalsystem, da die Wronski-Determinante

$$W(t) = \det\begin{pmatrix} \varphi_1(t) & \varphi_2(t) \\ \varphi_1'(t) & \varphi_2'(t) \end{pmatrix} = \begin{vmatrix} e^{i\,\omega_0 t} & e^{-i\,\omega_0 t} \\ i\,\omega_0\, e^{i\,\omega_0 t} & -i\,\omega_0\, e^{-i\,\omega_0 t} \end{vmatrix} = -2\,i\,\omega_0 \neq 0\ .$$

Da $\varphi_1(t)$, $\varphi_2(t)$ komplexe Funktionen sind, nennt man $(\varphi_1(t)\ ,\ \varphi_2(t))$ ein *komplexes Fundamentalsystem*. $\square$

Zu diesem komplexen Fundamentalsystem konstruieren wir ein reelles, indem wir zu speziellen Linearkombinationen von $\varphi_1(t)$ und $\varphi_2(t)$ übergehen. Da für lineare DG das Superpositionsprinzip gilt, ist mit zwei Lösungen $\varphi_1(t)$ und $\varphi_2(t)$ jede Linearkombination $c_1\,\varphi_1(t) + c_2\,\varphi_2(t)$ ebenfalls eine Lösung der Differenzialgleichung. Mit $\varphi_1(t)$ und $\varphi_2(t)$ sind auch die beiden Funktionen

$$x_1(t) = \tfrac{1}{2}\,\varphi_1(t) + \tfrac{1}{2}\,\varphi_2(t) \; = \tfrac{1}{2}\left(e^{i\,\omega_0\,t} + e^{-i\,\omega_0\,t}\right) \; = \cos(\omega_0 t)$$

$$x_2(t) = \tfrac{1}{2i}\,\varphi_1(t) - \tfrac{1}{2i}\,\varphi_2(t) = \tfrac{1}{2i}\left(e^{i\,\omega_0\,t} - e^{-i\,\omega_0\,t}\right) = \sin(\omega_0 t)$$

Lösungen der Differenzialgleichung. Da die Wronski-Determinante dieser beiden Funktionen $W(t) = \omega_0 \neq 0$, bilden $(\cos(\omega_0 t),\, \sin(\omega_0 t))$ ein *reelles Fundamentalsystem*. Die allgemeine Lösung lautet

$$x(t) = c_1\,\cos(\omega_0 t) + c_2\,\sin(\omega_0 t) \qquad \square$$

Wir übertragen die Lösungsmethode von Beispiel 16.7 auf den Fall einer allgemeinen, **homogenen linearen Differenzialgleichung n-ter Ordnung:**

$$y^{(n)}(x) + a_{n-1}\,y^{(n-1)}(x) + \ldots + a_1\,y'(x) + a_0\,y(x) = 0. \qquad (*)$$

Mit dem **Ansatz**

$$y(x) = e^{\lambda\,x}$$

für die gesuchte Funktion, lautet die k-te Ableitung von $y(x)$

$$y^{(k)}(x) = \lambda^k\,e^{\lambda\,x}.$$

Eingesetzt in die Differenzialgleichung $(*)$ ergibt

$$\lambda^n\,e^{\lambda\,x} + a_{n-1}\,\lambda^{n-1}\,e^{\lambda\,x} + \ldots + a_1\,\lambda\,e^{\lambda\,x} + a_0\,e^{\lambda\,x} = 0$$

$$\Rightarrow \lambda^n + a_{n-1}\,\lambda^{n-1} + \ldots + a_1\,\lambda + a_0 = 0\,.$$

Definition:

$$P(\lambda) := \lambda^n + a_{n-1}\,\lambda^{n-1} + \ldots + a_1\,\lambda + a_0$$

heißt das zur Differenzialgleichung $(*)$ zugehörige **charakteristische Polynom.**

Ist λ_0 eine **Nullstelle** des charakteristischen Polynoms $P(\lambda)$, dann stellt

$$y(x) = e^{\lambda_0 x}$$

eine Lösung der Differenzialgleichung dar. Nach dem Fundamentalsatz der Algebra (siehe Band 1, Abschnitt 5.2.7) besitzt jedes komplexe (also auch reelle) Polynom vom Grade n genau n komplexe Nullstellen $\lambda_1, \ldots, \lambda_n$, die allerdings auch mehrfach vorkommen können. Hat das charakteristische Polynom n *verschiedene* Nullstellen, dann sind durch

$$y_k(x) = e^{\lambda_k x} \qquad k = 1, \ldots, n$$

n verschiedene Funktionen gegeben und es gilt

Satz 16.3: Charakteristisches Polynom mit n verschiedenen Nullstellen

Gegeben ist die *homogene lineare Differenzialgleichung* n-ter Ordnung

$$y^{(n)}(x) + a_{n-1}\, y^{(n-1)}(x) + \ldots + a_1\, y'(x) + a_0\, y(x) = 0\,.$$

Das zugehörige charakteristische Polynom $P(\lambda)$ habe n verschiedene Nullstellen $\lambda_1, \lambda_2, \ldots, \lambda_n$. Dann bilden die n Lösungen der Differenzialgleichung

$$y_k(x) := e^{\lambda_k x} \qquad (k = 1, \ldots, n)$$

ein **Fundamentalsystem**.

Beweis: Aufgrund unserer Vorüberlegungen ist klar, dass $e^{\lambda_k x}$ für $k = 1, \ldots, n$ Lösungen der Differenzialgleichung sind, wenn die λ_k Nullstellen des charakteristischen Polynoms sind. Zu zeigen bleibt also nur noch die lineare Unabhängigkeit der Lösungen. Dazu gehen wir zur Wronski-Determinante über

$$W(x) = \det \begin{pmatrix} e^{\lambda_1 x} & e^{\lambda_2 x} & \cdots & e^{\lambda_n x} \\ \lambda_1 e^{\lambda_1 x} & \lambda_2 e^{\lambda_2 x} & \cdots & \lambda_n e^{\lambda_n x} \\ \vdots & \vdots & & \vdots \\ \lambda_1^{n-1} e^{\lambda_1 x} & \lambda_2^{n-1} e^{\lambda_2 x} & \cdots & \lambda_n^{n-1} e^{\lambda_n x} \end{pmatrix}\,.$$

Mit vollständiger Induktion zeigt man, dass die sog. Vandermondesche Determinante

$$W(x=0) = \det \begin{pmatrix} 1 & 1 & \cdots & 1 \\ \lambda_1 & \lambda_2 & \cdots & \lambda_n \\ \vdots & \vdots & & \vdots \\ \lambda_1^{n-1} & \lambda_2^{n-1} & \cdots & \lambda_n^{n-1} \end{pmatrix} = \prod_{i>j}(\lambda_i - \lambda_j) \neq 0\,.$$

Damit bilden die Lösungen auch ein Fundamentalsystem. $\square$

Beispiel 16.8. Gesucht ist ein Fundamentalsystem der Differenzialgleichung

$$y^{(4)}(x) + 3\,y''(x) - 4\,y(x) = 0 \ .$$

Ansatz: Wir setzen die Funktion $y(x) = e^{\lambda x}$ in die Differenzialgleichung ein. Dieses Vorgehen liefert das charakteristische Polynom

$$\lambda^4 e^{\lambda x} + 3\,\lambda^2 e^{\lambda x} - 4\,e^{\lambda x} = 0 \ \Rightarrow \ P(\lambda) = \lambda^4 + 3\,\lambda^2 - 4 \overset{!}{=} 0 \ .$$

Die Nullstellen des charakteristischen Polynoms bestimmen wir mit der Substitution $Z := \lambda^2$. Dann ist $Z^2 + 3\,Z - 4 = 0 \hookrightarrow Z_1 = 1, \ Z_2 = -4$.

$$\Rightarrow \lambda_{1/2} = \pm\sqrt{Z_1} = \pm 1 \quad \text{und} \quad \lambda_{3/4} = \pm\sqrt{Z_2} = \pm\sqrt{-4} = \pm 2i \ .$$

$P(\lambda)$ hat somit 4 verschiedene Nullstellen ± 1, $\pm 2i$.

$$\Rightarrow e^{1x} \ , \quad e^{-1x} \ , \quad e^{2ix} \ , \quad e^{-2ix}$$

ist ein komplexes Fundamentalsystem. Durch

$$\frac{1}{2}\left(e^{2ix} + e^{-2ix}\right) = \cos(2x)$$

$$\frac{1}{2i}\left(e^{2ix} - e^{-2ix}\right) = \sin(2x)$$

erhält man ein reelles Fundamentalsystem:

$$e^x \ , \quad e^{-x} \ , \quad \cos(2x) \ , \quad \sin(2x) \ . \qquad \square$$

Nach Satz 16.3 ist eindeutig geklärt, wie man ein Fundamentalsystem bestimmt, wenn $P(\lambda)$ n verschiedene Nullstellen besitzt. Was passiert aber, wenn das charakteristische Polynom eine doppelte oder mehrfache Nullstelle besitzt? Zur Klärung dieser Frage betrachten wir das folgende Problem:

Beispiel 16.9. Gegeben ist die Differenzialgleichung

$$\ddot{x}(t) + 2\,\dot{x}(t) + x(t) = 0 \ . \qquad\qquad (*)$$

Ansatz: Setzen wir $x(t) = e^{\lambda t}$ in die Differenzialgleichung ein, liefert dies das charakteristische Polynom

$$P(\lambda) = \lambda^2 + 2\,\lambda + 1 \overset{!}{=} 0 \ .$$

$$P(\lambda) = 0 \ \hookrightarrow \ \lambda_{1/2} = -1 \ \text{ist doppelte Nullstelle}$$

$$\hookrightarrow \ x_1(t) = e^{-t} \ \text{ist eine Lösung von } (*).$$

Mit dem Ansatz $e^{\lambda t}$ erhält man bei diesem Beispiel nur **eine** Lösung. Da $(*)$ eine Differenzialgleichung 2. Ordnung, stellt $\mathbb{L}_h$ einen 2-dimensionalen

Vektorraum dar und das Fundamentalsystem besteht aus **zwei** linear unabhängigen Funktionen! Eine weitere Lösung ist gegeben durch

$$x_2\left(t\right) = t \cdot e^{-t} \; ;$$

denn $x_2(t)$ und die Ableitungen

$$\dot{x}_2\left(t\right) = e^{-t} - t\, e^{-t}$$
$$\ddot{x}_2\left(t\right) = -e^{-t} - e^{-t} + t\, e^{-t}$$

in die Differenzialgleichung eingesetzt

$$\Rightarrow \ddot{x}_2\left(t\right) + 2\,\dot{x}_2\left(t\right) + x_2\left(t\right) = 0.$$

Außerdem sind $x_1\left(t\right)$ und $x_2\left(t\right)$ linear unabhängig:

$$W\left(t\right) = \det \begin{pmatrix} x_1\left(t\right) & x_2\left(t\right) \\ x_1'\left(t\right) & x_2'\left(t\right) \end{pmatrix} = \begin{vmatrix} e^{-t} & t\, e^{-t} \\ -e^{-t} & e^{-t}\left(1-t\right) \end{vmatrix} = e^{-2t} \neq 0 \;.$$

Daher ist ein Fundamentalsystem

$$e^{-t}, \quad t\, e^{-t} \;. \qquad\qquad \square$$

Ist λ_0 eine doppelte Nullstelle des charakteristischen Polynoms $P(\lambda)$, dann sind also nach obigem Beispiel $e^{\lambda_0 t}$ und $t\, e^{\lambda_0 t}$ zwei linear unabhängige Lösungen der Differenzialgleichung. Ist λ_0 eine dreifache Nullstelle, dann sind $e^{\lambda_0 t}$, $t\, e^{\lambda_0 t}$ und $t^2\, e^{\lambda_0 t}$ drei linear unabhängige Lösungen usw. Verallgemeinernd erhält man den folgenden allgemein gültigen Satz:

Satz 16.4: Charakteristisches Polynom mit Mehrfachnullstellen

Gegeben ist die *homogene lineare Differenzialgleichung n-ter Ordnung*

$$y^{(n)}\left(x\right) + a_{n-1}\, y^{(n-1)}\left(x\right) + \ldots + a_1\, y'\left(x\right) + a_0\, y\left(x\right) = 0 \;.$$

Das zugehörige charakteristische Polynom $P\left(\lambda\right)$ habe l verschiedene Nullstellen $\lambda_k \in \mathbb{C}$ $\quad(k = 1, \ldots, l)$ mit der Vielfachheit m_k $\quad(k = 1, \ldots, l)$. Dann sind

$$e^{\lambda_k x}, \; x\, e^{\lambda_k x}, \ldots, x^{m_k - 1}\, e^{\lambda_k x}$$

linear unabhängige Lösungen der Differenzialgleichung und bilden für $k = 1, \ldots, l$ ein **Fundamentalsystem**.

Beispiel 16.10. Gesucht ist ein reelles Fundamentalsystem und die allgemeine Lösung der Differenzialgleichung

$$y^{(4)}(x) + 8\,y''(x) + 16\,y(x) = 0 .$$

Ansatz: $y(x) = e^{\lambda x}$ in die Differenzialgleichung eingesetzt liefert das charakteristische Polynom

$$P(\lambda) = \lambda^4 + 8\,\lambda^2 + 16 = 0.$$

Mit $z := \lambda^2$ ist $z^2 + 8\,z + 16 = 0 \hookrightarrow z_{1/2} = -4$ doppelt. Damit sind

$$\lambda_{1/2} = \pm\sqrt{-4} = \pm 2i$$

jeweils doppelte Nullstellen. Zu jeder doppelten Nullstelle bestimmen wir zwei Lösungen:

$$\lambda_1 = 2i \quad \hookrightarrow \quad \varphi_1(x) = e^{2ix}, \qquad \varphi_2(x) = x \cdot e^{2ix}$$
$$\lambda_2 = -2i \quad \hookrightarrow \quad \varphi_3(x) = e^{-2ix}, \qquad \varphi_4(x) = x \cdot e^{-2ix}.$$

Damit erhält man ein komplexes Fundamentalsystem

$$e^{2ix} \ , \quad e^{-2ix} \ , \quad x\,e^{2ix} \ , \quad x\,e^{-2ix}.$$

Um zu einem reellen Fundamentalsystem zu kommen, wählen wir die speziellen Linearkombinationen:

$$\frac{1}{2}\left(\varphi_1(x) + \varphi_3(x)\right) = \frac{1}{2}\left(e^{2ix} + e^{-2ix}\right) = \cos(2x)$$
$$\frac{1}{2i}\left(\varphi_1(x) - \varphi_3(x)\right) = \frac{1}{2i}\left(e^{2ix} - e^{-2ix}\right) = \sin(2x)$$
$$\frac{1}{2}\left(\varphi_2(x) + \varphi_4(x)\right) = x\,\frac{1}{2}\left(e^{2ix} + e^{-2ix}\right) = x \cdot \cos(2x)$$
$$\frac{1}{2i}\left(\varphi_2(x) - \varphi_4(x)\right) = x\,\frac{1}{2i}\left(e^{2ix} - e^{-2ix}\right) = x \cdot \sin(2x).$$

Somit bilden

$$\cos(2\,x) , \quad \sin(2\,x) , \quad x\cos(2\,x) , \quad x\sin(2\,x)$$

ein reelles Fundamentalsystem. Die allgemeine Lösung der Differenzialgleichung lautet:

$$y(x) = c_1 \cos(2\,x) + c_2 \sin(2\,x) + c_3\,x\,\cos(2\,x) + c_4\,x\,\sin(2\,x) . \qquad \square$$

Tipp: Hat die DG nur reelle Koeffizienten, dann besitzt auch $P(\lambda)$ nur reelle Koeffizienten. Somit sind nach dem Fundamentalsatz der Algebra die Nullstellen von $P(\lambda)$ entweder reell oder sie kommen komplex / komplex konjugiert vor. Im ersten Fall erhält man direkt eine reelle Lösung; im anderen Fall erhält man wie in Beispiel 16.10 durch die Linearkombinationen $\frac{1}{2}(e^{\lambda_1 x} + e^{\lambda_2 x})$ und $\frac{1}{2i}(e^{\lambda_1 x} - e^{\lambda_2 x})$ immer zwei reelle Lösungen.

Beispiel 16.11. Gesucht ist ein reelles Fundamentalsystem zur Differenzialgleichung

$$y'''(x) - y(x) = 0 \ .$$

Mit dem Ansatz $y(x) = e^{\lambda x}$ in die Differenzialgleichung eingesetzt, erhält man das charakteristische Polynom

$$P(\lambda) = \lambda^3 - 1 \overset{!}{=} 0 \ .$$

Die Nullstellen des charakteristischen Polynoms sind $\lambda_1 = 1$ und $\lambda_{2/3} = -\frac{1}{2} \pm \frac{1}{2}\sqrt{3}\,i$, so dass die Funktionen

$$e^x \ , \qquad e^{\left(-\frac{1}{2}+\frac{1}{2}\sqrt{3}\,i\right)x} \ , \qquad e^{\left(-\frac{1}{2}-\frac{1}{2}\sqrt{3}\,i\right)x}$$

ein komplexes Fundamentalsystem bilden. Mit den Linearkombinationen

$$\frac{1}{2}\left(e^{\left(-\frac{1}{2}+\frac{1}{2}\sqrt{3}\,i\right)x} + e^{\left(-\frac{1}{2}-\frac{1}{2}\sqrt{3}\,i\right)x}\right) = e^{-\frac{1}{2}x}\,\frac{1}{2}\left(e^{\frac{1}{2}\sqrt{3}\,i\,x} + e^{-\frac{1}{2}\sqrt{3}\,i\,x}\right)$$
$$= e^{-\frac{1}{2}x}\cos(\tfrac{1}{2}\sqrt{3}\,x)$$

und

$$\frac{1}{2i}\left(e^{\left(-\frac{1}{2}+\frac{1}{2}\sqrt{3}\,i\right)x} - e^{\left(-\frac{1}{2}-\frac{1}{2}\sqrt{3}\,i\right)x}\right) = e^{-\frac{1}{2}x}\,\frac{1}{2i}\left(e^{\frac{1}{2}\sqrt{3}\,i\,x} - e^{-\frac{1}{2}\sqrt{3}\,i\,x}\right)$$
$$= e^{-\frac{1}{2}x}\sin(\tfrac{1}{2}\sqrt{3}\,x)$$

bekommt man ein reelles Fundamentalsystem

$$e^x \ , \qquad e^{-\frac{1}{2}x}\cos(\tfrac{1}{2}\sqrt{3}\,x) \ , \qquad e^{-\frac{1}{2}x}\sin(\tfrac{1}{2}\sqrt{3}\,x) \ . \qquad \square$$

Anwendungsbeispiel 16.12 **(Freie gedämpfte Schwingung).**

Wir kommen auf das Federpendel aus Beispiel 16.2 zurück. Für die Auslenkung $x(t)$ der Masse m aus der Ruhelage gilt unter Berücksichtigung von Reibung die Differenzialgleichung

$$m\,\ddot{x}(t) = -\beta\,\dot{x}(t) - D\,x(t) \quad \text{mit} \quad x(0) = x_0 \quad \text{und} \quad \dot{x}(0) = 0 \ .$$

Mit den Parametern $\omega_0^2 = \frac{D}{m}$ und $\mu = \frac{1}{2}\frac{\beta}{m}$ ist

$$\ddot{x}(t) + 2\mu\,\dot{x}(t) + \omega_0^2\,x(t) = 0, \quad x(0) = x_0, \quad \dot{x}(0) = 0.$$

Der Ansatz

$$x(t) = e^{\lambda t}$$

führt zum charakteristischen Polynom

$$P(\lambda) = \lambda^2 + 2\,\mu\,\lambda + \omega_0^2 = 0$$

mit den Nullstellen $\quad\boxed{\lambda_{1/2} = -\mu \pm \sqrt{\mu^2 - \omega_0^2}}\quad$.

Das Vorzeichen der Diskriminante

$$\triangle := \mu^2 - \omega_0^2$$

entscheidet über die Art der Schwingung. Bei schwacher Dämpfung ist das mechanische System zu echten Schwingungen fähig (*Schwingungsfall*). Dieser Fall tritt ein, wenn $\mu < \omega_0$. Bei starker Dämpfung $\mu > \omega_0$ bewegt sich das System nicht-periodisch (= *aperiodisch*) auf die Gleichgewichtslage zu (*Kriechfall*). Für $\triangle = 0$, d.h. $\mu = \omega_0$, folgt der aperiodische Grenzfall. Im Folgenden werden wir jeden dieser drei Fälle getrennt behandeln:

1. Fall: $\triangle < 0$, d.h. $\mu < \omega_0$: *Gedämpfte Schwingung*
2. Fall: $\triangle = 0$, d.h. $\mu = \omega_0$: *Aperiodischer Grenzfall*
3. Fall: $\triangle > 0$, d.h. $\mu > \omega_0$: *Kriechfall*

$\circledcirc$ 1. Gedämpfte Schwingung (schwache Dämpfung)

Bei schwacher Dämpfung ($\mu < \omega_0$) sind die Nullstellen des charakteristischen Polynoms komplex-konjugierte Zahlen

$$\lambda_{1/2} = -\mu \pm \sqrt{\mu^2 - \omega_0^2} = -\mu \pm i\,\sqrt{\omega_0^2 - \mu^2} = -\mu \pm i\,\omega$$

mit $\omega := \sqrt{\omega_0^2 - \mu^2} > 0$. Damit ist ein komplexes Fundamentalsystem

$$\varphi_1(t) = e^{\lambda_1 t} = e^{(-\mu + i\,\omega)\,t} = e^{-\mu\,t}\,e^{i\,\omega\,t}$$

$$\varphi_2(t) = e^{\lambda_2 t} = e^{(-\mu - i\,\omega)\,t} = e^{-\mu\,t}\,e^{-i\,\omega\,t}\ .$$

Mit dem reellen Fundamentalsystem

$$x_1(t) = \tfrac{1}{2}\,(\varphi_1(t) + \varphi_2(t)) = e^{-\mu\,t}\,\cos(\omega t)$$

$$x_2(t) = \tfrac{1}{2i}\,(\varphi_1(t) - \varphi_2(t)) = e^{-\mu\,t}\,\sin(\omega t)$$

bestimmt sich die **allgemeine Lösung** durch

$$x(t) = e^{-\mu\,t}\,(c_1\,\cos(\omega t) + c_2\,\sin(\omega t))\ .$$

Die Konstanten c_1, c_2 bestimmen sich aus den Anfangsbedingungen $x(0)$ und $\dot{x}(0)$. Um die Anfangswerte für $\dot{x}(0)$ einsetzen zu können, benötigen wir die

Ableitung von $x(t)$:

$$\dot{x}\,(t) = -\mu\,e^{-\mu\,t}\,(c_1\,\cos{(\omega t)} + c_2\,\sin{(\omega t)})$$
$$+\,e^{-\mu\,t}\,(-c_1\,\omega\,\sin{(\omega t)} + c_2\,\omega\,\cos{(\omega t)})\ .$$

Setzen wir die Anfangsbedingungen ein, folgen zwei Bestimmungsgleichungen für die Konstanten c_1 und c_2:

$x\,(0) = x_0$: $x\,(0) = c_1 = x_0,$

$\dot{x}\,(0) = 0$: $\dot{x}\,(0) = c_1\,(-\mu) + c_2\,\omega = 0 \Rightarrow c_2 = x_0\left(\frac{\mu}{\omega}\right).$

$$\Rightarrow \boxed{\;x\,(t) = x_0\,e^{-\mu\,t}\left(\cos{(\omega t)} + \frac{\beta}{2\,m}\,\frac{1}{\omega}\,\sin{(\omega t)}\right).\;}$$

Interpretation: Die Lösung setzt sich aus einer zeitlich abnehmenden Amplitude $x_0\,e^{-\mu\,t}$ und einem periodischen Anteil $(\cos{(\omega t)} + \frac{\beta}{2\,m}\,\frac{1}{\omega}\,\sin{(\omega t)})$ zusammen. Der periodische Anteil der Funktion kann in der Form $\left(\frac{\omega_0}{\omega}\,\sin{(\omega t + \varphi)}\right)$ mit $\tan\varphi = \frac{\omega}{\mu}$ dargestellt werden, so dass

$$x\,(t) = x_0\,e^{-\mu\,t}\,\frac{\omega_0}{\omega}\,\sin{(\omega t + \varphi)}\ .$$

Es liegt eine *gedämpfte Schwingung* vor. Das Federpendel schwingt mit der gegenüber der ungedämpften Schwingung **verkleinerten** Kreisfrequenz

$$\omega = \sqrt{\omega_0^2 - \mu^2} < \omega_0.$$

Abb. 16.4 zeigt den typischen Verlauf einer gedämpften Schwingung.

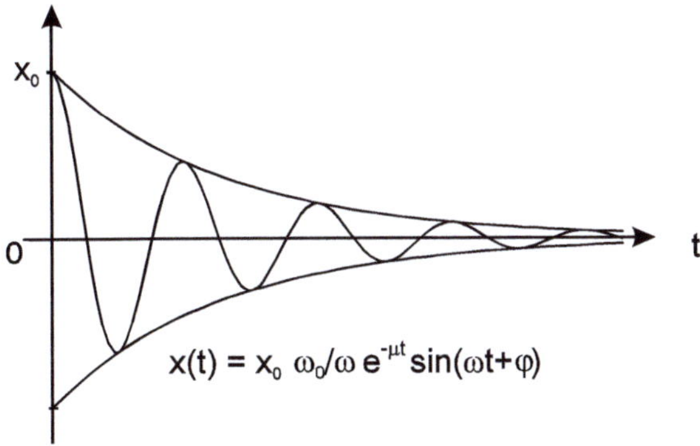

Abb. 16.4. Zeitlicher Verlauf einer gedämpften Schwingung

$\circleddash$ 2. Aperiodischer Grenzfall

$\triangle = 0$, d.h. $\mu = \omega_0$, beschreibt den aperiodischen Grenzfall, der die periodischen Bewegungen von den nicht-periodischen trennt. Für $\mu = \omega_0$ ist

$$\lambda_{1/2} = -\mu$$

eine **doppelte** Nullstelle des charakteristischen Polynoms $P(\lambda)$, und $\varphi_1(t) = e^{-\mu t}$ und $\varphi_2(t) = t \cdot e^{-\mu t}$ bilden ein reelles Fundamentalsystem. Die **allgemeine Lösung** lautet dann

$$x(t) = c_1\, e^{-\mu t} + c_2\, t\, e^{-\mu t}.$$

Durch Einsetzen der Anfangsbedingungen bestimmen sich c_1, c_2:

$$x(0) = x_0: \quad c_1 = x_0,$$
$$\dot{x}(0) = 0: \quad -\mu\, c_1 + c_2 = 0 \Rightarrow c_2 = \mu\, x_0.$$

$$\Rightarrow \boxed{\; x(t) = x_0\, e^{-\mu t}\, (1 + \mu\, t). \;}$$

Der Massepunkt bewegt sich nach seiner Auslenkung um x_0 auf die Gleichgewichtslage nicht-periodisch (d.h. aperiodisch) zu.

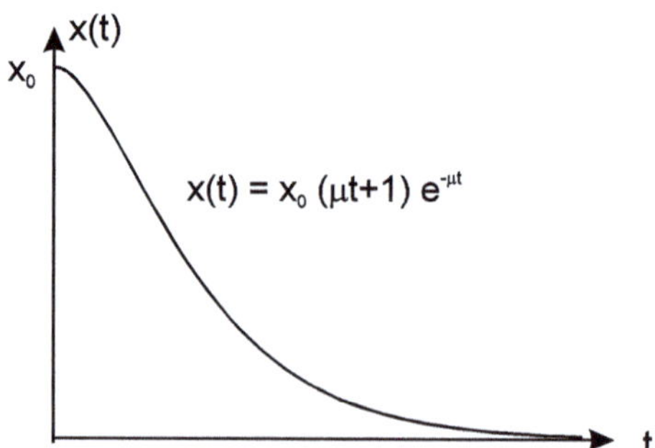

Abb. 16.5. Aperiodischer Grenzfall für $x(0) = x_0$, $x'(0) = 0$

$\circleddash$ 3. Kriechfall

Bei *starker Dämpfung* $(\mu > \omega_0)$ sind die Nullstellen des charakteristischen Polynoms zwei negative, reelle Zahlen

$$\lambda_{1/2} = -\mu \pm \sqrt{\mu^2 - \omega_0^2} < 0\,.$$

Setzen wir $k = \sqrt{\mu^2 - \omega_0^2}$, bilden $\varphi_1(t) = e^{(-\mu + k)\, t}$ und $\varphi_2(t) = e^{(-\mu - k)\, t}$ ein reelles Fundamentalsystem und die **allgemeine Lösung** lautet

$$x(t) = c_1\, e^{(-\mu + k)\, t} + c_2\, e^{(-\mu - k)\, t}.$$

Die Masse ist infolge zu starker Reibung zu keiner echten Schwingung fähig und bewegt sich im Lauf der Zeit nicht-periodisch auf die Gleichgewichtslage zu. Man bezeichnet diesen Fall in der Mechanik als *Kriechfall* oder als aperiodische

Schwingung. Der genaue Verlauf hängt, wie im Fall 2, von den Anfangsbedingungen ab. Für $x(0) = x_0$ und $\dot{x}(0) = 0$ bestimmen sich die Konstanten c_1 und c_2 zu:

$$x(0) = x_0: \qquad x_0 = c_1 + c_2,$$
$$\dot{x}(0) = 0: \qquad 0 = (-\mu + k)\, c_1 + (-\mu - k)\, c_2.$$

Die Lösung dieses linearen Gleichungssystems für c_1 und c_2 lautet $c_1 = x_0\,\dfrac{k+\mu}{2\,k}$ und $c_2 = x_0\,\dfrac{k-\mu}{2\,k}.$

$$\Rightarrow \boxed{\; x(t) = \frac{x_0}{2\,k}\, e^{-\mu t}\left((k+\mu)\, e^{k\,t} + (k-\mu)\, e^{-k\,t}\right) \;}$$

(Exponentielles Abklingen ohne Schwingungsanteil).

Visualisierung: In der Animation, wird aufzeigt, wie sich das Schwingungsverhalten in Abhängigkeit von μ ändert. Die Animation beginnt bei schwacher Dämpfung und nähert sich dann dem aperiodischen Grenzfall an. Man erkennt, dass beim aperiodischen Grenzfall das System am schnellsten zur Ruhe kommt. Wird die Dämpfung noch kleiner, erhält man den Schwingungsfall; die Periode der Schwingung ändert sich dann in Abhängigkeit von μ. □

16.3 Inhomogene DG n-ter Ordnung mit konstanten Koeffizienten

In diesem Abschnitt betrachten wir das inhomogene Problem: Gegeben ist eine lineare DG n-ter Ordnung mit Störfunktion $f(x)$ (= Inhomogenität):

$$y^{(n)}(x) + a_{n-1}\, y^{(n-1)}(x) + \ldots + a_1\, y'(x) + a_0\, y(x) = f(x) \; . \qquad (**)$$

Gesucht ist eine *partikuläre Lösung* $y_p(x)$.

Über das zugehörige System 1. Ordnung und Variation der Konstanten besitzt man für beliebige Inhomogenitäten eine Lösungsformel: Nachdem die Nullstellen des charakteristischen Polynoms bestimmt sind, bildet man nach Satz 16.4 ein Lösungsfundamentalsystem der homogenen linearen Differenzialgleichung. Anschließend transformiert man die lineare Differenzialgleichung n-ter Ordnung in ein System 1. Ordnung (Satz 16.1) und führt die Variation der Konstanten (Satz 15.10) durch.

16.3.1 Inhomogenität $=$ Exponentialfunktion

Im Folgenden werden wir aber für oft auftretende Inhomogenitäten eine partikuläre Lösung durch einen speziellen Lösungsansatz vorgeben. Zunächst betrachten wir den Fall, dass die Störfunktion eine reine Exponentialfunktion ist:

$$f(x) = c\,e^{\mu\,x} \qquad \mu \in \mathbb{C}\ .$$

Dann lautet die Differenzialgleichung

$$y^{(n)}(x) + a_{n-1}\,y^{(n-1)}(x) + \ldots + a_1\,y'(x) + a_0\,y(x) = c\,e^{\mu\,x}\ .$$

Gesucht ist eine partikuläre Lösung der Form

$$y_p(x) = k\,e^{\mu\,x}$$

mit einer noch unbekannten Konstanten k. Setzen wir $y_p(x)$ zusammen mit seinen Ableitungen in die Differenzialgleichung ein, folgt

$$k\,\mu^n\,e^{\mu\,x} + a_{n-1}\,k\,\mu^{n-1}\,e^{\mu\,x} + \ldots + a_1\,k\,\mu\,e^{\mu\,x} + a_0\,k\,e^{\mu\,x} = c\,e^{\mu\,x}$$

$$\Rightarrow k\,\underbrace{\left(\mu^n + a_{n-1}\,\mu^{n-1} + \ldots + a_1\,\mu + a_0\right)}_{P(\mu)} = c$$

$$\Rightarrow k\,P(\mu) = c\ ,$$

wenn das charakteristische Polynom $P(\lambda)$ an der Stelle μ ausgewertet wird. Ist μ **keine** Nullstelle des charakteristischen Polynoms, $P(\mu) \neq 0$, folgt für die Konstante $k = \frac{c}{P(\mu)}$ und die Lösung lautet $y_p(x) = \frac{c}{P(\mu)} \cdot e^{\mu\,x}$:

Satz 16.5: $f(x) =$ **Exponentialfunktion**

Gegeben ist die inhomogene, lineare Differenzialgleichung n-ter Ordnung

$$y^{(n)}(x) + a_{n-1}\,y^{(n-1)}(x) + \ldots + a_1\,y'(x) + a_0\,y(x) = c\,e^{\mu\,x}\ .$$

Ist μ **keine** Nullstelle des charakteristischen Polynoms $P(\lambda)$, dann ist

$$y_p(x) = \frac{c}{P(\mu)}\,e^{\mu\,x}$$

eine **partikuläre Lösung.**

Beispiele 16.13:

① Gesucht ist eine partikuläre Lösung $y_p\,(x)$ der Differenzialgleichung

$$y^{(4)}\,(x) + 2\,y''\,(x) + y\,(x) = 25\,e^{2x}\ .$$

Das zur Differenzialgleichung gehörende charakteristische Polynom ist

$$P\,(\lambda) = \lambda^4 + 2\,\lambda^2 + 1$$

und $\mu = 2$ ist **keine** Nullstelle von $P\,(\lambda)$: $\ P\,(2) = 25 \neq 0$. Somit erhält man durch den Ansatz

$$y_p\,(x) = k\,e^{2x}$$

eine partikuläre Lösung. Setzt man $y_p\,(x)$ in die Differenzialgleichung ein, bestimmt sich die Konstante k aus:

$$k\,16\,e^{2x} + k\,8\,e^{2x} + k\,e^{2x} \stackrel{!}{=} 25\,e^{2x}$$

$$\hookrightarrow k = \tfrac{25}{25} = 1 \ \Rightarrow\ y_p\,(x) = e^{2x}.$$

② Gesucht ist eine partikuläre Lösung $y_p\,(x)$ der Differenzialgleichung

$$y^{(4)}\,(x) + 2\,y''\,(x) + y\,(x) = 25\,e^{i\,2x}\ .$$

Das charakteristische Polynom ist

$$P\,(\lambda) = \lambda^4 + 2\,\lambda^2 + 1\ .$$

Wegen $\mu = 2\,i$ und $P\,(2\,i) = 16\,i^4 + 8\,i^2 + 1 = 9 \neq 0$ ist μ **keine** Nullstelle von $P(\lambda)$ und somit ist eine partikuläre Lösung

$$y_p\,(x) = \tfrac{25}{P(2\,i)}\,e^{i\,2x} = \tfrac{25}{9}\,e^{i\,2x}. \qquad\qquad \square$$

Beispiel 16.14. Gesucht ist eine partikuläre Lösung der Differenzialgleichung

$$y'''\,(x) - 2\,y''\,(x) - 2\,y'\,(x) + 2\,y\,(x) = 2\,\sin x. \tag{1}$$

i) **Übertragen der DG ins Komplexe.** Um eine partikuläre Lösung $y_p\,(x)$ nach Satz 16.5 zu berechnen, setzen wir die DG ins Komplexe fort:

$$\tilde{y}'''\,(x) - 2\,\tilde{y}''\,(x) - 2\,\tilde{y}'\,(x) + 2\,\tilde{y}\,(x) = 2\,e^{ix}. \tag{$\tilde{*}$}$$

Denn ist $\tilde{y}_p\,(x)$ eine Lösung der komplexen Differenzialgleichung $(\tilde{*})$, dann liefert der Imaginärteil

$$\boxed{\,y_p\,(x) := \operatorname{Im} \tilde{y}_p\,(x)\,}$$

eine Lösung der reellen DG $(*)$. Um dies zu sehen, setzen wir $y_p(x) = \operatorname{Im} \tilde{y}_p(x)$ in die Differenzialgleichung $(*)$ ein:

$$
\begin{aligned}
(\operatorname{Im}(\tilde{y}_p))''' - 2\,(\operatorname{Im}(\tilde{y}_p))'' - 2\,(\operatorname{Im}(\tilde{y}_p))' + 2\,(\operatorname{Im}(\tilde{y}_p)) &= \\
= \operatorname{Im}(\tilde{y}_p''') - 2\operatorname{Im}(\tilde{y}_p'') - 2\operatorname{Im}(\tilde{y}_p') + 2\operatorname{Im}(\tilde{y}_p) & \\
= \operatorname{Im}(\tilde{y}_p''' - 2\tilde{y}_p'' - 2\tilde{y}_p' + 2\tilde{y}_p) \stackrel{(\tilde{*})}{=} \operatorname{Im}(2\,e^{ix}) &= 2\sin x.
\end{aligned}
$$

ii) **Lösen der komplexen DG.** Um die Differenzialgleichung $(\tilde{*})$ zu lösen, wählen wir den Ansatz

$$
\tilde{y}_p(x) = k\,e^{ix}\,.
$$

Wir setzen $\tilde{y}_p(x)$ in die Differenzialgleichung ein:

$$
k\,i^3\,e^{ix} - k\,2\,i^2\,e^{ix} - k\,2\,i\,e^{ix} + k\,2\,e^{ix} \stackrel{!}{=} 2\,e^{ix}
$$

$$
\hookrightarrow k\,(4 - 3i)\,e^{ix} = 2\,e^{ix} \hookrightarrow k = \frac{2}{4 - 3i}.
$$

$$
\Rightarrow \tilde{y}_p(x) = \frac{2}{4 - 3i}\,e^{ix}.
$$

Damit haben wir eine Lösung der komplexen Differenzialgleichung $(\tilde{*})$ gefunden und müssen von dieser komplexen Lösung den Imaginärteil bilden. Dieser Imaginärteil ist dann die gesuchte partikuläre Lösung von $(*)$.

iii) **Übergang ins Reelle.** Die gesuchte Lösung $y_p(x)$ von $(*)$ ist also

$$
y_p(x) = \operatorname{Im}(\tilde{y}_p(x)) = \operatorname{Im}\left(\frac{2}{4 - 3i}\,e^{ix}\right).
$$

Es gibt zwei unterschiedliche Methoden, um den Imaginärteil zu berechnen. Im ersten Fall zerlegen wir sowohl $\frac{2}{4-3i}$ als auch e^{ix} in Real- und Imaginärteil, bestimmen in der algebraischen Normalform das Produkt der beiden komplexen Größen und lesen vom Ergebnis den Imaginärteil ab. Im zweiten Fall stellen wir $\frac{2}{4-3i}$ in der Exponentialform dar und multiplizieren mit e^{ix} in der Exponentialform; die partikuläre Lösung ist wieder der Imaginärteil.

(1) Zerlegung von $\frac{2}{4-3i}$ in Real- und Imaginärteil

$$
\frac{2}{4 - 3i} = \frac{2}{4 - 3i} \cdot \frac{4 + 3i}{4 + 3i} = \frac{8}{25} + \frac{6}{25}\,i.
$$

$$
\Rightarrow \tilde{y}_p(x) = \tfrac{2}{4-3i}\,e^{ix} = \left(\tfrac{8}{25} + \tfrac{6}{25}\,i\right)(\cos x + i\sin x)
$$

$$
= \left(\tfrac{8}{25}\cos x - \tfrac{6}{25}\sin x\right) + i\left(\tfrac{6}{25}\cos x + \tfrac{8}{25}\sin x\right).
$$

Eine partikuläre Lösung ist somit

$$
y_p(x) = \operatorname{Im}(\tilde{y}(x)) = \frac{6}{25}\cos x + \frac{8}{25}\sin x\,.
$$

(**2**) Die komplexe Zahl $c = \frac{2}{4-3i} = \frac{8}{25} + \frac{6}{25}\, i$ lässt sich darstellen in der Exponentialform $c = |c|\, e^{i\varphi} = \frac{10}{25}\, e^{i\,36.9^\circ}$, da

$$|c| = \tfrac{1}{25}\, \sqrt{8^2 + 6^2} = \tfrac{10}{25} \quad \text{und} \quad \tan\varphi = \frac{3}{4} \hookrightarrow \varphi = 36.9^\circ.$$

$$\Rightarrow \tilde{y}_p(x) = \tfrac{2}{4-3i}\, e^{ix} = \tfrac{10}{25}\, e^{i\,36.9^\circ} \cdot e^{ix} = \tfrac{10}{25}\, e^{i\,(x+36.9^\circ)}$$

$$= \tfrac{10}{25} \cos(x + 36.9^\circ) + i\,\tfrac{10}{25} \sin(x + 36.9^\circ)\ .$$

Eine alternative Darstellung der partikulären Lösung lautet folglich

$$y_p(x) = \mathrm{Im}\,(\tilde{y}_p(x)) = \frac{10}{25}\, \sin(x + 36.9^\circ)\ . \qquad\qquad \square$$

16.3.2 Inhomogenität = Polynom mal Exponentialfunktion

Der Ansatz für die spezielle Lösung aus Satz 16.5 führt zum Ziel, wenn μ **keine** Nullstelle des charakteristischen Polynoms $P(\lambda)$ ist. Welcher Ansatz muss aber gewählt werden, wenn μ eine Nullstelle ist? Allgemeiner noch betrachten wir den Fall einer Inhomogenität $f(x) = h(x)\, e^{\mu x}$ mit einem Polynom $h(x)$:

Satz 16.6: $f(x)$ = **Polynom mal Exponentialfunktion**

Gegeben ist die *inhomogene* lineare Differenzialgleichung

$$y^{(n)}(x) + a_{n-1}\, y^{(n-1)}(x) + \ldots + a_1\, y'(x) + a_0\, y(x) = h(x)\, e^{\mu x}\ .$$

(i) Sei μ eine k-fache $(k \geq 0)$ Nullstelle des charakteristischen Polynoms

(ii) und $h(x)$ ein Polynom vom Grade m.

Dann liefert der Ansatz

$$y_p(x) = g(x) \cdot x^k \cdot e^{\mu x}$$

eine spezielle Lösung, wenn $g(x)$ **ein Polynom vom Grade m** ist.

Bemerkungen:

(1) Satz 16.5 ist ein Spezialfall von Satz 16.6: Für $f(x) = c\, e^{\mu x}$ und μ *keine* Nullstelle des charakteristischen Polynoms ist $k = 0$ (d.h. der Term $x^0 = 1$ taucht explizit nicht auf) und $m = 0$ (c ist ein Polynom vom Grade 0). Daher liefert die Ansatzfunktion $y_p(x) = K\, e^{\mu x}$ eine partikuläre Lösung.

(2) Besteht die Störfunktion aus mehreren Störgliedern, erhält man einen Ansatz für eine partikuläre Lösung $y_p(x)$ als Summe der Ansätze für die einzelnen Störglieder.

Beispiele 16.15:

① Gesucht ist eine partikuläre Lösung der Differenzialgleichung

$$2\,y''\,(x) + y'\,(x) = x\,e^{-x}\;:$$

Das zugehörige charakteristische Polynom ist

$$P\,(\lambda) = 2\,\lambda^2 + \lambda$$

und die Inhomogenität lautet

$$\boxed{f\,(x) = x\,e^{-x} \hookrightarrow \mu = -1.}$$

$\mu = -1$ ist *keine* Nullstelle von $P\,(\lambda)$, da $P\,(-1) = 1 \neq 0 \hookrightarrow k = 0$. x ist ein Polynom vom Grade $1 \hookrightarrow m = 1$. $\Rightarrow$ Die Ansatzfunktion für eine partikuläre Lösung ist daher ein Polynom vom Grad 1 mal e^{-x}:

$$y_p\,(x) = (a_0 + a_1\,x)\,e^{-x}\;.$$

Wir setzen diesen Ansatz für $y_p(x)$ zusammen mit den Ableitungen

$$\begin{aligned}
y_p'\,(x) &= a_1\,e^{-x} - (a_0 + a_1\,x)\,e^{-x}\\
y_p''\,(x) &= -2\,a_1\,e^{-x} + (a_0 + a_1\,x)\,e^{-x}
\end{aligned}$$

in die Differenzialgleichung ein, um a_0 und a_1 zu bestimmen. Damit folgt

$$2\,y_p'' + y_p'\,(x) = [(a_0 - 3\,a_1) + a_1\,x]\,e^{-x} \overset{!}{=} x\,e^{-x}$$

$$\Rightarrow (a_0 - 3\,a_1) + a_1\,x \overset{!}{=} x$$

Um die Koeffizienten zu bestimmen, führen wir einen Koeffizientenvergleich nach absteigenden Potenzen von x durch

$$\left.\begin{aligned}
x^1 : \quad & a_1 = 1\\
x^0 : \quad & a_0 - 3\,a_1 = 0 \Rightarrow a_0 = 3.
\end{aligned}\right\} \Rightarrow \quad y_p\,(x) = (3 + x)\,e^{-x}.$$

② Gesucht ist eine partikuläre Lösung der Differenzialgleichung

$$2\,y''\,(x) + y'\,(x) = x\;:$$

Das zugehörige charakteristische Polynom ist

$$P\,(\lambda) = 2\,\lambda^2 + \lambda$$

und die Inhomogenität lautet

$$\boxed{f\,(x) = x\,e^{0\,x} \hookrightarrow \mu = 0.}$$

$\mu = 0$ ist *einfache* Nullstelle von $P(\lambda) \hookrightarrow k = 1$; x ist ein Polynom vom Grade $1 \hookrightarrow m = 1$. $\Rightarrow$ Die Ansatzfunktion für eine partikuläre Lösung lautet

$$y_p(x) = (a_0 + a_1 x)\, x^1 \, e^{0\,x} = a_0\, x + a_1\, x^2.$$

Um die Koeffizienten a_0 und a_1 zu bestimmen, setzen wir $y_p(x)$ zusammen mit den Ableitungen

$$\begin{aligned} y_p'(x) &= a_0 + 2\,a_1\, x \\ y_p''(x) &= 2\,a_1 \end{aligned}$$

in die Differenzialgleichung ein. Dies liefert

$$2\,y_p''(x) + y_p'(x) = 4\,a_1 + a_0 + 2\,a_1\, x \overset{!}{=} x\, .$$

Koeffizientenvergleich:

$$\begin{aligned} x^1: &\quad 2\,a_1 = 1 &\Rightarrow a_1 = \tfrac{1}{2} \\ x^0: &\quad 4\,a_1 + a_0 = 0 &\Rightarrow a_0 = -2. \end{aligned}$$

Eine partikuläre Lösung lautet somit

$$y_p(x) = -2\,x + \frac{1}{2}\,x^2\, . \qquad\qquad \square$$

Beispiele 16.16:

① $\qquad y''(x) + y(x) = e^{ix}:$

Das charakteristische Polynom ist $P(\lambda) = \lambda^2 + 1$. Die Inhomogenität ist $e^{ix} \hookrightarrow \mu = i$. $\mu = i$ ist einfache Nullstelle $\hookrightarrow k = 1$. Außerdem ist $m = 0$.

Ansatz:
$$\begin{aligned} y_p(x) &= a_0\, x\, e^{ix} \\ y_p'(x) &= a_0\, e^{ix} + i\, a_0\, x\, e^{ix} \\ y_p''(x) &= 2\,i\, a_0\, e^{ix} - a_0\, x\, e^{ix} \end{aligned}$$

In die Differenzialgleichung einsetzen:

$$\begin{aligned} y_p''(x) + y_p(x) &= 2\,a_0\, i\, e^{ix} - a_0\, x\, e^{ix} + a_0\, x\, e^{ix} \\ &= 2\,a_0\, i\, e^{ix} \overset{!}{=} e^{ix} \end{aligned}$$

Damit ist $2\,a_0\, i = 1$ bzw. $a_0 = \frac{1}{2i} = -\frac{1}{2}\, i$ und eine partikuläre Lösung lautet

$$y_p(x) = \frac{1}{2i}\, x\, e^{ix} = -\frac{1}{2}\, i\, x\, e^{ix}\, .$$

② $\qquad y''(x) + y(x) = \cos x: \qquad (*)$

Wir setzen wie in Beispiel 16.14 die DG ins Komplexe fort

$$\tilde{y}''(x) + \tilde{y}(x) = e^{ix} \qquad (\tilde{*})$$

$\tilde{y}_p(x) = -\frac{1}{2} i\, x\, e^{ix}$ ist nach ① eine partikuläre Lösung von ($\tilde{*}$). Eine partikuläre Lösung von ($*$) ist demnach gegeben durch den Realteil von $\tilde{y}_p(x)$

$$y_p(x) = \mathrm{Re}\,(\tilde{y}_p(x))\ .$$

Wegen

$$-\frac{1}{2}\,i\,x\,e^{ix} = +\frac{1}{2}\,e^{i\,\frac{3}{2}\,\pi}\,x\,e^{ix} = \frac{1}{2}\,x\,e^{i\left(x+\frac{3}{2}\,\pi\right)}$$

$$\Rightarrow\ y_p(x) = \mathrm{Re}\left(\tfrac{1}{2}\,x\,e^{i\left(x+\frac{3}{2}\,\pi\right)}\right) = \tfrac{1}{2}\,x\,\cos\left(x+\tfrac{3}{2}\,\pi\right) = \tfrac{1}{2}\,x\,\sin x\ .$$

③ $\qquad y''(x) + y(x) = \sin x:$

Nach dem Vorgehen in ② ist eine partikuläre Lösung

$$y_p(x) = \mathrm{Im}\,(\tilde{y}_p(x)) = \mathrm{Im}\left(\tfrac{1}{2}\,x\,e^{i\left(x+\frac{3}{2}\,\pi\right)}\right) = \tfrac{1}{2}\,x\,\sin\left(x+\tfrac{3}{2}\,\pi\right)\ .$$

$$y_p(x) = -\tfrac{1}{2}\,x\,\cos x\ .\qquad\qquad\qquad\qquad\qquad\square$$

16.3.3 Spezialfälle von Satz 16.6:

Um eine partikuläre Lösung der inhomogenen Differenzialgleichung

$$y^{(n)}(x) + a_{n-1}\,y^{(n-1)}(x) + \ldots + a_1\,y'(x) + a_0\,y(x) = f(x)$$

zu erhalten, kann in manchen Spezialfällen direkt ein reeller Ansatz gewählt werden. Tabelle 16.1 gibt für häufig auftretende Störfunktionen die entsprechende Ansatzfunktion an.

Tabelle 16.1: Ansatzfunktionen für partikuläre Lösungen.

Störfunktion	NS von $P(\lambda)$	Ansatz
$f(x) = \displaystyle\sum_{i=0}^{n} a_i\,x^i$	0 keine NS	$y_p(x) = \displaystyle\sum_{i=0}^{n} A_i\,x^i$
	0 k-fache NS	$y_p(x) = x^k \displaystyle\sum_{i=0}^{n} A_i\,x^i$
$f(x) = a\,e^{\mu x}$	μ keine NS	$y_p(x) = A\,e^{\mu x}$
	μ k-fache NS	$y_p(x) = A\,x^k\,e^{\mu x}$
$f(x) = a\sin(\beta x)$	$i\beta$ keine NS	$y_p(x) = A\sin(\beta x) + B\cos(\beta x)$ $= C\sin(\beta x + \varphi)$
$f(x) = a\cos(\beta x)$	$i\beta$ k-fache NS	$y_p(x) = A\,x^k\sin(\beta x) + B\,x^k\cos(\beta x)$ $= C\,x^k\sin(\beta x + \varphi)$

Beispiel 16.17. Gegeben ist die Differenzialgleichung

$$y''(x) + 2\,y'(x) + y(x) = f(x) \ .$$

In der nachfolgenden Liste geben wir nach Tabelle 16.1 für verschiedene Inhomogenitäten f einen Ansatz für eine partikuläre Lösung sowie die Lösung für die freien Parameter an.

Das charakteristische Polynom zur Differenzialgleichung lautet

$$\boxed{P(\lambda) = \lambda^2 + 2\,\lambda + 1 = (\lambda + 1)^2 \ .}$$

Damit ist $\lambda = -1$ eine *doppelte* Nullstelle.

$f(x)$	Ansatzfunktion	Parameter
$x^2 - 2x + 1$	$y_p(x) = a_0 + a_1 x + a_2 x^2$ ($\mu = 0$ keine NS von $P(\lambda)$)	$a_0 = 11,\ a_1 = -6,\ a_2 = 1$
$2\,e^x$	$y_p(x) = A\,e^x$ ($\mu = 1$ keine NS von $P(\lambda)$)	$A = \tfrac{1}{2}$
$\cos x$	$\tilde{y}_p(x) = A\,e^{ix} \to$ in kompl. DG $y_p(x) = \mathrm{Re}\left(A\,e^{ix}\right)$	$A = -\tfrac{1}{2}i$ $y_p(x) = \tfrac{1}{2}\cos\left(x + \tfrac{3\pi}{2}\right)$
$\cos x$	$y_p(x) = A\sin x + B\cos x$ ($\mu = i$ keine NS von $P(\lambda)$)	$A = \tfrac{1}{2},\ B = 0$
$\sin x$	$y_p(x) = A\sin x + B\cos x$ ($\mu = i$ keine NS von $P(\lambda)$)	$A = 0,\ B = -\tfrac{1}{2}$
e^{-x}	$y_p(x) = a_2\,x^2\,e^{-x}$ ($\mu = -1$ ist doppelte NS)	$a_2 = \tfrac{1}{2}$
$-x^2\,e^x$	$\left(a_0 + a_1 x + a_2 x^2\right)e^x$ ($\mu = 1$ ist keine NS)	$a_0 = -\tfrac{3}{8},\ a_1 = \tfrac{1}{2},\ a_2 = -\tfrac{1}{4}$
$x\,e^{-x}$	$\left(a_0 + a_1 x\right)x^2\,e^{-x}$ ($\mu = -1$ ist doppelte NS)	$a_0 = 0,\ a_1 = \tfrac{1}{6}$

Lineare DG n-ter Ordnung mit konstanten Koeffizienten

Die allgemeine Lösung der inhomogenen DG n-ter Ordnung

$$y^{(n)}\,(x) + a_{n-1}\,y^{(n-1)}\,(x) + \ldots + a_1\,y'\,(x) + a_0\,y\,(x) = f\,(x) \qquad (*)$$

setzt sich zusammen aus der **allgemeinen homogenen Lösung** $y_h(x)$ und **einer partikulären Lösung** $y_p(x)$ der inhomogenen DG:

$$y\,(x) = y_h\,(x) + y_p\,(x)\ .$$

1. Bestimmung der allgemeinen homogenen Lösung

$$y^{(n)}\,(x) + a_{n-1}\,y^{(n-1)}\,(x) + \ldots + a_1\,y'\,(x) + a_0\,y\,(x) = 0\ :$$

(1) Ansatz $y\,(x) = e^{\lambda\,x}$ in Differenzialgleichung einsetzen.

(2) Charakteristisches Polynom

$$P\,(\lambda) = \lambda^n + a_{n-1}\,\lambda^{n-1} + \ldots + a_1\,\lambda + a_0.$$

(3) Nullstellen des charakteristischen Polynoms $\lambda_1, \ldots, \lambda_m$
λ_i einfache NS $\to e^{\lambda_i\,x}$.
λ_i k-fache NS $\to e^{\lambda_i\,x},\, x\,e^{\lambda_i\,x}, \ldots,\, x^{k-1}\,e^{\lambda_i\,x}$.

(4) $\varphi_1\,(x),\, \varphi_2\,(x), \ldots,\, \varphi_n\,(x)$ ist Fundamentalsystem.

(5) Allgemeine, homogene Lösung

$$y_h\,(x) = c_1\,\varphi_1\,(x) + c_2\,\varphi_2\,(x) + \ldots + c_n\,\varphi_n\,(x)\ .$$

2. Bestimmung einer partikulären Lösung der inhomogenen DG: Nach Tab. 16.2 wählt man spezielle Ansätze für eine partikuläre Lösung oder man geht auf Satz 16.6 zurück. Setzt sich die Störfunktion aus mehreren Störgliedern $f_1\,(x), \ldots,\, f_l\,(x)$ zusammen, wählt man für jedes Störglied einen partikulären Ansatz $y_{p_1}\,(x), \ldots,\, y_{p_l}\,(x)$ und löst

$$y_{p_i}^{(n)}\,(x) + a_{n-1}\,y_{p_i}^{(n-1)}\,(x) + \ldots + a_0\,y_{p_i}\,(x) = f_i\,(x)\ .$$

Eine partikuläre Lösung für die Störfunktion $f\,(x) = f_1\,(x) + \ldots + f_l\,(x)$ ist dann

$$y_p\,(x) = y_{p_1}\,(x) + \ldots + y_{p_l}\,(x)\ .$$

3. Die allgemeine Lösung der Differenzialgleichung $(*)$ lautet

$$y\,(x) = c_1\,\varphi_1\,(x) + \ldots + c_n\,\varphi_n\,(x) + y_p\,(x)\ .$$

4. Die Koeffizienten $c_1, \ldots,\, c_n$ bestimmen sich aus den Anfangsbedingungen $y\,(0),\, y'\,(0), \ldots,\, y^{(n-1)}\,(0)$.

Musterbeispiel 16.18

Gesucht ist die Lösung von

$$y''(x) - 6\,y'(x) + 9\,y(x) = 4\,e^{2x} + 9\,x - 15$$

mit den Anfangsbedingungen $y(0) = y_0$, $y'(0) = 0$.

1. Lösen der homogenen Differenzialgleichung

$$y''(x) - 6\,y'(x) + 9\,y(x) = 0 :$$

Das charakteristische Polynom ist

$$P(\lambda) = \lambda^2 - 6\,\lambda + 9.$$

Die Nullstellen von $P(\lambda)$ sind $\lambda_1 = \lambda_2 = 3$ (doppelt). Die allgemeine Lösung der homogenen Differenzialgleichung lautet somit

$$y_h(x) = c_1\,e^{3x} + c_2\,x\,e^{3x}.$$

2. Berechnung einer speziellen Lösung:
Die Inhomogenität $f(x) = 4\,e^{2x} + 9\,x - 15$ besteht aus der Summe zweier Funktionstypen. Daher bestimmen wir separat in zwei Schritten partikuläre Lösungen:

(i) $\qquad y''(x) - 6\,y'(x) + 9\,y(x) = 4\,e^{2x}.$ $\hfill (1)$

$\mu = 2$ ist keine NS von $P(\lambda)$; daher erhalten wir eine partikuläre Lösung durch den Ansatz

$$y_{p_1}(x) = A\,e^{2x}.$$

In die Differenzialgleichung (1) eingesetzt folgt:

$$A\,(4 - 6\cdot 2 + 9)\,e^{2x} \overset{!}{=} 4\,e^{2x} \;\Rightarrow\; A = 4.$$

$$\Rightarrow y_{p_1}(x) = 4\,e^{2x}.$$

(ii) $\qquad y''(x) - 6\,y'(x) + 9\,y(x) = 9x - 15.$ $\hfill (2)$

$\mu = 0$ ist keine NS von $P(\lambda)$; daher wird als Ansatz

$$y_{p_2}(x) = a_0 + a_1\,x$$

in die Differenzialgleichung (2) eingesetzt:

$$\begin{aligned}
y_{p_2}''(x) - 6\,y_{p_2}'(x) + 9\,y_{p_2}(x) &= -6\,a_1 + 9\,(a_0 + a_1\,x)\\
&= (-6\,a_1 + 9\,a_0) + 9\,a_1\,x \overset{!}{=} 9x - 15.
\end{aligned}$$

Der Koeffizientenvergleich liefert

$$x^1: \qquad 9\,a_1 = 9 \qquad\qquad \Rightarrow \quad a_1 = 1,$$
$$x^0: \qquad -6\,a_1 + 9\,a_0 = -15 \qquad \Rightarrow \quad a_0 = -1.$$

$$\Rightarrow y_{p_2}(x) = -1 + x \ .$$

(iii) Die partikuläre Lösung für die Inhomogenität $4\,e^{2x} + 9\,x - 15$ setzt sich zusammen aus y_{p_1} und y_{p_2}:

$$y_p(x) = 4\,e^{2x} + x - 1 \ .$$

3. Die allgemeine Lösung der Differenzialgleichung lautet somit

$$y(x) = c_1\,e^{3x} + c_2\,x\,e^{3x} + 4\,e^{2x} + x - 1 \ .$$

4. Bestimmung der Konstanten c_1, c_2 über die Anfangsbedingungen:

$$y(0) \;=\; c_1 + 4 - 1 \;\overset{!}{=}\; y_0 \quad \Rightarrow \quad c_1 = y_0 - 3$$
$$y'(0) \;=\; 3\,c_1 + c_2 + 9 \;\overset{!}{=}\; 0 \quad \Rightarrow \quad c_2 = -9 - 3\,c_1 = -3\,y_0.$$

$$\Rightarrow y(x) = (y_0 - 3)\,e^{3x} - 3\,y_0\,x\,e^{3x} + 4\,e^{2x} + x - 1 \ . \qquad \square$$

Anwendungsbeispiel 16.19 (Erzwungene, gedämpfte Schwingung).

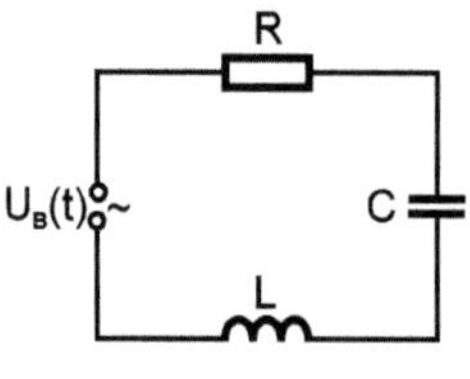

Abb. 16.6. RCL-Kreis

Ein elektrischer Schwingkreis besteht aus einem Ohmschen Widerstand R, einem Kondensator mit Kapazität C und einer Spule mit Induktivität L (siehe Abb. 16.6). Zur Zeit $t = 0$ wird der Stromkreis durch Anlegen einer äußeren Wechselspannung

$$U_B(t) = U_0 \sin(\omega t)$$

geschlossen. Nach dem Maschensatz gilt

$$L\,\frac{dI(t)}{dt} + R\,I(t) + \frac{1}{C}\int_0^t I(\tau)\,d\tau = U_0 \sin(\omega t) \ .$$

Gehen wir zur komplexen Formulierung über, ist

$$L\,\dot{I}(t) + R\,I(t) + \frac{1}{C}\int_0^t I(\tau)\,d\tau = U_0\,e^{i\omega t}$$

und nach Differenziation

$$\ddot{I}(t) + \frac{R}{L}\,\dot{I}(t) + \frac{1}{LC}\,I(t) = \frac{U_0}{L}\,i\,\omega\,e^{i\omega t} \ .$$

Setzen wir noch $\beta = \frac{R}{2L}$ (Dämpfung) und $\omega_0^2 = \frac{1}{LC}$, ist

$$\ddot{I}(t) + 2\,\beta\,\dot{I}(t) + \omega_0^2\,I(t) = \frac{U_0}{L}\,i\,\omega\,e^{i\omega t}.$$

Die allgemeine, homogene Lösung wurde in Beispiel 16.12 auf Seite 59 diskutiert, so dass zur Lösung der inhomogenen Differenzialgleichung noch eine partikuläre Lösung gesucht wird. Das charakteristische Polynom zur Differenzialgleichung lautet

$$P(\lambda) = \lambda^2 + 2\beta\lambda + \omega_0^2 \ .$$

$\hookrightarrow \mu = i\omega$ ist keine Nullstelle des charakteristischen Polynoms. Eine partikuläre Lösung liefert daher der Ansatz

$$\tilde{I}_p(t) = A\,e^{i\omega t} \ .$$

In die Differenzialgleichung eingesetzt, folgt

$$(i\omega)^2 A\,e^{i\omega t} + 2\beta\,(i\omega)\,A\,e^{i\omega t} + \omega_0^2\,A\,e^{i\omega t} = \frac{U_0}{L}\,i\omega\,e^{i\omega t}$$

$$\Rightarrow A = i\,\frac{U_0\,\omega}{L}\,\frac{1}{\omega_0^2 - \omega^2 + 2i\,\beta\,\omega}$$

und

$$\tilde{I}_p(t) = i\,\frac{U_0\,\omega}{L}\,\frac{1}{\omega_0^2 - \omega^2 + 2i\,\beta\,\omega}\,e^{i\omega t}.$$

Übergang zu einer reellen partikulären Lösung: $I_p(t) = \mathrm{Im}\left(\tilde{I}_p(t)\right)$.
Um die reelle partikuläre Lösung ablesen zu können, stellen wir zuerst die komplexe Amplitude A in der Exponentialform dar und führen dann die komplexe Multiplikation in dieser Normalform aus.

$$A = i\,\frac{U_0\,\omega}{L}\,\frac{1}{\omega_0^2 - \omega^2 + 2i\,\beta\,\omega}\cdot\frac{\omega_0^2 - \omega^2 - i\,2\,\beta\,\omega}{\omega_0^2 - \omega^2 - i\,2\,\beta\,\omega}$$

$$= \frac{U_0\,\omega}{L}\,\frac{1}{\left(\omega_0^2 - \omega^2\right)^2 + \left(2\,\beta\,\omega\right)^2}\,\left[2\,\beta\,\omega + i\,\left(\omega_0^2 - \omega^2\right)\right] \stackrel{!}{=} |A|\,e^{i\varphi}$$

mit
$$|A| = \frac{U_0\,\omega}{L}\,\frac{1}{\sqrt{\left(\omega_0^2 - \omega^2\right)^2 + \left(2\,\beta\,\omega\right)^2}} \quad\text{und}\quad \tan\varphi = \frac{\mathrm{Im}\,A}{\mathrm{Re}\,A} = \frac{\omega_0^2 - \omega^2}{2\,\beta\,\omega}\,.$$

$$\Rightarrow \tilde{I}_p(t) = \frac{U_0\,\omega}{L}\,\underbrace{\frac{1}{\sqrt{\left(\omega_0^2 - \omega^2\right)^2 + \left(2\,\beta\,\omega\right)^2}}\,e^{i\varphi}}_{\text{komplexe Amplitude}}\,e^{i\omega t}$$

$$\Rightarrow I_p(t) = \mathrm{Im}\left(\tilde{I}_p(t)\right) = \frac{U_0\,\omega}{L}\,\frac{1}{\sqrt{\left(\omega_0^2 - \omega^2\right)^2 + \left(2\,\beta\,\omega\right)^2}}\,\sin\left(\omega t + \varphi\right)\,.$$

Dies ist der Wechselstrom, der sich nach einem Einschwingvorgang in der Schaltung einstellt.

$\square$

16.4 Variable Koeffizienten

In diesem Abschnitt behandeln wir lineare Differenzialgleichungen n-ter Ordnung, die nicht notwendigerweise konstante Koeffizienten besitzen. Da sich die Lösungsstruktur im Vergleich zu konstanten Koeffizienten nicht ändert, lösen wir zunächst das homogene Problem $y_h(x)$ und bestimmen dann eine partikuläre Lösung $y_p(x)$ des inhomogenen Problems. Die inhomogene Lösung $y_i(x)$ ist dann die Summe aus homogener und partikulärer Lösung

$$y_i(x) = y_h(x) + y_p(x).$$

16.4.1 Homogenes Problem: Reduktionsmethode von d'Alembert

Die Reduktionsmethode von d'Alembert bezeichnet eine Vorgehensweise beim Lösen einer homogenen DG n-ter Ordnung bei der wir die Ordnung der DG reduzieren können, wenn wir einen Teil der Lösung kennen. Wir veranschaulichen dieses Prinzip bei einer einfachen DG zweiter Ordnung

$$y''(x) - y(x) = 0.$$

Man prüft direkt nach, dass $y_1(x) = c \cdot e^x$ eine Lösung der DG mit einer beliebigen Konstanten c darstellt. Die Idee von d'Alembert ist dann, die Konstante $c(x)$ zu variieren und eine DG erster Ordnung zu bestimmen, die $c(x)$ festlegt. Wir haben einen solchen Ansatz bereits verwendet, um eine inhomogene Lösung einer DG erster Ordnung zu finden (siehe Band 2, Abschnitt 13.3). In diesem Zusammenhang haben wir die Methode als *Variation der Konstanten* bezeichnet.

Wir nehmen also den Ansatz mit seinen Ableitungen

$$\begin{aligned} y_2(x) &= c(x) \cdot e^x \\ y_2'(x) &= c'(x) \cdot e^x + c(x) \cdot e^x \\ y_2''(x) &= c''(x) \cdot e^x + 2\,c'(x) \cdot e^x + c(x) \cdot e^x \end{aligned} \tag{1}$$

und werten die DG aus

$$y_2''(x) - y_2(x) = c''(x) \cdot e^x + 2\,c'(x) \cdot e^x = 0.$$

Nun reduzieren wir die Ordnung, indem wir $\;w(x) = c'(x)\;$ setzen und erhalten

$$w'(x) \cdot e^x + 2\,w(x) \cdot e^x = 0 \qquad \text{bzw.} \qquad w'(x) + 2\,w(x) = 0.$$

Dies ist eine DG erster Ordnung für die Funktion $w(x)$, welche mit den in Band 2, Abschnitt 13.2, eingeführten Methoden gelöst wird. Die Lösung für $w(x)$ ergibt sich zu

$$w(x) = c_0\, e^{-2x}.$$

Da $w(x) = c'(x)$, integrieren wir diese Gleichung, $c(x) = c_1 + \int w(x)\,dx$, und erhalten

$$c(x) = c_1 - c_0 \tfrac{1}{2} e^{-2x}.$$

Gemäß des Ansatzes (1) erhalten wir so die Lösung

$$y_2(x) = c(x) \cdot e^x = \left(c_1 - c_0 \tfrac{1}{2} e^{-2x}\right) \cdot e^x = c_1 \cdot e^x - \tfrac{1}{2} c_0 \cdot e^{-x}.$$

Aus diesem Ergebnis können wir nicht nur eine zweite Lösung, sondern auch ein Fundamentalsystem ablesen:

$$e^x \quad \text{und} \quad e^{-x}.$$

Bemerkung: Wichtig für die Reduktionsmethode von d'Alembert ist, dass wir eine Lösung der DG kennen. Normalerweise versuchen wir einen Ansatz mit einfachen Funktionen. Gängige Ansatzfunktionen, die Lösungen für die DG liefern können, sind in Tabelle 16.2 aufgeführt.

Tabelle 16.2: Ansatzfunktionen

Potenzfunktion	$y(x) = x^\alpha$	(1)
Polynomfunktion	$y(x) = a + b\,x + c\,x^2$	(2)
Exponentialfunktion	$y(x) = e^{\alpha x}$	(3)

Beispiel 16.20 (Ansatzfunktionen). Gegeben ist die DG zweiter Ordnung mit nicht konstanten Koeffizienten

$$(1 - x^2)\,y''(x) + 2x\,y'(x) - 2\,y(x) = 0 \quad \text{für} \quad x > 1.$$

Gesucht wird eine Funktion (Potenz-, Polynom- oder Exponentialfunktion), die eine Lösung der DG liefert.

Wir beginnen mit (1) aus Tabelle 16.2 und werten die rechte Seite der DG aus, indem wir $y(x) = x^\alpha$, $y'(x) = \alpha\,x^{\alpha-1}$, $y''(x) = \alpha(\alpha - 1)\,x^{\alpha-2}$ in die DG einsetzen

$$(1 - x^2)\,\alpha(\alpha - 1)\,x^{\alpha-2} + 2x\,\alpha\,x^{\alpha-1} - 2\,x^\alpha = 0.$$

Wir bestimmen die Koeffizienten der Potenzen

$$\alpha(\alpha - 1)\,x^{\alpha-2} - (\alpha - 1)(\alpha - 2)\,x^\alpha = 0.$$

Diese Gleichung ist nur erfüllt, wenn beide Koeffizienten gleichzeitig Null sind, was nur für $\alpha = 1$ zutrifft. Also ist $y(x) = x^1$ eine Lösung.

Die Berechnung mit Ansatz (2) ist mehr oder weniger gleich. Wir beginnen mit $y(x) = a + b\,x + c\,x^2$ und den Ableitungen $y'(x) = b + 2\,c\,x$, $y''(x) = 2\,c$

und werten die rechte Seite der DG aus

$$(1 - x^2)\, 2\, c + 2x\, (b + 2\, c\, x) - 2\, (a + b\, x + c\, x^2) = 0,$$

welche wir vereinfachen zu

$$2\, c - 2\, a = 0.$$

Dies liefert eine Lösung der DG, falls $a = c$ ist. b kann beliebig gewählt werden.

Für $a = 0$, $c = 0$ und $b = 1$ folgt $y(x) = x$.

Für $a = 1$, $c = 1$ und $b = 0$ folgt $y(x) = 1 + x^2$.

Der Ansatz (3) liefert keine Lösung. Denn setzen wir $y(x) = e^{\alpha\, x}$ mit den Ableitungen $y'(x) = \alpha\, e^{\alpha\, x}$, $y''(x) = \alpha^2\, e^{\alpha\, x}$ in die DG ein

$$(1 - x^2)\, (\alpha^2\, e^{\alpha\, x}) + 2x\, (\alpha\, e^{\alpha\, x}) - 2\, (e^{\alpha\, x}) = 0,$$

erhalten wir nach Vereinfachung

$$(1 - x^2)\, \alpha^2 + 2x\alpha - 2 = 0.$$

Es gibt aber kein α, so dass die gesamte rechte Seite unabhängig von x Null ist. Also liefert der Ansatz $y(x) = e^{\alpha\, x}$ keine Lösung der DG. $\qquad\square$

Beispiel 16.21 (Reduktionsmethode). Gegeben ist die DG zweiter Ordnung mit nicht konstanten Koeffizienten

$$(1 - x^2)\, y''(x) + 2x\, y'(x) - 2\, y(x) = 0 \quad \text{für} \quad x > 1.$$

Nach Beispiel 16.20 ist $y(x) = x$ eine Lösung der DG. Wir wenden darauf die Reduktionsmethode von d'Alembert an, um eine zweite, linear unabhängige Lösung zu finden.

Mit $y(x) = x$ ist auch $y(x) = c \cdot x$ eine Lösung. Wir variieren nun c als Funktion von x und erhalten für $c(x) \cdot x$ mit den Ableitungen

$$y_2(x) = c(x) \cdot x$$
$$y_2'(x) = c'(x) \cdot x + c(x) \cdot 1$$
$$y_2''(x) = c''(x) \cdot x + 2\, c'(x) \cdot 1.$$

Eingesetzt in die DG liefert

$$(1 - x^2)\, y_2''(x) + 2x\, y_2'(x) - 2\, y_2(x) = 0$$
$$\Leftrightarrow (1 - x^2)\, (c''(x)x + 2\, c'(x)) + 2x\, (c'(x)x + c(x)) - 2\, (c(x)x) = 0$$
$$\Leftrightarrow (1 - x^2)\, x\, c''(x) + (2(1 - x^2) + 2x^2))\, c'(x) = 0$$
$$\Leftrightarrow (1 - x^2)\, x\, c''(x) + 2\, c'(x) = 0.$$

Somit können wir die Ordnung der DG reduzieren, indem wir

$$w(x) = c'(x)$$

setzen, und erhalten

$$(1 - x^2)x\,w'(x) + 2\,w(x) = 0$$

bzw.

$$w'(x) = -\frac{2}{(1 - x^2)x} \cdot w(x).$$

Dies ist eine DG erster Ordnung für die Funktion $w(x)$, die wir mit der Methode *Trennung der Variablen* lösen (siehe Band 2, Abschnitt 13.2)

$$\frac{dw}{w} = -\frac{2}{(1 - x^2)x}\,dx.$$

Um anschließend die Integrale berechnen zu können, führen wir eine Partialbruchzerlegung der rechten Seite durch

$$-\frac{2}{(1 - x^2)\,x} = \frac{-2}{x} + \frac{1}{1 - x} + \frac{1}{1 + x}$$

und erhalten

$$\int \frac{dw}{w} = \int \left(\frac{-2}{x} + \frac{1}{1 - x} + \frac{1}{1 + x} \right) dx$$

$$\ln|w| = -2\ln|x| + \ln|1 - x| + \ln|1 + x| + c$$
$$= \ln\left(\frac{1 - x^2}{x^2} \right) + c.$$

Wir wenden die Exponentialfunktion auf beiden Seiten der Gleichung an

$$w(x) = \frac{1 - x^2}{x^2} \cdot e^c = \left(\frac{1}{x^2} - 1 \right) \cdot c_0$$

mit $c_0 = e^c$. Da nach Definition $w(x) = c'(x)$, integrieren wir nochmals $c(x) = c_1 + \int w(x)\,dx$ und erhalten

$$c(x) = c_1 + c_0 \left(-x^{-1} - x \right).$$

Dies liefert die Lösung der DG

$$y_2(x) = c(x) \cdot x = \left(c_1 + c_0 \left(-x^{-1} - x \right) \right) \cdot x = c_1 \cdot x - c_0 \cdot (1 + x^2).$$

Aus diesem Ergebnis lesen wir nicht nur eine zweite Lösung ab, sondern auch ein Fundamentalsystem:

$$x \quad \text{und} \quad (1 + x^2). \qquad \qquad \square$$

Musterbeispiel 16.22 Gesucht ist ein Fundamentalsystem der DG dritter Ordnung mit nicht konstanten Koeffizienten

$$x^3\,y'''(x)+(5x^3-3x^2)\,y''(x)+(6x^3-10x^2+6x)\,y'(x)+(10x-6x^2-6)\,y(x)=0.$$

Ansatz für eine Lösung: Nach Tabelle 16.2 suchen wir zunächst eine Ansatzfunktion (Potenz-, Polynom- oder Exponentialfunktion), die eine Lösung der DG liefert.

Die Potenzfunktion $y(x)=x$ ist eine Lösung der DG. Denn setzen wir $y(x)=x$ zusammen mit den Ableitungen $y'(x)=1$ und $y''(x)=0$, $y'''(x)=0$ in die DG ein, gilt

$$(6x^3-10x^2+6x)+(10x-6x^2-6)\,x=6x^3-10x^2+10x^2-6x^3-6x=0.$$

Reduktion der DG: Mit $y(x)=x$ ist auch $y(x)=c\cdot x$ eine Lösung. Nun variieren wir die Konstante c als eine Funktion von x. Wir setzen die Funktion mit den Ableitungen

$$\begin{aligned}
y_2(x) &= c(x)\cdot x\\
y_2'(x) &= c'(x)\cdot x+c(x)\cdot 1\\
y_2''(x) &= c''(x)\cdot x+2\,c'(x)\cdot 1\\
y_2'''(x) &= c'''(x)\cdot x+3\,c''(x).
\end{aligned}$$

in die DG ein und vereinfachen soweit als möglich

$$c'''(x)+5\,c''(x)+6\,c'(x)=0.$$

Jetzt reduzieren wir die Ordnung der DG, indem wir $w(x)=c'(x)$ setzen

$$w''(x)+5\,w'(x)+6\,w(x)=0.$$

Lösen der reduzierten DG: Die reduzierte DG ist eine homogene Differenzialgleichung zweiter Ordnung, die wir mit Hilfe des charakteristischen Polynoms lösen

$$p(\lambda)=\lambda^2+5\,\lambda+6=(\lambda+3)(\lambda+2)=0.$$

Die Nullstellen des charakteristischen Polynoms sind $\lambda_1=-3$ und $\lambda_2=-2$. Die allgemeine Lösung der reduzierten DG lautet also

$$w(x)=c_1\,e^{-3\,x}+c_2\,e^{-2\,x}.$$

Lösung der gegebenen DG: Wir integrieren $w(x)=c'(x)$: $c(x)=c_1+\int w(x)\,dx$ und erhalten $c(x)$

$$c(x)=c_1\,\frac{-1}{3}e^{-3\,x}+c_2\,\frac{-1}{2}e^{-2\,x}+c_3,$$

so dass wir damit die Lösung der ursprünglichen DG angeben können

$$y_2(x) = c(x) \cdot x = -c_1 \, \tfrac{1}{3} \, x \, e^{-3\,x} - c_2 \, \tfrac{1}{2} \, x \, e^{-2\,x} + c_3 \, x \,.$$

Daraus lesen wir ein Fundamentalsystem ab:

$$x \, e^{-3\,x}, \quad x \, e^{-2\,x}, \quad x \,. \qquad\qquad \square$$

Musterbeispiel 16.23 Gesucht ist ein Fundamentalsystem der DG dritter Ordnung mit nicht konstanten Koeffizienten

$$x \, y''(x) - (1 + x) \, y'(x) + y(x) = 0 \quad \text{für} \quad x > 0.$$

Ansatz für eine Lösung: Zunächst suchen wir nach Tabelle 16.2 eine Ansatzfunktion (Potenz-, Polynom- oder Exponentialfunktion), die eine Lösung der DG liefert. Wir wählen $y(x) = e^{\alpha\,x}$.

Wir setzen $y(x) = e^{\alpha\,x}$ mit den Ableitungen $y'(x) = \alpha \, e^{\alpha\,x}$ und $y''(x) = \alpha^2 \, e^{\alpha\,x}$ in die DG ein

$$x \, y''(x) - (1 + x) \, y'(x) + y(x) = 0$$
$$x \, \alpha^2 \, e^{\alpha\,x} - (1 + x) \, \alpha \, e^{\alpha\,x} + e^{\alpha\,x} = 0$$
$$x \, \alpha^2 - (1 + x) \, \alpha + 1 = 0$$
$$x \, \alpha(\alpha - 1) - (\alpha - 1) = 0.$$

Diese Gleichung ist nur dann erfüllt, wenn beide Koeffizienten gleichzeitig Null ergeben. Somit muss $\alpha = 1$ sein und $y(x) = e^x$ ist eine Lösung.

Reduktion der DG: Mit $y(x) = e^x$ ist auch $y(x) = c \cdot e^x$ eine Lösung. Nun variieren wir die Konstante c als eine Funktion von x. Wir setzen die Funktion mit den Ableitungen

$$y_2(x) = c(x) \cdot e^x$$
$$y_2'(x) = c'(x) \cdot e^x + c(x) \cdot e^x$$
$$y_2''(x) = c''(x) \cdot e^x + 2 \, c'(x) \cdot e^x + c(x) \cdot e^x.$$

in die DG ein und vereinfachen soweit als möglich

$$x \, c''(x) + (x - 1) \, c'(x) = 0.$$

Jetzt reduzieren wir die Ordnung der DG, indem wir $w(x) = c'(x)$ setzen:

$$x \, w'(x) + (x - 1) \, w(x) = 0.$$

Lösen der reduzierten DG: Die reduzierte DG ist eine homogene Differenzialgleichung erster Ordnung, die wir mit der Methode Separation der Variablen (siehe Band 2, Abschnitt 13.2) bearbeiten. Dazu lösen wir nach $w'(x)$ auf

$$w'(x) = \frac{1-x}{x} \cdot w(x) = (\frac{1}{x} - 1) \cdot w(x)$$

und separieren die Variablen

$$\frac{dw}{w} = (\frac{1}{x} - 1)\, dx.$$

Die anschließende Integration ergibt

$$\ln|w| = \ln|x| - x + c$$

und durch Anwenden der Exponentialfunktion ($c_0 = e^c$) ist

$$w(x) = e^{\ln|x| - x + c} = x\, e^{-x}\, e^c = c_0\, x\, e^{-x}.$$

Lösung der gegebenen DG: Wir integrieren $w(x) = c'(x)$: $c(x) = c_1 + \int w(x)\, dx$ und erhalten $c(x)$

$$c(x) = c_1 + c_0 \int x\, e^{-x}\, dx = c_1 - c_0\, x\, e^{-x} - c_0\, e^{-x},$$

so dass wir damit die Lösung der ursprünglichen DG gefunden haben

$$y_2(x) = c(x) \cdot e^x = c_1\, e^x - c_0\, (x+1)$$

mit dem Fundamentalsystem:

$$x + 1, \quad e^x. \qquad \square$$

16.4.2 Inhomogenes Problem: Variation der Konstanten

Für die Diskussion des inhomogenen Problems gehen wir von einer DG zweiter Ordnung aus. Wir transformieren die DG zweiter Ordnung zunächst in ein System erster Ordnung und wenden dann die in Abschnitt 15.3 beschriebene Methode der Variation der Konstanten unter Verwendung der Fundamentalmatrix an.

Gegeben sei die DG zweiter Ordnung

$$y''(x) + a_1(x)\, y'(x) + a_0(x)\, y(x) = g(x). \qquad \text{(DGn)}$$

Wir führen neue Funktionen

$$\begin{aligned}
y_0(x) &:= y(x) & y_0' &= y_1(x) \\
y_1(x) &:= y'(x) & y_1' &= -a_0(x)\,y(x) - a_1(x)\,y'(x) + g(x) \\
& & &= -a_0(x)\,y_0(x) - a_1(x)\,y_1'(x) + g(x)
\end{aligned}$$

ein, so dass wir damit ein System erster Ordnung erhalten

$$\begin{pmatrix} y_0(x) \\ y_1(x) \end{pmatrix}' = \begin{pmatrix} 0 & 1 \\ -a_0(x) & -a_1(x) \end{pmatrix} \begin{pmatrix} y_0(x) \\ y_1(x) \end{pmatrix} + \begin{pmatrix} 0 \\ g(x) \end{pmatrix} \qquad \text{(SYS)}$$

bzw.

$$\vec{y}'(x) = A\,\vec{y}(x) + \vec{f}(x)$$

$$\text{mit} \quad A = \begin{pmatrix} 0 & 1 \\ -a_0(x) & -a_1(x) \end{pmatrix} \quad \text{und} \quad \vec{f}(x) = \begin{pmatrix} 0 \\ g(x) \end{pmatrix}.$$

Es gilt der folgende Zusammenhang zwischen der DG zweiter Ordnung (DGn) und dem System erster Ordnung (SYS): $y_1(x)$, $y_2(x)$ ist ein Fundamentalsystem von (DGn) genau dann wenn $\vec{y}_1(x) = \begin{pmatrix} y_1(x) \\ y_1'(x) \end{pmatrix}$, $\vec{y}_2(x) = \begin{pmatrix} y_2(x) \\ y_2'(x) \end{pmatrix}$ ein Fundamentalsystem von (SYS) ist. Mit der Fundamentalmatrix (siehe Abschnitt 15.3)

$$\mathbf{F}(x) = (\vec{y}_1(x), \vec{y}_2(x)) = \begin{pmatrix} y_1(x) & y_2(x) \\ y_1'(x) & y_2'(x) \end{pmatrix},$$

schreiben wir die allgemeine Lösung des homogenen Problem als

$$\vec{y}_h(x) = c_1 \cdot \vec{y}_1(x) + c_2 \cdot \vec{y}_2(x) = \begin{pmatrix} y_1(x) & y_2(x) \\ y_1'(x) & y_2'(x) \end{pmatrix} \cdot \begin{pmatrix} c_1 \\ c_2 \end{pmatrix} = \mathbf{F}(x) \cdot \begin{pmatrix} c_1 \\ c_2 \end{pmatrix}.$$

Um eine bestimmte Lösung des inhomogenen Problems zu erhalten, variieren wir die Koeffizienten

$$\begin{aligned}
\vec{y}_p(x) &= c_1(x) \cdot \vec{y}_1(x) + c_2(x) \cdot \vec{y}_2(x) \\
&= \begin{pmatrix} y_1(x) & y_2(x) \\ y_1'(x) & y_2'(x) \end{pmatrix} \cdot \begin{pmatrix} c_1(x) \\ c_2(x) \end{pmatrix} = \mathbf{F}(x) \begin{pmatrix} c_1(x) \\ c_2(x) \end{pmatrix}.
\end{aligned}$$

Nach der Berechnung auf Seite 32 haben wir eine Bedingung für $c_1(x)$ und $c_2(x)$ ermittelt, um eine Lösung des inhomogenen Problems zu erhalten:

$$\begin{pmatrix} c_1'(x) \\ c_2'(x) \end{pmatrix} = \mathbf{F}^{-1}(x) \begin{pmatrix} 0 \\ g(x) \end{pmatrix},$$

wenn $\mathbf{F}^{-1}(x)$ die Inverse der Fundamentalmatrix darstellt

$$\mathbf{F}^{-1}(x) = \frac{1}{y_1(x)y_2'(x) - y_1'(x)y_2(x)} \cdot \begin{pmatrix} y_2'(x) & -y_2(x) \\ -y_1'(x) & y_1(x) \end{pmatrix} \cdot \begin{pmatrix} 0 \\ g(x) \end{pmatrix}.$$

In Komponenten erhalten wir

$$c_1'(x) = \frac{-y_2(x)g(x)}{y_1(x)y_2'(x) - y_1'(x)y_2(x)}$$

$$c_2'(x) = \frac{-y_1(x)g(x)}{y_1(x)y_2'(x) - y_1'(x)y_2(x)}.$$

Nach Integration ist $c_1(x) = \int c_1'(x)\,dx$ und $c_2(x) = \int c_2'(x)\,dx$, so dass wir damit eine partikuläre Lösung von (SYS) berechnen

$$\vec{y}_p(x) = \mathbf{F}(x) \cdot \begin{pmatrix} c_1(x) \\ c_2(x) \end{pmatrix} = \begin{pmatrix} y_1(x) & y_2(x) \\ y_1'(x) & y_2'(x) \end{pmatrix} \cdot \begin{pmatrix} c_1(x) \\ c_2(x) \end{pmatrix}.$$

Wählt man die erste Komponente, so erhält man eine partikuläre Lösung der inhomogenen DG zweiter Ordnung: $y_p(x) = c_1(x) \cdot y_1(x) + c_2(x) \cdot y_2(x)$.

Verallgemeinerung: Inhomogene DG n-ter Ordnung

Um eine partikuläre Lösung der inhomogenen DG n-ter Ordnung

$$y^{(n)}(x) + a_{n-1}(x)\,y^{(n-1)}(x) + \ldots + a_1(x)\,y'(x) + a_0(x)\,y(x) = g(x)$$

zu bestimmen, berechnen wir zuerst ein Fundamentalsystem $y_1(x), y_2(x), \ldots, y_n(x)$. Mit dem Fundamentalsystem definieren wir die Fundamentalmatrix

$$\mathbf{F}(x) = \begin{pmatrix} y_1(x) & y_2(x) & \ldots & y_n(x) \\ y_1'(x) & y_2'(x) & \ldots & y_n'(x) \\ \vdots & \vdots & \ldots & \vdots \\ y_1^{(n-1)}(x) & y_2^{(n-1)}(x) & \ldots & y_n^{(n-1)}(x) \end{pmatrix}.$$

Die Lösung der inhomogenen DG ist

$$y(x) = c_1(x)\,y_1(x) + c_2(x)\,y_2(x) + \ldots + c_n(x)\,y_n(x), \qquad (*)$$

wobei die Koeffizienten bestimmt sind über

$$\begin{pmatrix} c_1'(x) \\ c_2'(x) \\ \vdots \\ c_n'(x) \end{pmatrix} = \mathbf{F}^{-1}(x) \begin{pmatrix} 0 \\ 0 \\ \vdots \\ g(x) \end{pmatrix}.$$

Nach Integration jeder der Komponenten des Vektors $\vec{c}\,'(x)$ erhalten wir die Koefizienten von $(*)$.

Spezialfall: Inhomogene DG zweiter Ordnung

Um eine partikuläre Lösung der DG zweiter Ordnung

$$y''(x) + a_1(x)\,y'(x) + a_0(x)\,y(x) = g(x)$$

zu berechnen, bestimmen wir zunächst ein Fundamentalsystem $y_1(x), y_2(x)$. Wir erhalten damit eine Lösung der inhomogenen DG

$$y_p(x) = c_1(x) \cdot y_1(x) + c_2(x) \cdot y_2(x)$$

mit

$$c_1(x) = c_1 + \int \frac{-y_2(x)g(x)}{y_1(x)y_2'(x) - y_1'(x)y_2(x)}\, dx$$

$$c_2(x) = c_2 + \int \frac{y_1(x)g(x)}{y_1(x)y_2'(x) - y_1'(x)y_2(x)}\, dx.$$

Musterbeispiel 16.24

Wir suchen eine Lösung der inhomogenen DG zweiter Ordnung mit nicht konstanten Koeffizienten

$$x\,y''(x) - (1+x)\,y'(x) + y(x) = 3\,x^2 \qquad \text{für} \quad x > 0.$$

⚠ Bevor wir fortfahren, schreiben wir unser Problem zunächst so um, dass der Koeffizient der höchsten Ableitung 1 ergibt:

$$y''(x) - \frac{(1+x)}{x}\,y'(x) + \frac{1}{x}y(x) = 3\,x \qquad \text{für} \quad x > 0.$$

Dieser Schritt ist nicht für das homogene Problem relevant, sondern für das inhomogene Problem, um die korrekte rechte Seite $g(x) = 3x$ zu identifizieren. Um eine partikuläre Lösung zu bestimmen, benötigen wir ein Fundamentalsystem der homogenen DG. Nach Beispiel 16.23 ist

$$y_1(x) = e^x \qquad \text{und} \qquad y_2(x) = 1 + x$$

ein solches Fundamentalsystem und

$$\mathbf{F}(x) = \begin{pmatrix} y_1(x) & y_2(x) \\ y_1'(x) & y_2'(x) \end{pmatrix} = \begin{pmatrix} e^x & 1 + x \\ e^x & 1 \end{pmatrix}$$

die Fundamentalmatrix mit der Inversen

$$\mathbf{F}^{-1}(x) = \frac{1}{y_1(x)y_2'(x) - y_1'(x)y_2(x)} \begin{pmatrix} y_2'(x) & -y_2(x) \\ -y_1'(x) & y_1(x) \end{pmatrix}$$

$$= \frac{1}{e^x - (1+x)e^x} \begin{pmatrix} 1 & -(1+x) \\ -e^x & e^x \end{pmatrix}.$$

Wir berechnen $F^{-1}(x) \cdot \vec{f}(x)$

$$\begin{pmatrix} c_1'(c) \\ c_2'(x) \end{pmatrix} = \frac{1}{-x\,e^x} \begin{pmatrix} 1 & -(1+x) \\ -e^x & e^x \end{pmatrix} \cdot \begin{pmatrix} 0 \\ 3\,x \end{pmatrix}$$

$$= \frac{1}{-x\,e^x} \begin{pmatrix} -(1+x)\,3x \\ 3x\,e^x \end{pmatrix} = \begin{pmatrix} (1+x)\,3\,e^{-x} \\ -3 \end{pmatrix}.$$

Damit ist

$$c_1'(x) = (3+3x)\,e^{-x}$$

$$c_2'(x) = -3$$

und nach partieller Integration erhalten wir

$$c_1(x) = \int (3+3x)\,e^{-x}\,dx = c_1 + (-6-3x)\,e^{-x}$$

und

$$c_2(x) = c_2 - 3\,x.$$

Schließlich ist die Lösung

$$\begin{aligned} y(x) &= c_1(x) \cdot y_1(x) + c_2(x) \cdot y_2(x) \\ &= (c_1 + (-6-3x)\,e^{-x}) \cdot e^x + (c_2 - 3\,x) \cdot (1+x) \\ &= c_1\,e^x + c_2\,(1+x) + (-6(1+x) - 3\,x^2) \\ &= c_1\,e^x + \tilde{c}_2\,(1+x) - 3\,x^2 \end{aligned} \qquad \square$$

16.5 Aufgaben zu Differenzialgleichungen höherer Ordnung

16.1 Prüfen Sie nach, dass $\varphi_1 = 1 - \cos(2x)$ und $\varphi_2 = 1 - \cos^2(x)$ Lösungen von

$$y'' - (\tan x + \cot x)\, y' + 4\, y = 0\ .$$

sind. Bilden sie ein Fundamentalsystem?

16.2 Zeigen Sie, dass die beiden Funktionen $\sinh(kx)$ und $\cosh(kx)$ ein reelles Fundamentalsystem bilden von der Differenzialgleichung

$$y''(x) - k^2\, y(x) = 0\ .$$

16.3 Lösen Sie die folgenden homogenen, linearen Differenzialgleichungen 2. Ordnung:
a) $\ddot{u}(t) + 13\,\dot{u}(t) + 40\,u(t) = 0$ b) $\ddot{v}(t) - 12\,\dot{v}(t) + 36\,v(t) = 0$
c) $y''(x) + 6\,y'(x) + 34\,y(x) = 0$ d) $z''(x) + 16\,z(x) = 0$

16.4 Bestimmen Sie ein reelles Fundamentalsystem für
a) $y^{(4)}(x) - 10\,y''(x) + 9\,y(x) = 0$
b) $u^{(3)}(t) - 2\,\ddot{u}(t) + \dot{u}(t) = 0$
c) $y^{(6)}(x) - y(x) = 0$

16.5 Gegeben ist die inhomogene, lineare Differenzialgleichung 2. Ordnung

$$y''(x) - 3\,y'(x) + 2\,y(x) = s(x)$$

mit der Inhomogenität $s(x)$. Ermitteln Sie partikuläre Lösungen für
a) $s(x) = 6$ b) $s(x) = x$ c) $s(x) = e^{2x}$ d) $s(x) = \cos x$
e) $s(x) = 4x + 10\cos x$ f) $s(x) = x\,e^{2x}$ g) $s(x) = \cos x\, e^x$

16.6 Lösen Sie die Schwingungsprobleme
a) $\ddot{x}(t) + 16\,x(t) = 0,\quad x(0) = 3,\quad \dot{x}(0) = 4$
b) $\ddot{x}(t) + 2\,\dot{x}(x) + 2\,x(t) = 0,\quad x(0) = 2,\quad \dot{x}(0) = 0$
c) $\ddot{x}(t) + 13\,\dot{x}(t) + 40\,x(t) = 0,\quad x(0) = 3,\quad \dot{x}(0) = 0$

16.7 Bestimmen Sie alle reellen Lösungen der folgenden DG
a) $y^{(4)}(x) - 10\,y''(x) + 9\,y(x) = \sin(x)$
b) $y'''(x) - 7\,y'(x) - 6\,y(x) = 12\,e^x$
c) $y'''(x) - 2\,y''(x) + y'(x) - 2\,y(x) = \cos(x)$
d) $y'''(x) - 6\,y''(x) + 12\,y'(x) - 8\,y(x) = 6\,e^{2x}$

16.8 Lösen Sie die Differenzialgleichungen aus Aufgabe 16.6 numerisch mit dem Euler-Verfahren. Variieren Sie die Schrittweite und vergleichen Sie das numerische Ergebnis mit der exakten Lösung.

16.9 Geben Sie zur DG dritter Ordnung

$$y'''(x) - 2\,y''(x) - 4\,y'(x) + 8 = 0$$

das äquivalente System erster Ordnung an.

16.10 Geben Sie für das System zweiter Ordnung

$$x''(t) - y'(t) + x(t) - y(t) = 0$$
$$y''(t) + x'(t) - 3y(t) + x(t) = 0$$

das zugehörige System erster Ordnung an.

16.11 Bestimmen Sie ein Fundamentalsystem der DG mit nicht konstanten Koeffizienten

$$\left(x^3 - 2x^2\right) y''(x) - 2x\, y'(x) + 2\, y(x) = 0$$

indem Sie die Reduktionsmethode von d'Alembert verwenden. Überprüfen Sie, dass $y(x) = x$ eine Lösung ist.

16.12 Lösen Sie die inhomogene DG zweiter Ordnung mit nicht konstanten Koeffizienten

$$x^2\, y''(x) - 2x\, y'(x) + 2\, y(x) = x^3 \sin(x) :$$

a) Bestimmen Sie eine Lösung der homogenen DG vom Typ $y(x) = x^\alpha$.
b) Wenden Sie das Reduktionsverfahren von d'Alembert an, um eine zweite Lösung zu erhalten.
c) Zeigen Sie, dass $-x \sin(x)$ eine partikuläre Lösung ist.
d) Wie lautet die allgemeine Lösung der inhomogenen DG?

16.13 Gegeben ist die DG

$$(x + 1)\, y''(x) + x\, y'(x) - y(x) = (x + 1)^2.$$

a) Bestimmen Sie eine Lösung der homogenen DG vom Typ $y(x) = e^{\alpha x}$.
b) Wenden Sie das Reduktionsverfahren von d'Alembert an, um ein Fundamentalsystem zu bestimmen.
c) Berechnen Sie eine partikuläre Lösung und bestimmen Sie die allgemeine Lösung.

16.14 Die Lösung einer DG dritter Ordnung ist

$$y(x) = c_1\, e^{-x} + c_2 + c_3\, x + x^2.$$

Wie lautet eine zugehörige DG?

16.15 Kann

$$y_1(x) = x^2, \ y_2(x) = e^x, \ y_3(x) = e^{-x}$$

eine Fundamentalsystem einer DG mit konstanten Koeffizienten sein? Können die Funktionen ein Fundamentalsystem einer DG mit nicht konstanten Koeffizienten bilden? Geben Sie gegebenenfalls eine solche DG an.

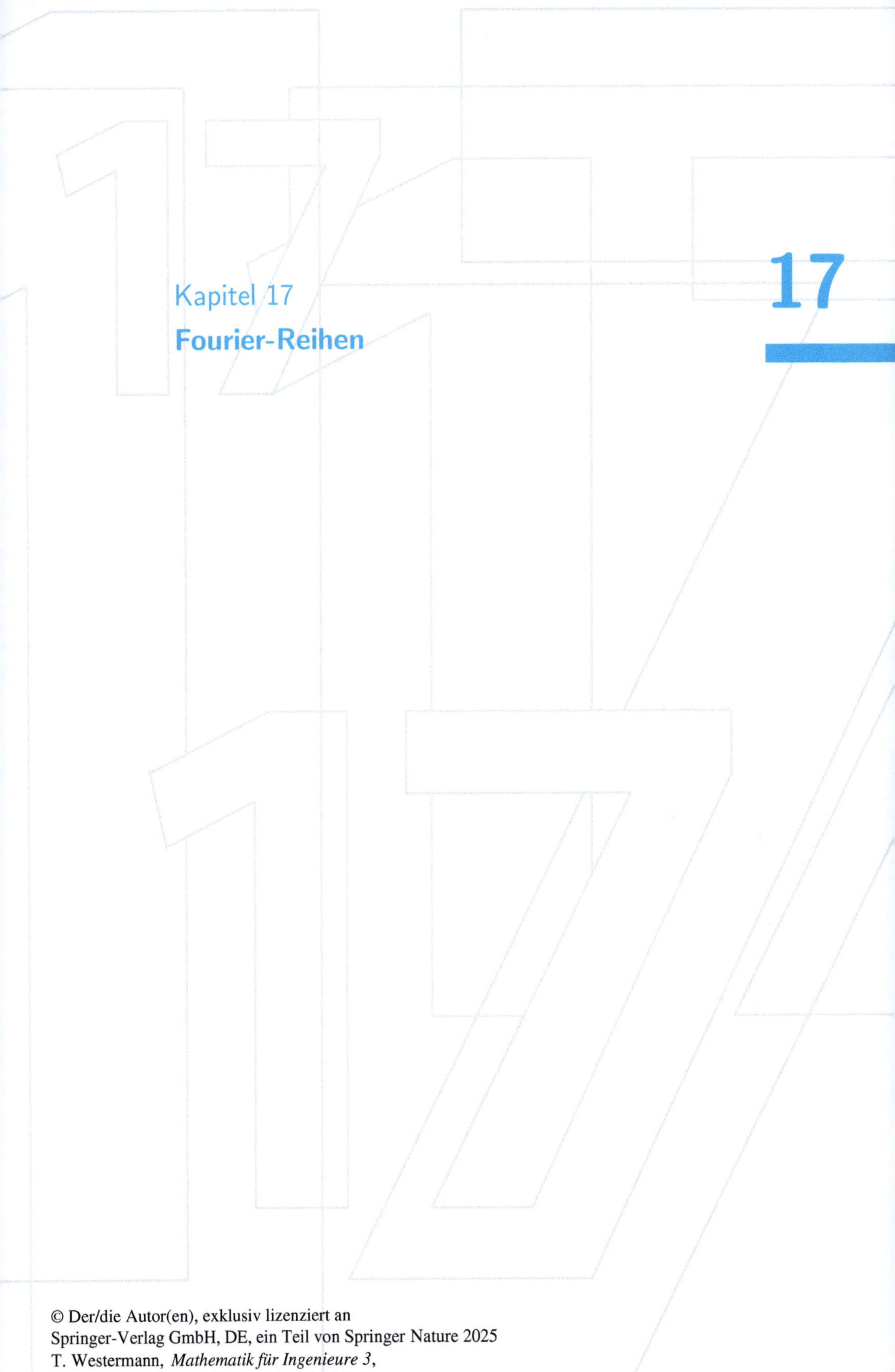

Fourier-Reihen

T. Westermann, *Mathematik für Ingenieure 3*,
https://doi.org/10.1007/978-3-662-71919-0_3

17 Fourier-Reihen

Bei der Analyse periodischer Signale benötigt man die Darstellung des Signals in Form einer Fourier-Reihe

$$f(t) = a_0 + \sum_{n=1}^{\infty} a_n \cos(\omega_n t) + \sum_{n=1}^{\infty} b_n \sin(\omega_n t).$$

Denn durch eine solche Zerlegung des Signals in seine harmonischen Bestandteile geht hervor, welche Frequenzen mit welchen Amplituden im Signal enthalten sind.

Nach einer Einführung werden wir in 17.2 die Formeln für die Fourier-Reihe und die Fourier-Koeffizienten 2π-periodischer Funktionen aufstellen und in 17.3 auf Beispiele anwenden. In 17.4 übertragen wir die Formeln auf p-periodische Funktionen und in 17.5 gehen wir zur komplexen Formulierung über. Diese Formulierung stellt dann den Übergang zur Fourier-Transformation dar.

17.1 Einführung

In der Physik lassen sich einfache, zeitlich periodische Vorgänge wie z.B. die Schwingung eines Federpendels oder Wechselspannungen durch die allgemeine Sinusfunktion der Form

$$y(t) = A \sin(\omega t + \varphi)$$

beschreiben. Man nennt diese Darstellung *harmonische Schwingung* mit Frequenz ω und Amplitude A. Sie treten vor allem bei der Beschreibung von schwingenden Saiten, Membranen, Pendel, elektromagnetischen Schwingungen, Schall- und Wellenausbreitung usw. auf. Häufig kommen aber auch Vorgänge vor, die zwar periodisch aber nicht mehr sinusförmig sind. Beispiele hierfür sind Kippschwingungen (Kippspannung, Kreidequietschen) oder der Sinusimpuls eines Gleichrichters (siehe Abb. 17.1).

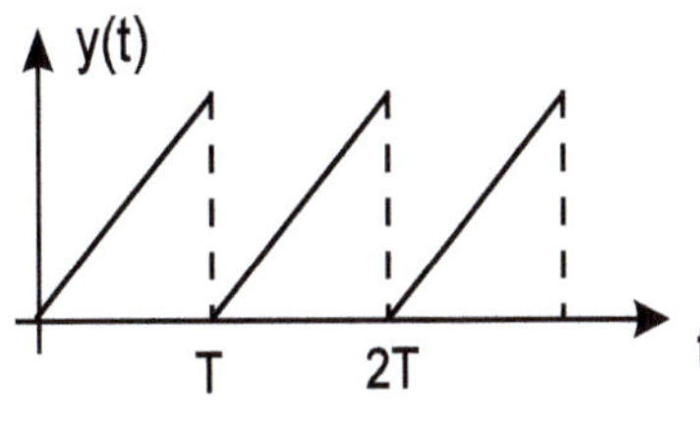

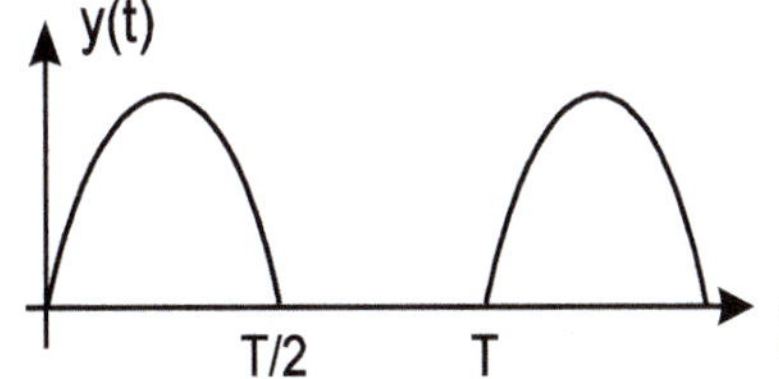

(a) Kippschwingung (b) Sinusimpuls eines Gleichrichters

Abb. 17.1. Periodische aber nicht-harmonische Schwingungen

Wenn man etwa an die Kippschwingung denkt, die zum Kreidequietschen führt, ist man an den dominanten Frequenzen und zugehörigen Amplituden interessiert. Wenn man bei einem Klavier die drei Töne c^1, g^1, e^2 gleichzeitig anschlägt und die Stärke der Anschläge so wählt, dass die in normierten Einheiten am Ohr erzeugten Überdrücke gleich 1.273, 0.424 und 0.255 sind, dann ist der Gesamtdruck $p(t)$ am Ohr gegeben durch deren Überlagerung:

$$p(t) = 1.273 \sin(2\pi\nu_1 t) + 0.424 \sin(2\pi\nu_3 t) + 0.255 \sin(2\pi\nu_5 t)$$

mit $\nu_1 = 128\,Hz\ (c^1)$, $\nu_3 = 3\,\nu_1 = 384\,Hz\ (g^1)$ und $\nu_5 = 5\,\nu_1 = 640\,Hz\ (e^2)$, siehe Abb. 17.2.

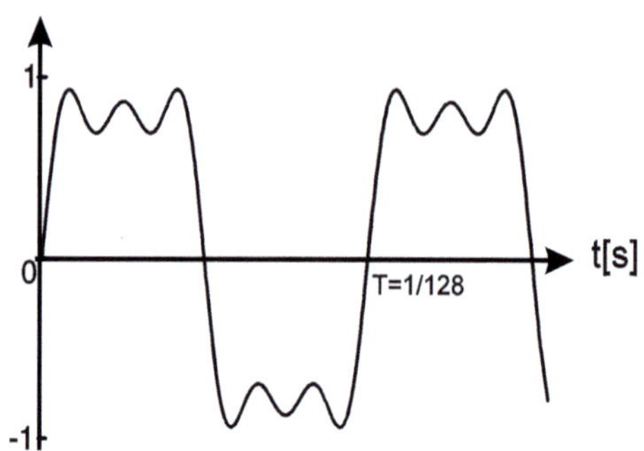

Abb. 17.2. Schalldruck am Ohr

Geübte Ohren können aufgrund des am Ohr erzeugten Überdrucks analysieren, welche Frequenzen (c^1, g^1, e^2) in dem Ton enthalten sind. Das Ohr unterzieht im Zusammenwirken mit dem Gehirn eine Analyse des periodischen Signals: Es zerlegt das Signal in Einzelfrequenzen (= *Signalanalyse*).

Von generellem Interesse bei der Signalanalyse ist die Zerlegung eines periodischen Zeitsignals in Grundschwingung und Oberschwingungen mit den zugehörigen Amplituden. Es stellt sich heraus, dass sich nahezu alle in den Anwendungen auftretenden periodische Funktionen $y(t)$ darstellen lassen als Überlagerung unendlich vieler harmonischer Schwingungen.

Den mathematischen Zusammenhang zwischen **periodischem** Signal und dessen Zerlegung in Grund- und Oberschwingungen mit zugehörigen Amplituden stellt die **Fourier-Reihe** dar:

$$y(t) = a_0 + \sum_{n=1}^{\infty} a_n \cos(n\,\omega_0 t) + \sum_{n=1}^{\infty} b_n \sin(n\,\omega_0 t),$$

wenn $\omega_0 = \frac{2\pi}{T}$ und T die Periodendauer der Funktion $y(t)$.

Die Entwicklung einer periodischen Funktion in eine Fourier-Reihe bezeichnet man als **Fourier-Analyse.** ω_0 ist die Grundschwingung und $n\,\omega_0$ sind die Oberschwingungen. Die Koeffizienten $a_0, a_1, a_2, \dots$; $b_1, b_2, \dots$ heißen Fourier-Koeffizienten und geben die Amplituden der einzelnen Frequenzkomponenten an.

17.2 Bestimmung der Fourier-Koeffizienten

Zur Bestimmung der Amplituden in der Fourier-Zerlegung gehen wir von einer 2π-*periodischen* Funktion f aus (siehe z.B. Abb. 17.3)

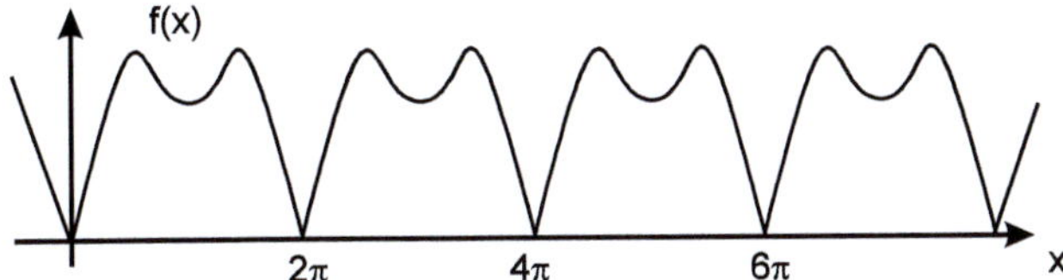

Abb. 17.3. 2π-periodische Funktion

und wählen den Ansatz:

$$f(x) = a_0 + \sum_{n=1}^{\infty} a_n \cos(n\,x) + \sum_{n=1}^{\infty} b_n \sin(n\,x). \qquad (*)$$

Zur formalen Bestimmung der Koeffizienten $a_0;\, a_1,\, a_2,\dots;\, b_1,\, b_2,\dots$ benötigen wir die in Tabelle 17.1 zusammengestellten Integrale.

Tabelle 17.1: Zusammenstellung elementarer Sinus- und Kosinusintegrale

(1)	$\displaystyle\int_0^{2\pi} \sin(n\,x)\,dx = 0$	für $n = 1,\,2,\,3,\dots$
(2)	$\displaystyle\int_0^{2\pi} \cos(n\,x)\,dx = 0$	für $n = 1,\,2,\,3,\dots$
(3)	$\displaystyle\int_0^{2\pi} \cos(n\,x)\cos(m\,x)\,dx = \begin{cases} 0 & \text{für } m \neq n \\ \pi & \text{für } m = n \end{cases} = \pi\,\delta(n-m)$	
(4)	$\displaystyle\int_0^{2\pi} \sin(n\,x)\sin(m\,x)\,dx = \begin{cases} 0 & \text{für } m \neq n \\ \pi & \text{für } m = n \end{cases} = \pi\,\delta(n-m)$	
(5)	$\displaystyle\int_0^{2\pi} \sin(n\,x)\cos(m\,x)\,dx = 0$	für $n,\,m = 1,\,2,\,3,\dots$

In Tabelle 17.1 wird das *Kronecker-Symbol* $\delta(k)$ verwendet, das für alle ganzen Zahlen $k \in \mathbb{Z}$ definiert ist durch

$$\delta(k) := \begin{cases} 1 & \text{für } k = 0 \\ 0 & \text{für } k \in \mathbb{Z} \setminus \{0\}. \end{cases}$$

Bemerkung: Integral (1) und (2) rechnet man direkt nach. Mit der Formel $\cos\alpha\cos\beta = \frac{1}{2}\left(\cos\left(\alpha-\beta\right)+\cos\left(\alpha+\beta\right)\right)$ gilt im Falle (3) für $m \neq n$

$$\int_0^{2\pi} \cos\left(n\,x\right)\cos\left(m\,x\right)\,dx = \frac{1}{2}\,(\int_0^{2\pi} \cos\left(\left(n-m\right)\,x\right)\,dx+$$

$$\int_0^{2\pi} \cos\left(\left(n+m\right)\,x\right)\,dx) = 0;$$

für $n = m$ ist

$$\int_0^{2\pi} \cos^2\left(n\,x\right)\,dx = \pi.$$

Formel (4) berechnet man analog zu (3) mit der Beziehung

$$\sin\alpha\sin\beta = \frac{1}{2}\left(\cos\left(\alpha-\beta\right)-\cos\left(\alpha+\beta\right)\right).$$

Zur Bestimmung von (5) verwendet man die Formel

$$\sin\alpha\cos\beta = \frac{1}{2}\left(\sin\left(\alpha-\beta\right)+\sin\left(\alpha+\beta\right)\right). \qquad \square$$

⊘ Bestimmung von a_0

Wir integrieren Gleichung (∗) gliedweise im Periodenintervall $[0, 2\pi]$:

$$\int_0^{2\pi} f\left(x\right)\,dx = \underbrace{\int_0^{2\pi} a_0\,dx}_{a_0\cdot 2\pi} + \sum_{n=1}^{\infty} a_n \underbrace{\int_0^{2\pi} \cos\left(n\,x\right)\,dx}_{=0}$$

$$+ \sum_{n=1}^{\infty} b_n \underbrace{\int_0^{2\pi} \sin\left(n\,x\right)\,dx}_{=0}$$

Nach Tabelle 17.1 ergeben die Integrale $\int_0^{2\pi} \cos\left(n\,x\right)\,dx$ und $\int_0^{2\pi} \sin\left(n\,x\right)\,dx$ den Wert Null. In obiger Darstellung kommt nur das erste Integral $\int_0^{2\pi} a_0\,dx$ mit dem von Null verschiedenen Wert $a_0 \cdot 2\pi$ vor. Lösen wir nach a_0 auf, folgt

$$\Rightarrow \qquad a_0 = \frac{1}{2\pi}\int_0^{2\pi} f\left(x\right)\,dx.$$

> **Bestimmung von a_n**

Wir multiplizieren Gleichung (*) zunächst mit $\cos\left(m\,x\right)$, $(m > 0)$ und integrieren anschließend über das Periodenintervall $[0,\,2\pi]$:

$$
\int_0^{2\pi} f\left(x\right)\cos\left(m\,x\right)\,dx = \; a_0 \int_0^{2\pi} \cos\left(m\,x\right)\,dx
$$
$$
+ \sum_{n=1}^{\infty} a_n \int_0^{2\pi} \cos\left(n\,x\right)\cos\left(m\,x\right)\,dx
$$
$$
+ \sum_{n=1}^{\infty} b_n \int_0^{2\pi} \sin\left(n\,x\right)\cos\left(m\,x\right)\,dx.
$$

Nach Tabelle 17.1 (5) verschwinden alle Summanden der zweiten Summe. Von der ersten Summe über a_n ist nur der Summand ungleich Null, bei dem der Laufindex n mit m übereinstimmt. Da auch $\int_0^{2\pi} \cos\left(m\,x\right)\,dx = 0$ ist, gilt

$$
\int_0^{2\pi} f\left(x\right)\cos\left(m\,x\right)\,dx = \sum_{n=1}^{\infty} a_n\,\pi\,\delta\left(n-m\right) = a_m \cdot \pi.
$$

$$
\Rightarrow \qquad a_m = \frac{1}{\pi}\int_0^{2\pi} f\left(x\right)\cos\left(m\,x\right)\,dx \qquad m = 1,\,2,\,3,\ldots
$$

> **Bestimmung von b_n**

Analog dem Vorgehen zur Berechnung der Koeffizienten a_n multiplizieren wir (*) zunächst mit $\sin(m\,x)$ $\;(m > 0)$ und integrieren anschließend über das Periodenintervall $[0,\,2\pi]$:

$$
\int_0^{2\pi} f\left(x\right)\sin\left(m\,x\right)\,dx = \; a_0 \int_0^{2\pi} \sin\left(m\,x\right)\,dx
$$
$$
+ \sum_{n=1}^{\infty} a_n \int_0^{2\pi} \cos\left(n\,x\right)\sin\left(m\,x\right)\,dx
$$
$$
+ \sum_{n=1}^{\infty} b_n \int_0^{2\pi} \sin\left(n\,x\right)\sin\left(m\,x\right)\,dx.
$$

Alle Integrale, welche als Integranden $\cos\left(n\,x\right)$ enthalten, verschwinden nach Tabelle 17.1, ebenso $\int_0^{2\pi} \sin\left(m\,x\right)\,dx$. Die Integrale $\int_0^{2\pi} \sin\left(n\,x\right)\sin\left(m\,x\right)\,dx = \pi\,\delta\left(n-m\right)$ sind alle Null bis auf dasjenige mit $n = m$. Somit ist

$$
\int_0^{2\pi} f\left(x\right)\sin\left(m\,x\right)\,dx = \sum_{n=1}^{\infty} b_n\,\pi\,\delta\left(n-m\right) = b_m \cdot \pi.
$$

$$
\Rightarrow \qquad b_m = \frac{1}{\pi}\int_0^{2\pi} f\left(x\right)\sin\left(m\,x\right)\,dx \qquad m = 1,\,2,\,3,\ldots
$$

17.3 Fourier-Reihen für 2π-periodische Funktionen

Nach diesen Vorüberlegungen sind für eine 2π-periodische Funktion f die Fourier-Koeffizienten formal bestimmt. Die dadurch definierte Fourier-Reihe konvergiert für die meisten Funktionen und stimmt mit $f(x)$ überein. Hier muss jedoch gewarnt werden: Es gibt stetige, 2π-periodische Funktionen, deren Fourier-Reihe an unendlich vielen Stellen eines Periodenintervalls divergiert. Um sicherzustellen, dass die Fourier-Reihe einer 2π-periodischen Funktion f überall konvergiert und dass der Grenzwert mit $f(x)$ übereinstimmt, muss die Funktion f gewisse Forderungen erfüllen.

Im Folgenden geben wir ohne Beweis zwei Bedingungen an, die zusammen sowohl die Konvergenz als auch die Übereinstimmung der Fourier-Reihe mit der Funktion gewährleisten. Beide Bedingungen sind leicht überprüfbar und sind bei praktisch vorkommenden Funktionen so gut wie immer erfüllt.

Bedingung 1: Das Periodenintervall $[0, 2\pi]$ lässt sich durch endlich viele Teilpunkte $0 = x_1 < x_2 < \ldots < x_N = 2\pi$ so zerlegen, dass in den offenen Teilintervallen (x_k, x_{k+1}), $1 \leq k \leq N-1$, die Funktion f differenzierbar und f' beschränkt ist. Man nennt solche Funktionen **stückweise stetig differenzierbare Funktionen**.

Bedingung 2: In den Teilpunkten x_k existiert der linksseitige und der rechtsseitige Grenzwert

$$f_l(x_k) = \lim_{\varepsilon \to 0} f(x_k - \varepsilon) \quad \text{bzw.} \quad f_r(x_k) = \lim_{\varepsilon \to 0} f(x_k + \varepsilon)$$

und für den Funktionswert gilt

$$f(x_k) = \tfrac{1}{2}\left(f_l(x_k) + f_r(x_k)\right) \ .$$

Man nennt diese Eigenschaft die **Mittelwerteigenschaft**.

Das Schaubild einer Funktion, die Bedingung (1) **und** (2) erfüllt, ist in Abb. 17.4 gezeigt.

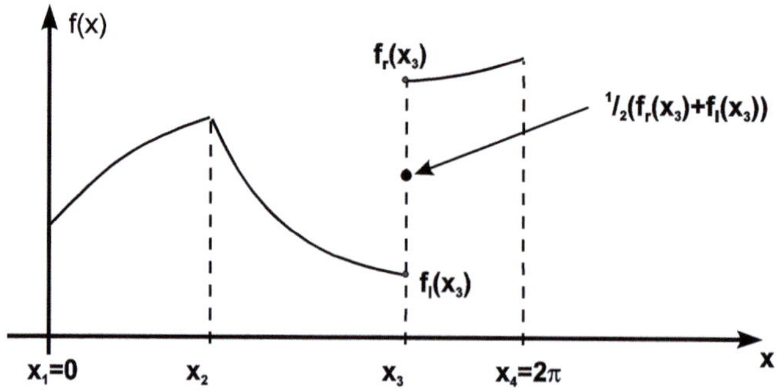

Abb. 17.4. Stückweise stetig differenzierbare Funktion

Stückweise stetig differenzierbare Funktionen dürfen also endlich viele Sprungstellen aufweisen. In Stetigkeitspunkten ist die Mittelwerteigenschaft immer erfüllt, in Unstetigkeitspunkten ist der Funktionswert der Mittelwert von links- und rechtsseitigem Grenzwert.

Satz von Fourier für 2π-periodische Funktionen

Sei $f : \mathbb{R} \to \mathbb{R}$ eine 2π-periodische Funktion, die stückweise stetig differenzierbar ist und für alle $x \in \mathbb{R}$ die Mittelwerteigenschaft erfüllt. Dann konvergiert die **Fourier-Reihe** und es gilt für alle $x \in \mathbb{R}$

$$f(x) = a_0 + \sum_{n=1}^{\infty} a_n \, \cos(n\,x) + \sum_{n=1}^{\infty} b_n \, \sin(n\,x)$$

mit den **Fourier-Koeffizienten**

$$a_0 = \frac{1}{2\pi} \int_0^{2\pi} f(x)\,dx$$

$$a_n = \frac{1}{\pi} \int_0^{2\pi} f(x)\,\cos(n\,x)\,dx \qquad n = 1, 2, 3, \dots$$

$$b_n = \frac{1}{\pi} \int_0^{2\pi} f(x)\,\sin(n\,x)\,dx \qquad n = 1, 2, 3, \dots$$

Bemerkung: Für eine 2π-periodische Funktion $f(x)$ gilt stets

$$\int_0^{2\pi} f(x)\,dx = \int_\alpha^{\alpha+2\pi} f(x)\,dx \quad \text{für beliebiges } \alpha \in \mathbb{R}.$$

Diese Formel besagt, dass zur Berechnung der Fourier-Koeffizienten ein beliebiges Periodenintervall der Länge 2π gewählt werden darf. Berücksichtigt man diese Eigenschaft, dann vereinfacht sich die Berechnung der Fourier-Koeffizienten für symmetrische Funktionen:

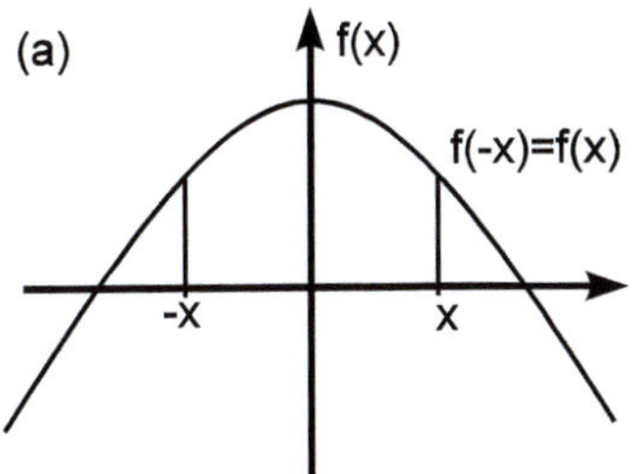

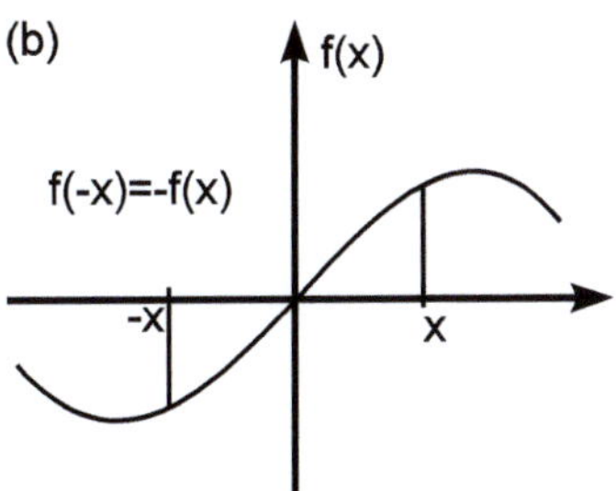

Abb. 17.5. Gerade (a) und ungerade (b) Funktionen

Symmetriebetrachtungen:

(1) Für eine **gerade** 2π-periodische Funktion f (d.h. f ist achsensymmetrisch bezüglich der y-Achse, d.h. $f(-x) = f(x)$ für alle x) sind alle Fourier-Koeffizienten b_k gleich Null.

$$b_k = 0 \quad \text{für alle} \quad k \in \mathbb{N}.$$

Denn ist $f(x)$ gerade, so ist auch $f(x) \cdot \cos(nx)$ eine gerade Funktion, $f(x) \cdot \sin(nx)$ dagegen ist ungerade. Wählt man als Integrationsintervall das Intervall $[-\pi, \pi]$, so erhält man für die ungerade Funktion $f(x) \cdot \sin(nx)$ (vgl. Abb. 17.5 (b))

$$b_n = \frac{1}{2\pi} \int_{-\pi}^{\pi} f(x) \sin(nx)\, dx = 0 \qquad n \in \mathbb{N}.$$

Für die Koeffizienten a_n gilt:

$$a_0 = \frac{1}{\pi} \int_0^{\pi} f(x)\, dx, \quad a_n = \frac{2}{\pi} \int_0^{\pi} f(x) \cos(nx)\, dx, \qquad n \in \mathbb{N}.$$

(2) Für eine **ungerade** 2π-periodische Funktion f (d.h. f ist punktsymmetrisch bezüglich dem Ursprung, d.h. $f(-x) = -f(x)$ für alle x) sind alle Fourier-Koeffizienten a_k gleich Null.

$$a_k = 0 \quad \text{für alle} \quad k \in \mathbb{N}_0.$$

Denn ist $f(x)$ ungerade, so ist auch $f(x) \cdot \cos(nx)$ eine ungerade Funktion, während $f(x) \cdot \sin(nx)$ als Produkt zweier ungerader Funktionen gerade ist. Verwendet man wieder das Integrationsintervall $[-\pi, \pi]$ und berücksichtigt die Symmetrie, folgt (vgl. Abb. 17.5 (a))

$$a_0 = 0 \quad \text{und} \quad a_n = 0, \qquad n \in \mathbb{N}.$$

Für die Koeffizienten b_n gilt die Formel

$$b_n = \frac{2}{\pi} \int_0^{\pi} f(x) \sin(nx)\, dx, \qquad n \in \mathbb{N}. \qquad \square$$

Tipp: Durch das Ausnützen von vorhandenen Symmetrien lässt sich der Rechenaufwand bei der Bestimmung der Fourier-Koeffizienten wesentlich verringern!

Beispiel 17.1 (Mit MAPLE-Worksheet). Gegeben ist die in Abb. 17.6 gezeichnete Rechteckfunktion mit Periode 2π. Diese Funktion wird im Periodenintervall $[0, 2\pi]$ beschrieben durch die Funktionsgleichung

$$f(x) = \begin{cases} 1 & 0 < x < \pi \\ 0 & x = 0, \pi, 2\pi \\ -1 & \pi < x < 2\pi \end{cases} \ .$$

Gesucht sind die Fourier-Koeffizienten sowie Fourier-Reihe der Funktion.

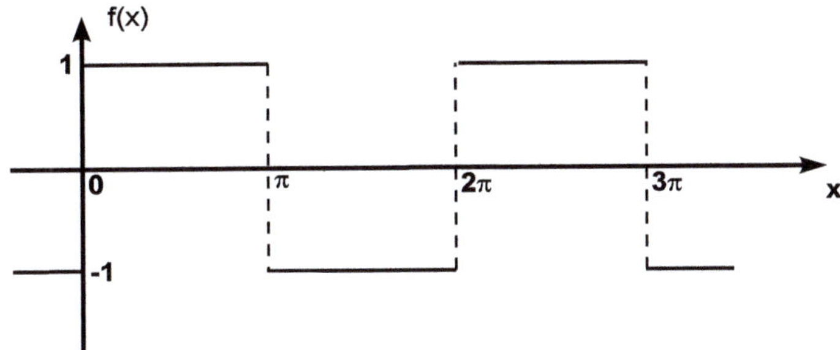

Abb. 17.6. 2π-periodische Rechteckfunktion

f ist stückweise stetig differenzierbar und erfüllt in allen Punkten die Mittelwerteigenschaft. Aufgrund der Punktsymmetrie bezüglich des Ursprungs gilt:

$$a_n = 0 \qquad \text{für} \quad n = 0, 1, 2, \dots \ .$$

Es bleiben also nur die Fourier-Koeffizienten b_n zu berechnen. Aufgrund der Symmetriebetrachtung (2) braucht bei der Berechnung der Koeffizienten b_n das bestimmte Integral nur im Bereich $0, \dots, \pi$ berechnet werden:

$$\begin{aligned} b_n &= \frac{1}{\pi} \int_0^{2\pi} f(x) \sin(nx)\, dx = \frac{2}{\pi} \int_0^{\pi} f(x) \sin(nx)\, dx \\ &= \frac{2}{\pi} \int_0^{\pi} \sin(nx)\, dx = \frac{2}{\pi} \left[-\frac{1}{n} \cos(nx) \right]_0^{\pi} \\ &= \frac{2}{\pi n} \{ -\cos(n\pi) + \cos(0) \} = \frac{2}{\pi n} \{ -(-1)^n + 1 \} \ , \end{aligned}$$

da $\cos(n\pi) = (-1)^n$ und $\cos(0) = 1$.

Für gerade n ist $(-1)^n = +1 \hookrightarrow b_n = 0$; für ungerade n ist $(-1)^n = -1 \hookrightarrow b_n = \frac{2}{\pi n} \cdot 2$.

$$\Rightarrow \quad b_n = \begin{cases} 0 & \text{für } n = 2, 4, 6, \dots \\ \dfrac{4}{\pi n} & \text{für } n = 1, 3, 5, \dots \ . \end{cases}$$

Die Fourier-Reihe der Funktion f lautet

$$f(x) \;=\; \frac{4}{\pi}\left(\sin(x) + \frac{1}{3}\sin(3x) + \frac{1}{5}\sin(5x) + \frac{1}{7}\sin(7x) + \dots\right)$$

$$=\; \sum_{\substack{n=1 \\ n \text{ ungerade}}}^{\infty} \frac{4}{n\,\pi}\sin(nx) = \sum_{n=0}^{\infty}\frac{4}{(2n+1)\,\pi}\sin((2n+1)\,x).$$

In Abb. 17.7 (a) sind die Partialsummen dieser Reihe für $n = 3,\,5,\,7$ und in Abb. 17.7 (b) für $n = 40$ dargestellt.

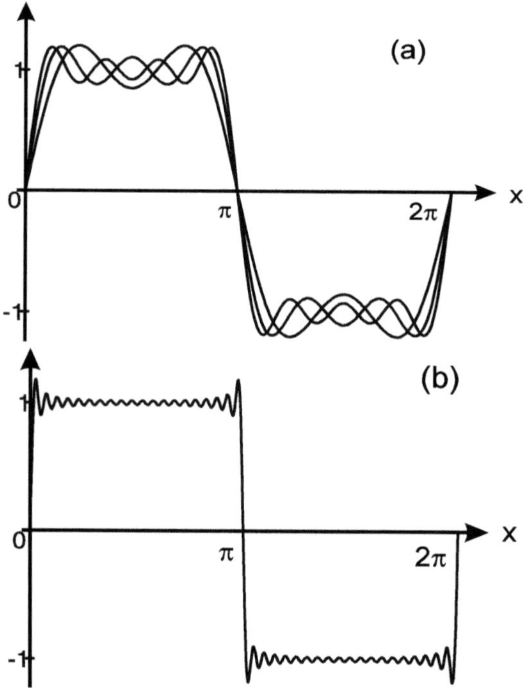

Abb. 17.7. Partialsummen der Fourier-Reihe (a) für $n = 3, 5, 7$ und (b) für $n = 40$

Diskussion: Man erkennt, dass viele Summenglieder notwendig sind, damit die Funktion f durch eine Partialsumme der Fourier-Reihe einigermaßen gut angenähert werden kann. Allerdings bauen sich selbst mit großem N immer noch Oszillationen vor der Sprungstelle auf. **Die Koeffizienten der Fourier-Reihe** b_n **verhalten sich proportional zu** $\frac{1}{n}$**.** $\qquad\square$

Visualisierung: In der Animation wird die punktweise Konvergenz der Fourier-Reihe an die Funktion visualisiert. Hierbei werden die aus dem Beispiel berechneten Fourier-Koeffizienten für die Darstellung der Fourier-Reihe verwendet.

Beispiel 17.2 (Mit MAPLE-Worksheet). Gesucht ist die Fourier-Reihe der in Abb. 17.8 gezeichneten 2π-periodische Funktion, die im Periodenintervall $[0, 2\pi]$ beschrieben wird durch die Funktionsgleichung

$$f(x) = \begin{cases} x & \text{für } 0 \le x < \pi \\ 0 & \text{für } x = \pi, 2\pi \\ x - 2\pi & \text{für } \pi < x < 2\pi \end{cases} .$$

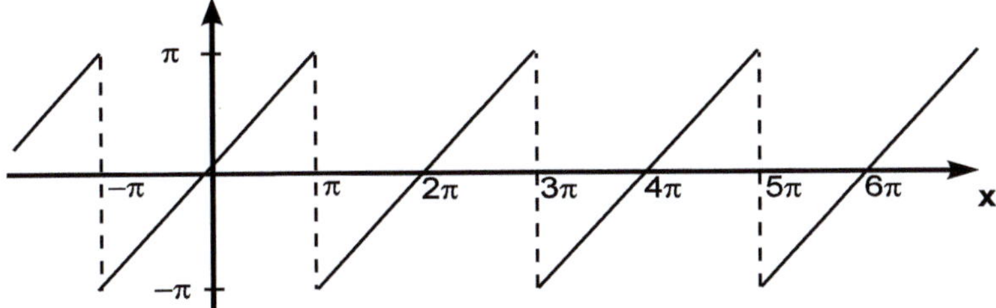

Abb. 17.8. Periodische Dreieckfunktion

f ist stückweise stetig differenzierbar und erfüllt in allen Punkten die Mittelwerteigenschaft. Aufgrund der Punktsymmetrie zum Ursprung ist

$$a_n = 0 \qquad \text{für } n = 0, 1, 2, \dots .$$

Nach Bemerkung (2) berechnet man die Fourier-Koeffizienten b_n durch die Formel

$$b_n = \frac{1}{\pi} \int_0^{2\pi} f(x) \sin(n\,x)\, dx$$
$$= \frac{2}{\pi} \int_0^{\pi} f(x) \sin(n\,x)\, dx = \frac{2}{\pi} \int_0^{\pi} x \cdot \sin(n\,x)\, dx.$$

Partielle Integration liefert

$$b_n = \frac{2}{\pi} \left\{ \left[x \frac{-\cos(n\,x)}{n} \right]_0^{\pi} - \int_0^{\pi} \frac{-\cos(n\,x)}{n}\, dx \right\}$$

$$= \frac{2}{\pi\,n} \left[-\pi \cos(n\,\pi) - 0 \right] = -\frac{2}{n}(-1)^n = \frac{2}{n}(-1)^{n+1},$$

da $\cos(n\,\pi) = (-1)^n$. Folglich ist die Fourier-Reihe von f

$$f(x) = 2 \left(\sin(x) - \frac{1}{2} \sin(2\,x) + \frac{1}{3} \sin(3\,x) - \frac{1}{4} \sin(4\,x) \pm \dots \right)$$

$$= 2 \sum_{n=1}^{\infty} (-1)^{n+1} \frac{1}{n} \sin(n\,x).$$

Wie in Beispiel 17.1 verhalten sich auch in diesem Beispiel die Fourier-Koeffizienten betragsmäßig $\sim \frac{1}{n}$. $\qquad\qquad\square$

Beispiel 17.3 (Mit MAPLE-Worksheet). Gegeben ist die Funktion

$$f(x) = \frac{1}{\pi}(x - \pi)^2$$

im Intervall $0 \leq x \leq 2\pi$, die 2π-periodisch auf $\mathbb{R}$ fortgesetzt wird:

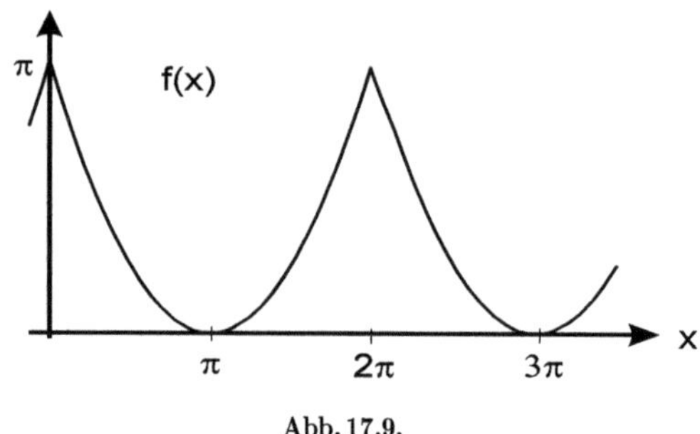

Abb. 17.9.

f ist stückweise stetig differenzierbar und erfüllt die Mittelwerteigenschaft. Aufgrund der Achsensymmetrie bezüglich der y-Achse gilt

$$b_n = 0 \qquad \text{für} \quad n = 1, 2, 3, \ldots \ .$$

Für den Koeffizient a_0 erhalten wir

$$a_0 = \frac{1}{2\pi} \int_0^{2\pi} \frac{1}{\pi}(x-\pi)^2 \, dx = \frac{1}{2\pi^2} \left[\frac{1}{3}(x-\pi)^3\right]_0^{2\pi} = \frac{1}{3}\pi.$$

Die Koeffizienten a_n ($n \in \mathbb{N}$) berechnen sich aufgrund der Achsensymmetrie durch die Formel

$$a_n = \frac{2}{\pi} \int_0^{\pi} \frac{1}{\pi}(x-\pi)^2 \cos(n\,x)\,dx.$$

Zweimalige partielle Integration liefert das Ergebnis

$$a_n = \frac{2}{\pi^2}\left\{\left[(x-\pi)^2 \frac{1}{n}\sin(n\,x)\right]_0^{\pi} - 2\int_0^{\pi}(x-\pi)\frac{1}{n}\sin(n\,x)\,dx\right\}$$

$$= -\frac{4}{\pi^2\,n}\int_0^{\pi}(x-\pi)\sin(n\,x)\,dx$$

$$= -\frac{4}{\pi^2\,n}\left\{\left[(x-\pi)\frac{-1}{n}\cos(n\,x)\right]_0^{\pi} - \int_0^{\pi}\frac{-1}{n}\cos(n\,x)\,dx\right\}$$

$$= \frac{4}{\pi n^2}.$$

Somit ist

$$f(x) = \frac{\pi}{3} + \frac{4}{\pi}\sum_{n=1}^{\infty}\frac{1}{n^2}\cos(n\,x)\ .$$

Die graphische Darstellung der Funktion f zusammen mit den ersten Partialsummen ist für $n = 5$ in Abb. 17.10 angegeben.

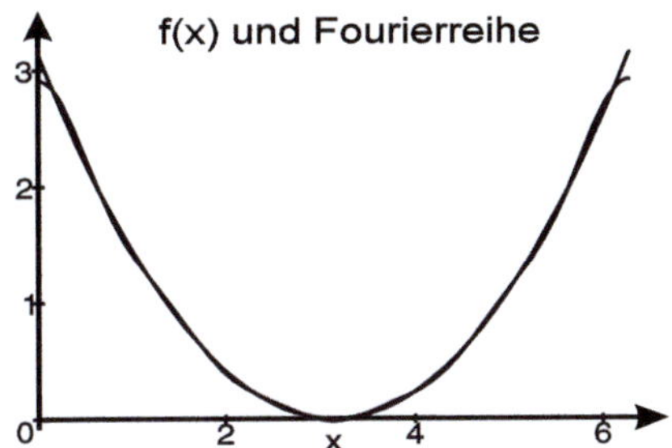

Abb. 17.10. Die Partialsumme der Funktion $f(x) = \frac{1}{\pi}(x - \pi)^2$ für $n = 5$

Diskussion: Im Gegensatz zu Beispiel 17.1 und 17.2 genügen vier Summenglieder, um die Funktion erkennbar durch die Fourier-Reihe anzunähern. Es bauen sich keine Oszillationen im Periodenintervall auf. **Die Koeffizienten der Fourier-Reihe verhalten sich proportional zu $\frac{1}{n^2}$.** $\square$

Nebenergebnis. Mit den Fourier-Reihen ist man in der Lage für einige in Band 2 Abnschnitt 9.2 diskutierte Reihen den Summenwert zu berechnen, indem in die Fourier-Reihe spezielle Werte eingesetzt werden. Man erhält so die folgenden beiden Nebenergebnisse:

$$x = 0: \quad f(0) = \pi = \frac{\pi}{3} + \frac{4}{\pi} \sum_{n=1}^{\infty} \frac{1}{n^2} \quad \Rightarrow \quad \sum_{n=1}^{\infty} \frac{1}{n^2} = \frac{\pi^2}{6}.$$

$$x = \pi: \quad f(\pi) = 0 = \frac{\pi}{3} + \frac{4}{\pi} \sum_{n=1}^{\infty} (-1)^n \frac{1}{n^2} \quad \Rightarrow \quad \sum_{n=1}^{\infty} (-1)^n \frac{1}{n^2} = -\frac{\pi^2}{12}.$$

17.4 Fourier-Reihen für p-periodische Funktionen

Bisher wurde die Fourier-Reihendarstellung von 2π-periodischen Funktionen betrachtet. Um die entsprechende Darstellung mit den zugehörigen Fourier-Koeffizienten einer p-periodischen Funktion f zu bestimmen, gehen wir von f über zu der auf das Intervall $[0, 2\pi]$ gestauchten bzw. gestreckten Funktion

$$F(x) := f\left(\frac{p}{2\pi} x\right).$$

Abb. 17.11 zeigt wie durch Streckung der p-periodischen Funktion f die 2π-periodische Funktion F hervorgeht. Für die Funktion F werden wir die Fourier-Koeffizienten berechnen und die Fourier-Reihe aufstellen. Anschließend komprimieren wir die Funktion F auf das Intervall $[0, p]$ und erhalten so die Fourier-Reihe von f.

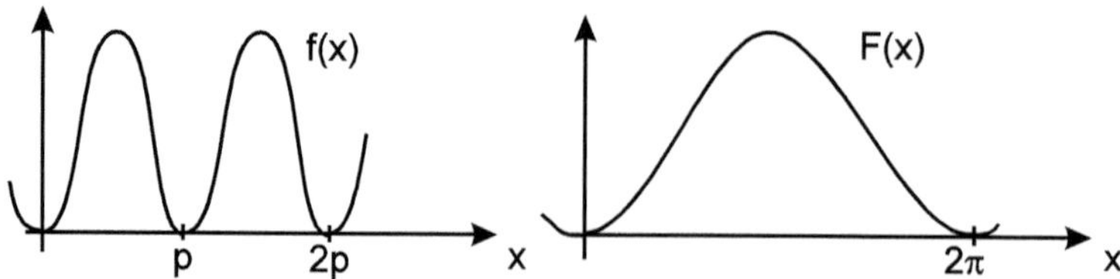

Abb. 17.11. p-periodische Funktion f und zugehörige 2π-periodische Funktion F

Ist f p-periodisch, dann ist F 2π-periodisch. Denn

$$F\left(x+2\pi\right) = f\left(\frac{p}{2\pi}\left(x+2\pi\right)\right) = f\left(\frac{p}{2\pi}x+p\right) = f\left(\frac{p}{2\pi}x\right) = F\left(x\right) \ .$$

Für die 2π-periodische Funktion $F\left(x\right)$ stellt man formal die Fourier-Reihe auf

$$F\left(x\right) = a_0 + \sum_{n=1}^{\infty} a_n \cos\left(n\,x\right) + \sum_{n=1}^{\infty} b_n \sin\left(n\,x\right).$$

Die Fourier-Koeffizienten sind gegeben durch

$$a_0 = \tfrac{1}{2\pi} \int_0^{2\pi} F\left(x\right)\,dx;\ a_n = \tfrac{1}{\pi} \int_0^{2\pi} F\left(x\right) \cos\left(n\,x\right)\,dx;$$

$$b_n = \tfrac{1}{\pi} \int_0^{2\pi} F\left(x\right) \sin\left(n\,x\right)\,dx.$$

Wir führen nun durch die Rücksubstitution

$$f\left(x\right) = F\left(\frac{2\pi}{p}x\right)$$

die Fourier-Reihe von f auf die Fourier-Reihe von F zurück. Die Formel für die Fourier-Reihe von f ergibt sich aus:

$$f\left(x\right) = F(\frac{2\pi}{p}x) = a_0 + \sum_{n=1}^{\infty} a_n \cos(n\,\frac{2\pi}{p}x) + \sum_{n=1}^{\infty} b_n \sin(n\,\frac{2\pi}{p}x).$$

Um die Fourier-Koeffizienten von f zu bestimmen, wählen wir zur Berechnung der Integrale die Substitution $y = \frac{p}{2\pi}x$ und erhalten:

$$a_0 \;=\; \tfrac{1}{2\pi} \int_0^{2\pi} F\left(x\right)\,dx \;=\; \tfrac{1}{2\pi} \int_0^{2\pi} f\left(\frac{p}{2\pi}x\right)dx = \tfrac{1}{p} \int_0^{p} f(y)\,dy,$$

$$a_n \;=\; \tfrac{1}{\pi} \int_0^{2\pi} F\left(x\right) \cos\left(n\,x\right)\,dx \;=\; \tfrac{1}{\pi} \int_0^{2\pi} f(\frac{p}{2\pi}x) \cos\left(n\,x\right)\,dx$$

$$\;=\; \tfrac{2}{p} \int_0^{p} f(y) \cos(n\,\frac{2\pi}{p}y)\,dy,$$

$$b_n \;=\; \tfrac{1}{\pi} \int_0^{2\pi} F\left(x\right) \sin\left(n\,x\right)\,dx \;=\; \tfrac{1}{\pi} \int_0^{2\pi} f(\frac{p}{2\pi}x) \sin\left(n\,x\right)\,dx$$

$$\;=\; \tfrac{2}{p} \int_0^{p} f(y) \sin(n\,\frac{2\pi}{p}y)\,dy.$$

Zusammenfassend gilt:

Satz von Fourier für p-periodische Funktionen

Sei $f : \mathbb{R} \to \mathbb{R}$ eine p-periodische Funktion, die stückweise stetig differenzierbar ist und die für alle $x \in \mathbb{R}$ die Mittelwerteigenschaft erfüllt. Dann konvergiert die Fourier-Reihe

$$f(x) = a_0 + \sum_{n=1}^{\infty} a_n \cos\left(n\,\frac{2\pi}{p}\,x\right) + \sum_{n=1}^{\infty} b_n \sin\left(n\,\frac{2\pi}{p}\,x\right)$$

für alle $x \in \mathbb{R}$ und stimmt mit der Funktion f überein. Die Koeffizienten sind

$$a_0 = \frac{1}{p} \int_0^p f(x)\,dx$$

$$a_n = \frac{2}{p} \int_0^p f(x) \cos\left(n\,\frac{2\pi}{p}\,x\right) dx, \quad n = 1, 2, 3, \ldots$$

$$b_n = \frac{2}{p} \int_0^p f(x) \sin\left(n\,\frac{2\pi}{p}\,x\right) dx, \quad n = 1, 2, 3, \ldots \quad .$$

Bemerkung: Die Formeln für 2π-periodische Funktionen sind der Spezialfall $p = 2\pi$. Bemerkungen (1) und (2) übertragen sich sinngemäß auf p-periodische Funktionen.

⊙ Anwendung: Fourier-Zerlegung T-periodischer Signale

Sei $f(t)$ eine periodische Schwingung mit Periode T ($=$ Schwingungsdauer). Dann gilt zu jedem Zeitpunkt die Fourier-Zerlegung

$$f(t) = a_0 + \sum_{n=1}^{\infty} a_n \cos\left(n\,\omega_0 t\right) + \sum_{n=1}^{\infty} b_n \sin\left(n\,\omega_0 t\right) \tag{$*$}$$

mit der Grundfrequenz $\omega_0 = \frac{2\pi}{T}$ und den angegebenen Fourier-Koeffizienten.

Die Entwicklung des Zeitsignals $f(t)$ in unendlich viele Sinus- und Kosinusfunktionen bedeutet aus physikalischer Sicht eine Zerlegung des Signals in seine harmonischen Bestandteile.

Ein periodisches Signal besitzt ein diskretes Spektrum: Es besteht aus der Grundschwingung mit Frequenz ω_0 und den harmonischen Oberschwingungen mit Frequenzen $n\,\omega_0$. Die Fourier-Koeffizienten bestimmen dabei die Amplituden dieser harmonischen Teilschwingungen und damit deren Beitrag zum Signal.

Allerdings erhält man zu einer Frequenz $n\,\omega_0$ zunächst zwei Koeffizienten, nämlich a_n und b_n, da die Summanden in der Fourier-Reihe (∗) die Überlagerung von jeweils zwei harmonischen Sinus- und Kosinusschwingungen gleicher Frequenz darstellen. Ist nach *der* Amplitude gefragt, mit welcher die Frequenz $n\,\omega_0$ im Signal vorkommt, muss man übergehen zu der Darstellung

$$a_n\,\cos\left(n\,\omega_0 t\right) + b_n\,\sin\left(n\,\omega_0 t\right) = A_n\,\cos\left(n\,\omega_0 t - \varphi_n\right)$$

$$\text{mit}\qquad A_n = \sqrt{a_n^2 + b_n^2}\qquad\text{und}\qquad \tan\varphi_n = \frac{b_n}{a_n}.$$

A_n ist dann die gesuchte Amplitude und φ_n die Nullphase.

Begründung: Denn nach dem Additionstheorem für den Kosinus gilt

$$\begin{aligned} A_n\,\cos\left(n\,\omega_0 t - \varphi_n\right) &= A_n\,\cos\left(n\,\omega_0 t\right)\cos\varphi_n + A_n\,\sin\left(n\,\omega_0 t\right)\sin\varphi_n \\ &= a_n\,\cos\left(n\,\omega_0 t\right) + b_n\,\sin\left(n\,\omega_0 t\right)\ . \end{aligned}$$

Vergleicht man die Koeffizienten von $\cos(n\,\omega_0\,t)$ und $\sin(n\,\omega_0\,t)$, folgt

$$a_n = A_n\,\cos\varphi_n\qquad\text{und}\qquad b_n = A_n\,\sin\varphi_n.$$

Quadriert man beide Gleichungen und addiert sie dann, gilt

$$a_n^2 + b_n^2 = A_n^2\,\cos^2\varphi_n + A_n^2\,\sin^2\varphi_n = A_n^2\quad\Rightarrow\quad A_n = \sqrt{a_n^2 + b_n^2}\ .$$

Dividiert man die zweite durch die erste Gleichung gilt

$$\frac{b_n}{a_n} = \tan\varphi_n\ . \qquad\qquad\qquad \square$$

In den Anwendungen benutzt man daher die Darstellung der Fourier-Reihe in der Form

$$f\left(t\right) = a_0 + \sum_{n=1}^{\infty} A_n\,\cos\left(n\,\omega_0 t - \varphi_n\right)$$

bzw. geht zur komplexen Formulierung (siehe 17.5) über.

A_n ist die **Gesamtamplitude**, mit der die Frequenz $\omega_n = n\,\omega_0$ im Signal vorkommt. φ_n ist die zugehörige **Phase**. Der Wert a_0 gibt den Koeffizienten $a_0 = \frac{1}{T}\int_0^T f(t)\,dt$ an. Er entspricht dem **Mittelwert** der Funktion während einer Schwingungsdauer. Man bezeichnet ihn als *Gleichanteil*. Zur graphischen Darstellung der Koeffizienten wählt man die folgenden Diagramme:

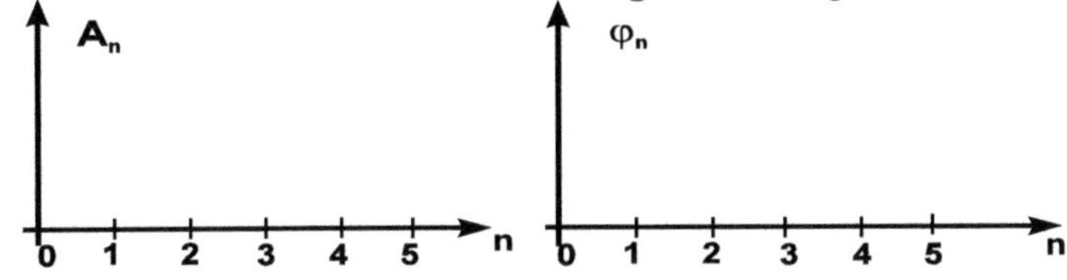

Abb. 17.12. Amplitudenspektrum A_n und Phasenspektrum φ_n

In diesen Schaubildern werden die Amplituden A_n und Phasen φ_n als Werte über den diskreten Frequenzen abgetragen ($=$ *diskretes Spektrum* von f). Man bezeichnet die Darstellung der Amplituden als **Amplitudenspektrum** (links) und die der Phasen als **Phasenspektrum** (rechts).

Beispiel 17.4 (Amplitudenspektrum, mit MAPLE-Worksheet). Die Amplitudenspektren $A_n = \sqrt{a_n^2 + b_n^2}$ sind für die Beispiele 17.1, 17.2 und 17.3 in Abb. 17.13 gezeichnet.

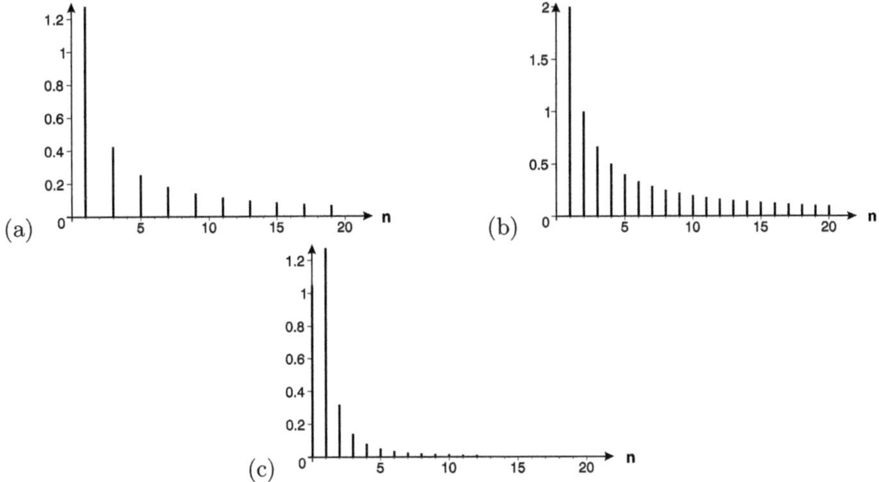

Abb. 17.13. Amplitudenspektrum zu (a) Beispiel 17.1, (b) 17.2 und (c) 17.3

Diese Darstellung beinhaltet als Information über das Signal sowohl die vorkommenden Frequenzen $n\,\omega_0$ als auch die zugehörigen Amplituden A_n. Man erkennt in den Amplitudenspektren, dass in den Beispielen 17.1 und 17.2 die Koeffizienten langsam abnehmen, während in Beispiel 17.3 die Koeffizienten sehr schnell zu Null gehen. Dies spiegelt die Tatsache wider, dass die Konvergenz in den beiden ersten Fällen $\sim \frac{1}{n}$, im dritten Fall jedoch $\sim \frac{1}{n^2}$ ist.   □

Konvergenzbetrachtungen. Durch den Abbruch der Fourier-Reihe nach endlich vielen Gliedern, erhält man eine Näherungsfunktion für f in Form einer endlichen trigonometrischen Reihe. Ähnlich wie bei Potenzreihen gilt: Je mehr Glieder berücksichtigt werden, um so besser ist die Approximation. Man stellt zunächst für alle behandelten Beispiele fest:

$$a_n \to 0 \quad \text{und} \quad b_n \to 0 \qquad \text{für} \quad n \to \infty \,.$$

Bei genauerer Betrachtung entdeckt man, dass die Näherungen für stetige Funktionen schneller konvergieren bzw. man wenige Glieder in der Fourier-Reihe benötigt, um die Funktion hinreichend gut zu approximieren. Unsere Beispiele zeigen, dass

$$a_n \sim \frac{1}{n^2} \quad \text{und} \quad b_n \sim \frac{1}{n^2} \,,$$

wenn f keine Sprungstellen hat. Anschaulich kann man sagen: Die Fourier-Reihe einer p-periodischen Funktion konvergiert um so schneller, je "glatter" die Funktion f ist. Präziser gilt der Satz

Satz: Ist f eine p-periodische, $(m+1)$-mal stetig differenzierbare Funktion, dann gilt für die Fourier-Koeffizienten von f

$$|a_n| \leq \frac{c}{n^{m+2}} \quad \text{und} \quad |b_n| \leq \frac{c}{n^{m+2}} \,.$$

Beispiele für $m = 0$ (stetige Funktionen) sind 17.3, 17.5 und Beispiele für $m = -1$ (Funktionen mit Sprungstelle) sind 17.1 und 17.2.

Anwendungsbeispiel 17.5

(Fourier-Zerlegung eines Sinusimpuls-Einweggleichrichters).
Wir betrachten das in Abb. 17.14 gezeigte Signal f(t) des Sinusimpulses eines *Einweggleichrichters* mit Periode T:

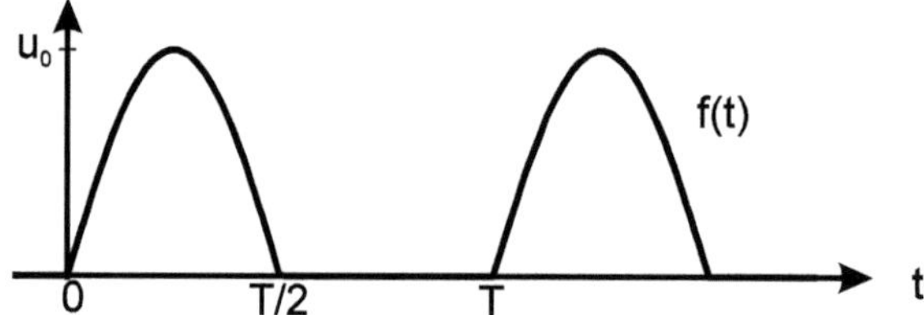

Abb. 17.14. Sinusimpuls eines Einweggleichrichters

Der Impuls wird im Periodenintervall $[0, T]$ durch die Funktionsgleichung

$$f(t) = \begin{cases} u_0 \sin(\omega_0 t) & 0 \leq t \leq \frac{T}{2} \\ 0 & \frac{T}{2} < t \leq T \end{cases}$$

mit $\omega_0 = \frac{2\pi}{T}$ beschrieben.

Da das Signal im Bereich $\frac{T}{2} \leq t \leq T$ gleich Null ist, reduzieren sich die Integrationsgrenzen der Integrale auf $t = 0..\frac{T}{2}$.

Berechnung des Koeffizienten a_0:

$$a_0 = \frac{1}{T} \int_0^T f(t)\,dt = \frac{1}{T} \int_0^{T/2} u_0 \, \sin(\omega_0 \, t)\,dt$$

$$= -\frac{u_0}{T} \left[\frac{1}{\omega_0} \cos(\omega_0 \, t) \right]_0^{T/2} = \frac{u_0}{\pi}.$$

Berechnung der Koeffizienten a_n:

$$a_n = \frac{2}{T} \int_0^T f(t) \, \cos(n\omega_0 t)\,dt = \frac{2u_0}{T} \int_0^{T/2} \sin(\omega_0 \, t) \, \cos(n\omega_0 \, t)\,dt.$$

Mit der trigonometrischen Formel

$$\sin(\alpha) \, \cos(\beta) = \frac{1}{2} \left(\sin\left(\alpha - \beta\right) + \sin\left(\alpha + \beta\right) \right)$$

folgt für $n \neq 1$

$$a_n = \frac{u_0}{T} \{ \int_0^{T/2} \sin((1 - n)\omega_0 \, t)\,dt + \int_0^{T/2} \sin((1 + n)\omega_0 \, t)\,dt \}$$

$$= \frac{u_0}{T} \{ \left[-\frac{1}{(1 - n)\omega_0} \cos((1 - n)\omega_0 \, t) \right]_0^{T/2}$$

$$+ \left[-\frac{1}{(1 + n)\omega_0} \cos((1 + n)\omega_0 \, t) \right]_0^{T/2} \}$$

$$= -\frac{u_0}{\pi} \frac{1}{n^2 - 1} ((-1)^n + 1).$$

Anhand des Ergebnisses für a_n erkennt man, dass der Integralausdruck formal zwar berechnet wird, aber nur für $n \neq 1$ definiert ist. Der Koeffizient a_1 muss separat bestimmt werden:

$$a_1 = \frac{u_0}{T} \{ \int_0^{T/2} 0\,dt + \int_0^{T/2} \sin(2\omega_0 \, t)\,dt \}$$

$$= \frac{u_0}{T} \{ \left[-\frac{1}{2\omega_0} \cos(2\omega_0 \, t) \right]_0^{T/2} \} = 0.$$

Insgesamt erhält man also für die Koeffizienten a_n:

$$a_n = \begin{cases} 0 & \text{für } n \text{ ungerade} \\ -\dfrac{2\,u_0}{\pi\,(n^2 - 1)} & \text{für } n \text{ gerade}, \, n > 0. \end{cases}$$

Analog berechnen sich die Fourier-Koeffizienten

$$b_n = \frac{2}{T} \int_0^T f(t)\ \sin(n\omega_0 t)\, dt = \frac{2u_0}{T} \int_0^{T/2} \sin(\omega_0\, t)\ \sin(n\omega_0 t)\, dt$$

mit der trigonometrischen Formel

$$\sin(\alpha)\ \sin(\beta) = \frac{1}{2}\left(\cos\left(\alpha - \beta\right) - \cos\left(\alpha + \beta\right)\right).$$

Es folgt für $n \neq 1$

$$b_n = -\frac{\sin(n\,\pi)\, u0}{\pi\,(1+n)\,(-1+n)} = 0.$$

Auch hier muss der Koeffizient b_1 separat berechnet werden:

$$b_1 = \frac{1}{2}\, u_0.$$

Die Fourier-Reihe des Sinusimpulses hat demnach folgende Gestalt

$$f(t) = \frac{u_0}{\pi} + \frac{u_0}{2}\ \sin\left(\omega_0 t\right) - \frac{2}{\pi}\, u_0 \left(\frac{1}{2^2-1}\ \cos\left(2\,\omega_0 t\right) + \frac{1}{4^2-1}\ \cos\left(4\,\omega_0 t\right)\right.$$
$$\left. + \frac{1}{6^2-1}\ \cos\left(6\,\omega_0 t\right) + \ldots\right)$$

$$= \frac{u_0}{\pi} + \frac{u_0}{2}\ \sin(\omega_0 t) - \frac{2}{\pi}\, u_0 \sum_{\substack{n=2 \\ n\ \text{even}}}^{\infty} \frac{1}{n^2 - 1}\ \cos(n\,\omega_0 t).$$

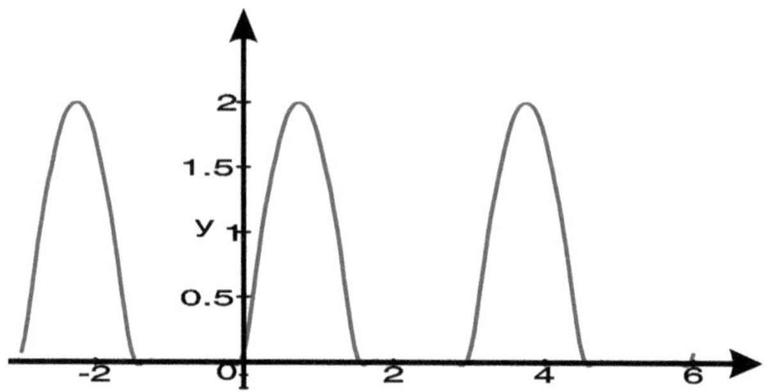

Abb. 17.15. Partialsumme der Fourier-Reihe für $n = 8$

Die graphische Darstellung der Fourier-Reihe ist für $n = 8$ in Abb. 17.15 gezeigt. Die Fourier-Reihe zeigt mit wenigen Summengliedern eine sehr gute Übereinstimmung mit der Funktion. $\qquad\qquad\square$

17.5 Fourier-Reihen im Komplexen 17.5

Eine besonders einfache Gestalt nimmt die Fourier-Darstellung in komplexer Schreibweise an. Unter Benutzung der Eulerschen Formeln (siehe Band 1,. Abschnitt 5.1)

$$\cos(x) = \frac{1}{2}\left(e^{ix} + e^{-ix}\right) \quad \text{und} \quad \sin(x) = \frac{1}{2i}\left(e^{ix} - e^{-ix}\right)$$

lässt sich die reelle Fourier-Reihe einer p-periodischen Funktion f schreiben als:

$$f(x) = a_0 + \sum_{n=1}^{\infty} a_n \frac{1}{2}\left(e^{in\frac{2\pi}{p}x} + e^{-in\frac{2\pi}{p}x}\right) + \sum_{n=1}^{\infty} b_n \frac{1}{2i}\left(e^{in\frac{2\pi}{p}x} - e^{-in\frac{2\pi}{p}x}\right).$$

Nach Umordnung der Summanden in eine Summe über $e^{in\frac{2\pi}{p}x}$ und eine zweite Summe über $e^{-in\frac{2\pi}{p}x}$ ist

$$f(x) = a_0 + \sum_{n=1}^{\infty} \frac{1}{2}\left(a_n - ib_n\right) e^{in\frac{2\pi}{p}x} + \sum_{n=1}^{\infty} \frac{1}{2}\left(a_n + ib_n\right) e^{-in\frac{2\pi}{p}x}.$$

Betrachtet man die drei Summanden der Fourier-Reihe von f, so enthält die letzte Summe Terme mit Faktoren $e^{in\frac{2\pi}{p}x}$ für $n = -\infty, \ldots, 1$, die mittlere Summe Terme $e^{in\frac{2\pi}{p}x}$ für $n = 1, \ldots, \infty$ und der erste Summand den Term $e^{in\frac{2\pi}{p}x}$ für $n = 0$. Wir definieren

$$c_0 := a_0;$$

$$\begin{aligned}
c_n &:= \frac{1}{2}\left(a_n - ib_n\right) \\
&= \frac{1}{2}\left(\frac{2}{p}\int_0^p f(x)\cos\left(n\frac{2\pi}{p}x\right)dx - i\frac{2}{p}\int_0^p f(x)\sin\left(n\frac{2\pi}{p}x\right)dx\right) \\
&= \frac{1}{p}\int_0^p f(x)\left(\cos\left(n\frac{2\pi}{p}x\right) - i\sin\left(n\frac{2\pi}{p}x\right)\right)dx \\
&= \frac{1}{p}\int_0^p f(x)\,e^{-in\frac{2\pi}{p}x}\,dx, \qquad n \geq 1;
\end{aligned}$$

und

$$\begin{aligned}
c_{-n} &:= \frac{1}{2}\left(a_n + ib_n\right) \\
&= \frac{1}{2}\left(\frac{2}{p}\int_0^p f(x)\cos\left(n\frac{2\pi}{p}x\right)dx + i\frac{2}{p}\int_0^p f(x)\sin\left(n\frac{2\pi}{p}x\right)dx\right) \\
&= \frac{1}{p}\int_0^p f(x)\left(\cos\left(n\frac{2\pi}{p}x\right) + i\sin\left(n\frac{2\pi}{p}x\right)\right)dx \\
&= \frac{1}{p}\int_0^p f(x)\,e^{in\frac{2\pi}{p}x}\,dx, \qquad n \geq 1.
\end{aligned}$$

Dann stellt sich die Fourier-Reihe von f dar als **eine** Summe über $e^{in\frac{2\pi}{p}x}$ für $n = -\infty, \dots, \infty$:

$$f(x) = \sum_{n=-\infty}^{\infty} c_n\, e^{in\frac{2\pi}{p}x}$$

mit den einheitlichen Koeffizienten

$$c_n = \frac{1}{p} \int_0^p f(x)\, e^{-in\frac{2\pi}{p}x}\, dx \qquad \text{für} \quad n \in \mathbb{Z}\,.$$

Es gilt also folgende *komplexe* Formulierung des Satzes von Fourier

Komplexe Fourier-Reihen

Sei $f : \mathbb{R} \to \mathbb{R}$ eine periodische Funktion mit Periode p. f sei stückweise stetig differenzierbar und erfülle die Mittelwerteigenschaft. Dann konvergiert die *komplexe Fourier-Reihe* für alle $x \in \mathbb{R}$ gegen $f(x)$:

$$f(x) = \sum_{n=-\infty}^{\infty} c_n\, e^{in\frac{2\pi}{p}x}.$$

Die *komplexen Fourier-Koeffizienten* sind für $n \in \mathbb{Z}$ gegeben durch

$$c_n = \frac{1}{p} \int_0^p f(x)\, e^{-in\frac{2\pi}{p}x}\, dx.$$

Bemerkung: Die komplexe Formulierung des Satzes von Fourier lässt sich direkt übertragen auf komplexwertige Funktionen $f : \mathbb{R} \to \mathbb{C}$ mit reeller Periode p.

⊘ Bemerkungen: Eigenschaften der komplexen Formulierung

(1) Es gibt nur eine Summenformel für die Fourier-Reihe und die Koeffizienten c_n werden über eine einheitliche Formel bestimmt.

(2) Da die Summation der komplexen Fourier-Reihe von $n = -\infty \dots \infty$ geht, kommen formal negative Frequenzen vor. Dies rührt nur von der komplexen Formulierung her: $e^{i\omega_n t}$ und $e^{-i\omega_n t}$ werden benötigt, um die reelle Schwingung $\sin(\omega_n t)$ bzw. $\cos(\omega_n t)$ mit reeller Frequenz $\omega_n > 0$ zu beschreiben, da $\cos(\omega_n t) = \frac{1}{2}(e^{i\omega_n t} + e^{-i\omega_n t})$ und $\sin(\omega_n t) = \frac{1}{2i}(e^{i\omega_n t} - e^{-i\omega_n t})$.

⊘ und Vorteile dieser komplexen Formulierung

Die Fourier-Koeffizienten c_n von reellen Signalen $f(x)$ besitzen die folgenden Eigenschaften:

(3) $c_n^* = c_{-n}$: Die Koeffizienten zu negativen n sind das Komplex-konjugierte der entsprechenden Koeffizienten zu positiven n.

(4) Folglich sind die Beträge von c_n und c_{-n} gleich, nämlich

$$|c_n| = \left| \tfrac{1}{2} \left(a_n - i\, b_n \right) \right| = \tfrac{1}{2} \sqrt{a_n^2 + b_n^2} = \tfrac{1}{2} A_n.$$

Der Betrag der komplexen Fourier-Koeffizienten stimmt bis auf den Faktor $\tfrac{1}{2}$ mit A_n überein. D.h. der **Betrag repräsentiert das Amplitudenspektrum** jeweils zur Hälfte von $-\infty$ bis -1 und von 1 bis ∞.

(5) Die Phase der komplexen Fourier-Koeffizienten ist bestimmt durch

$$\tan \varphi_n = \frac{\operatorname{Im} c_n}{\operatorname{Re} c_n} = \frac{-\tfrac{1}{2}\, b_n}{\tfrac{1}{2}\, a_n} = -\frac{b_n}{a_n}.$$

Bis auf das Vorzeichen ist dies das **Phasenspektrum**.

(6) $c_0 = a_0$ stellt den **Gleichstromanteil** des Signals dar.

Der große Vorteil der komplexen Formulierung liegt also darin, dass eine einheitliche Formel für die Koeffizienten existiert und diese Koeffizienten das Amplitudenspektrum (bis auf den Faktor $\tfrac{1}{2}$) **und** das Phasenspektrum (bis auf das Vorzeichen) beinhalten.

Beispiel 17.6 (Mit Maple-Worksheet). Gesucht ist die komplexe Fourier-Reihe der unten gezeichneten Funktion f, die T-periodisch auf $\mathbb{R}$ fortgesetzt wird:

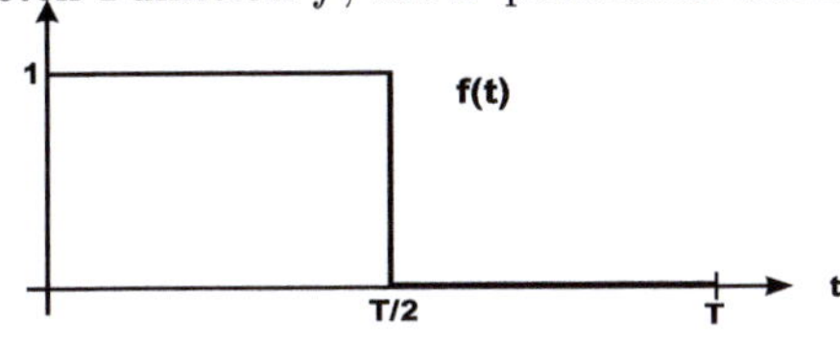

Abb. 17.16. Rechtecksignal

Setzen wir $\omega_0 = \tfrac{2\pi}{T}$, so sind die komplexen Fourier-Koeffizienten für $n \neq 0$ gegeben durch

$$
\begin{aligned}
c_n &= \frac{1}{T} \int_0^T f(t)\, e^{-i n \omega_0 t}\, dt = \frac{1}{T} \int_0^{\frac{T}{2}} e^{-i n \omega_0 t}\, dt \\
&= \frac{1}{T} \frac{1}{-i n \omega_0} \left[e^{-i n \omega_0 \frac{T}{2}} - 1 \right].
\end{aligned}
$$

Mit $\omega_0 \cdot T = 2\pi$ und $\omega_0 \frac{T}{2} = \pi$ ist $e^{-i n \omega_0 \frac{T}{2}} = e^{-i n \pi} = (-1)^n$

$$\Rightarrow \quad c_n = \frac{1}{-i n\, 2\pi} \left[(-1)^n - 1 \right] = \begin{cases} \dfrac{1}{i n \pi} & n \ \text{ungerade} \\[2mm] 0 & n \ \text{gerade}\,, n \neq 0. \end{cases}$$

Da der Gleichstromanteil des Signals $\frac{1}{2}$ $\Rightarrow$ $c_0 = \frac{1}{2}$.

$$\Rightarrow \quad f(t) = \frac{1}{2} + \sum_{\substack{n=-\infty \\ n \ \text{ungerade}}}^{\infty} \frac{1}{i\,n\,\pi}\, e^{i\,n\,\omega_0 t}\ .$$

Das Amplitudenspektrum dieser Funktion ist gegeben durch

$$a_0 \;=\; |c_0| = \frac{1}{2}$$

$$A_n \;=\; 2\,|c_n| = \begin{cases} \dfrac{2}{n\,\pi} & \text{für } \ n \ \text{ungerade} \\[2ex] 0 & \text{für } \ n \ \text{gerade} \ . \end{cases}$$

$\square$

> **Berechnung der reellen Fourier-Koeffizienten aus den komplexen**

Selbst wenn man die Rechnung im Komplexen durchgeführt hat, ist man gelegentlich an den reellen Fourier-Koeffizienten a_n und b_n interessiert. Aus den komplexen Fourier-Koeffizienten c_n, $n \in \mathbb{Z}$, lassen sich die reellen Fourier-Koeffizienten a_0, a_n und b_n einfach zurückgewinnen, so dass sie nicht neu über die reellen Integralformeln berechnet werden müssen. Es gilt nach der Definition der c_n:

$$\begin{aligned} c_0 \;&=\; a_0 & (1) \\ c_n \;&=\; \tfrac{1}{2}\,(a_n - i\,b_n) & (2) \\ c_{-n} \;&=\; \tfrac{1}{2}\,(a_n + i\,b_n) & (3) \end{aligned}$$

Aus (1) folgt direkt

Addiert man (2) und (3) gilt

Subtrahiert man (3) von (2) gilt

$$\boxed{\begin{aligned} a_0 &= c_0 \\ a_n &= c_n + c_{-n} & n = 1, 2, 3, \ldots \\ b_n &= i\,(c_n - c_{-n}) & n = 1, 2, 3, \ldots \end{aligned}}$$

Zusammenfassung: Fourier-Reihen

Gegeben ist ein T-periodisches Signal $f(t)$, das stückweise stetig differenzierbar ist und die Mittelwerteigenschaft erfüllt.

(1) Für alle $t \in \mathbb{R}$ gilt die reelle Fourier-Reihendarstellung

$$f(t) = a_0 + \sum_{n=1}^{\infty} a_n \cos\left(n\,\frac{2\pi}{T}\,t\right) + \sum_{n=1}^{\infty} b_n \sin\left(n\,\frac{2\pi}{T}\,t\right)$$

mit $\quad a_0 = \dfrac{1}{T} \displaystyle\int_0^T f(t)\,dt,$

$$a_n = \frac{2}{T}\int_0^T f(t)\,\cos\left(n\,\frac{2\pi}{T}\,t\right)\,dt, \qquad\qquad n = 1, 2, 3, \ldots,$$

$$b_n = \frac{2}{T}\int_0^T f(t)\,\sin\left(n\,\frac{2\pi}{T}\,t\right)\,dt, \qquad\qquad n = 1, 2, 3, \ldots.$$

(2) Für alle $t \in \mathbb{R}$ gilt

$$f(t) = a_0 + \sum_{n=1}^{\infty} A_n \cos\left(n\,\frac{2\pi}{T}\,t - \varphi_n\right)$$

mit $A_n = \sqrt{a_n^2 + b_n^2}$ und $\tan\varphi_n = \dfrac{b_n}{a_n}$ für $n = 1, 2, 3, \ldots.$

(3) Für alle $t \in \mathbb{R}$ gilt die komplexe Fourier-Reihendarstellung

$$f(t) = \sum_{n=-\infty}^{\infty} c_n\, e^{i\,n\,\frac{2\pi}{T}\,t}$$

mit $\quad c_n = \dfrac{1}{T} \displaystyle\int_0^T f(t)\,e^{-i\,n\,\frac{2\pi}{T}\,t}\,dt\,; \qquad n \in \mathbb{Z}.$

(4) Die Umrechnung der reellen Fourier-Koeffizienten zu den komplexen erfolgt mit den Formeln
$$\begin{aligned}
c_0 &= a_0, \\
c_n &= \tfrac{1}{2}\left(a_n - i\,b_n\right) && n \in \mathbb{N}, \\
c_{-n} &= \tfrac{1}{2}\left(a_n + i\,b_n\right) && n \in \mathbb{N}.
\end{aligned}$$

(5) Die Umrechnung der komplexen Fourier-Koeffizienten zu den reellen erfolgt mit den Formeln
$$\begin{aligned}
a_0 &= c_0, \\
a_n &= c_n + c_{-n} && n \in \mathbb{N}, \\
b_n &= i\left(c_n - c_{-n}\right) && n \in \mathbb{N}.
\end{aligned}$$

17.6 Zusammenstellung elementarer Fourier-Reihen

(1) Rechtecksignale

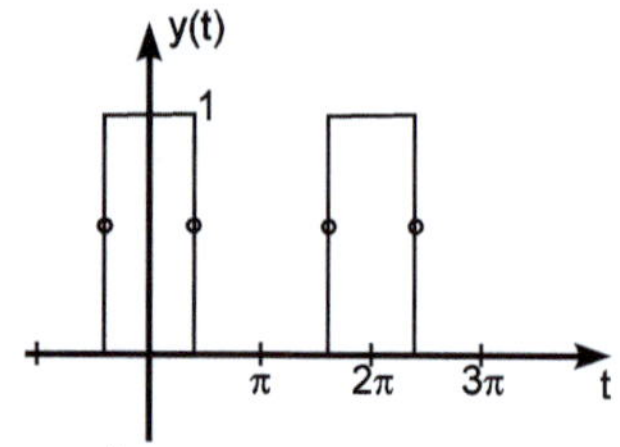

$$y(t) = \begin{cases} 1 & \text{für} \quad |t| < \delta \\[2mm] \frac{1}{2} & \text{für} \quad |t| = \delta \\[2mm] 0 & \text{für} \quad \delta < |t| \leq \pi \end{cases}$$

$$y(t) = \frac{\delta}{\pi} + \frac{2}{\pi}\left(\frac{1}{1}\sin(\delta)\cos(t) + \frac{1}{2}\sin(2\delta)\cos(2t) + \ldots\right)$$

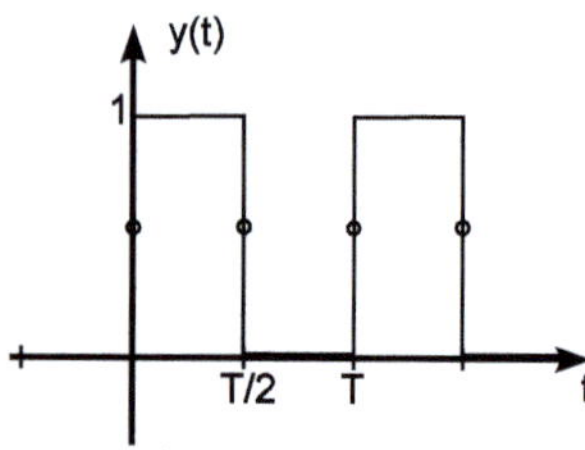

$$y(t) = \begin{cases} 1 & \text{für} \quad 0 < t < \frac{T}{2} \\[2mm] \frac{1}{2} & \text{für} \quad t = 0,\ \frac{T}{2} \\[2mm] 0 & \text{für} \quad \frac{T}{2} < t < T \end{cases}$$

$$y(t) = \frac{1}{2} + \frac{2}{\pi}\left(\sin(\omega_0 t) + \frac{1}{3}\sin(3\omega_0 t) + \frac{1}{5}\sin(5\omega_0 t) + \ldots\right)$$

(2) Kippschwingungen

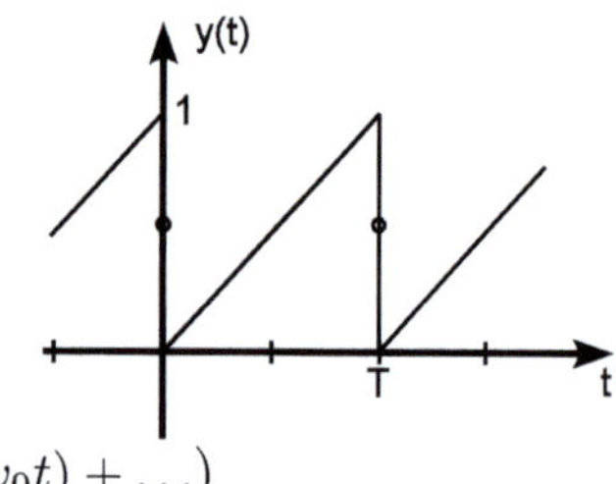

$$y(t) = \begin{cases} \frac{1}{T}t & \text{für} \quad 0 \leq t < T \\[2mm] \frac{1}{2} & \text{für} \quad t = T \end{cases}$$

$$y(t) = \frac{1}{2} - \frac{1}{\pi}\left(\sin(\omega_0 t) + \frac{1}{2}\sin(2\omega_0 t) + \frac{1}{3}\sin(3\omega_0 t) + \ldots\right)$$

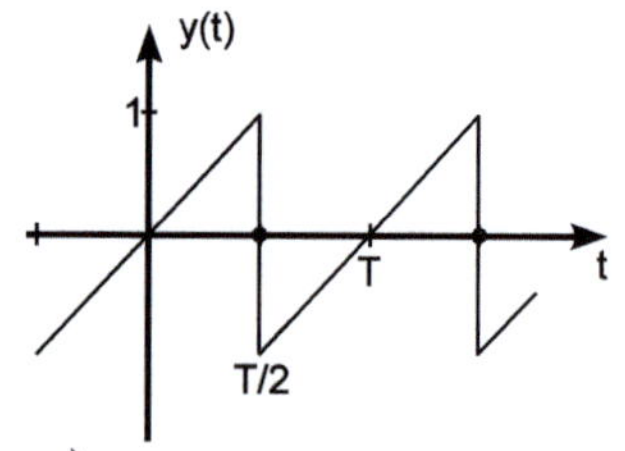

$$y(t) = \begin{cases} t & \text{für} \quad |t| < T \\[2mm] 0 & \text{für} \quad t = \frac{T}{2} \end{cases}$$

$$y(t) = 2\left(\sin(\omega_0 t) - \frac{1}{2}\sin(2\omega_0 t) + \frac{1}{3}\sin(3\omega_0 t) \mp \ldots\right)$$

(3) Sinusimpulse

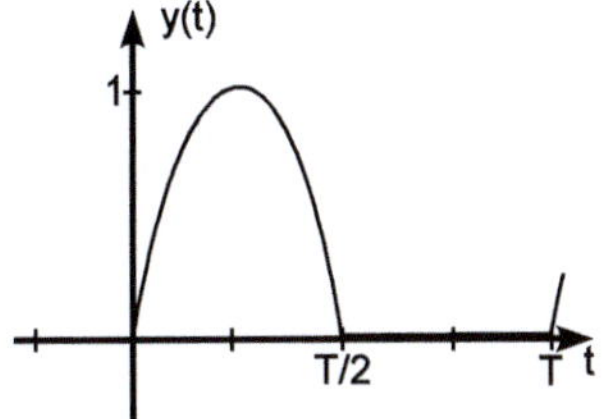

$$y\left(t\right) = \begin{cases} \sin\left(\omega_0 t\right) & \text{für } 0 \leq t \leq \frac{T}{2} \\[2mm] 0 & \text{für } \frac{T}{2} \leq t \leq T \end{cases}$$

$$y\left(t\right) = \frac{1}{\pi} + \frac{1}{2}\sin\left(\omega_0 t\right) - \frac{2}{\pi}\left(\frac{1}{1\cdot 3}\cos\left(2\,\omega_0 t\right) + \frac{1}{3\cdot 5}\cos\left(4\,\omega_0 t\right) + \ldots\right)$$

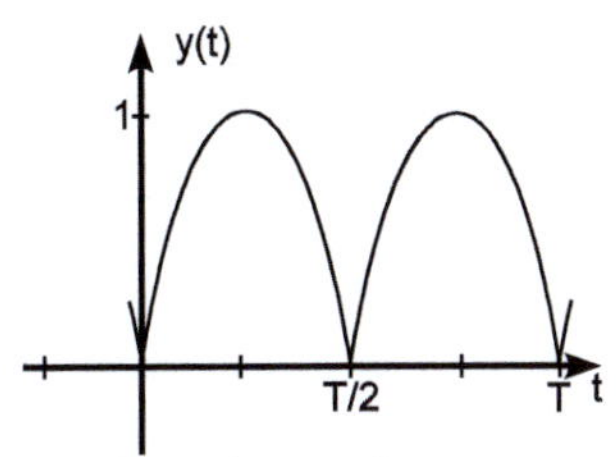

$$y\left(t\right) = \left|\sin\left(\omega_0 t\right)\right| \qquad \text{für } 0 \leq t \leq T$$

$$y\left(t\right) = \frac{2}{\pi} - \frac{4}{\pi}\left(\frac{1}{1\cdot 3}\cos\left(2\,\omega_0 t\right) + \frac{1}{3\cdot 5}\cos\left(4\,\omega_0 t\right) + \frac{1}{5\cdot 7}\cos\left(6\,\omega_0 t\right) + \ldots\right)$$

---

(4) Quadratfunktionen

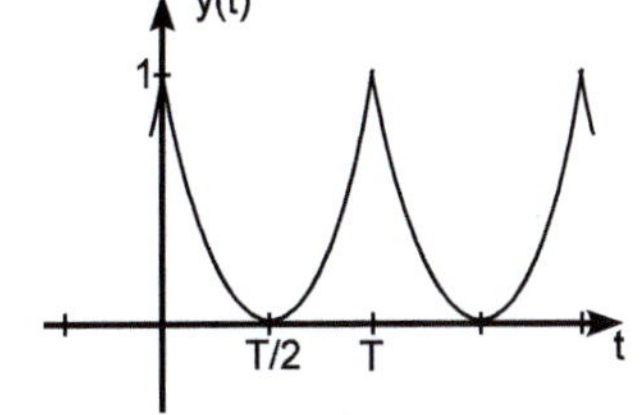

$$y\left(t\right) = \frac{4}{T^2}\left(t - \frac{T}{2}\right)^2 \qquad \text{für } 0 \leq t \leq T$$

$$y\left(t\right) = \frac{1}{3} + \frac{4}{\pi^2}\left(\frac{1}{1^2}\cos\left(\omega_0 t\right) + \frac{1}{2^2}\cos\left(2\,\omega_0 t\right) + \frac{1}{3^2}\cos\left(3\,\omega_0 t\right) + \ldots\right)$$

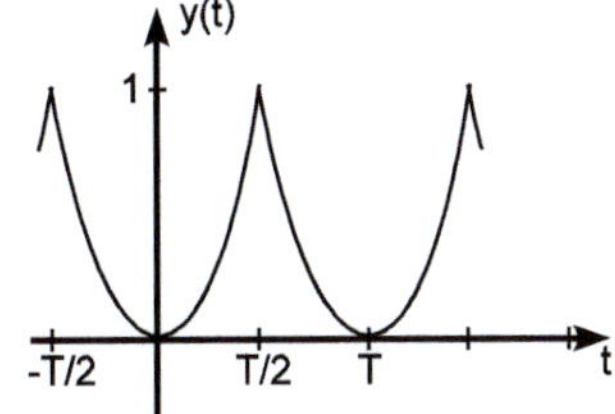

$$y\left(t\right) = \left(\frac{t}{T}\right)^2 \qquad \text{für } |t| \leq \frac{T}{2}$$

$$y\left(t\right) = \frac{1}{3} - \frac{4}{\pi^2}\left(\frac{1}{1^2}\cos\left(\omega_0 t\right) - \frac{1}{2^2}\cos\left(2\,\omega_0 t\right) + \frac{1}{3^2}\cos\left(3\,\omega_0 t\right) \mp \ldots\right)$$

17.7 Aufgaben zu Fourier-Reihen

17.1 Bestimmen Sie für die unten skizzierten 2π-periodischen Funktionen im Periodenintervall einen formelmäßigen Ausdruck, suchen Sie nach eventuell vorhandenen Symmetrien und entwickeln Sie die Funktionen dann in eine reelle Fourier-Reihe:

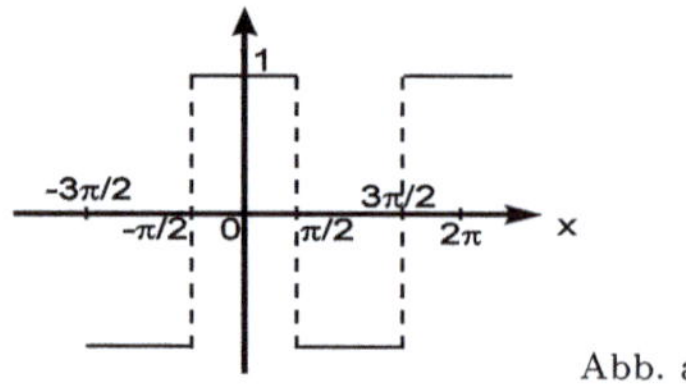

17.2 Skizzieren Sie die folgenden T-periodischen Funktionen und bestimmen Sie die Fourier-Reihe sowie das zugehörige Amplitudenspektrum:

a) $f(t) = \begin{cases} e^t & \text{für} \ \frac{-T}{2} \leq t \leq 0 \\ e^{-t} & \text{für} \ 0 \leq t \leq \frac{T}{2} \end{cases}$
   b) $f(t) = \begin{cases} \frac{2ht}{T} & \text{für} \ 0 \leq t \leq \frac{T}{2} \\ h & \text{für} \ \frac{T}{2} \leq t \leq T \end{cases}$

17.3 Geben sei die komplexe Fourier-Entwicklung von
a) Aufgabe 17.1a)   b) Aufgabe 17.1b)   an.

17.4 Entwickeln Sie $f(t) = \sin^3 t$, $|t| \leq \pi$ in eine Fourier-Reihe (erst nachdenken!!!).

17.5 a) Entwickeln Sie $f(t) = t^2$, $0 \leq t \leq T$ in eine Fourier-Reihe.
b) Was ergibt sich für $T = 2\pi$?
c) Was erhält man bei b) für $\sum_{n=1}^{\infty} \frac{1}{n^2}$, wenn $t = 2\pi$ gesetzt wird?

17.6 In Abb. (c) ist der zeitliche Verlauf einer Kippspannung (Sägezahnimpuls) mit der Schwingungsdauer T angegeben. Man führe für diesen Impuls eine Fourier-Analyse durch. $u(t) = \frac{u_0}{T} t \quad (0 < t < T)$.

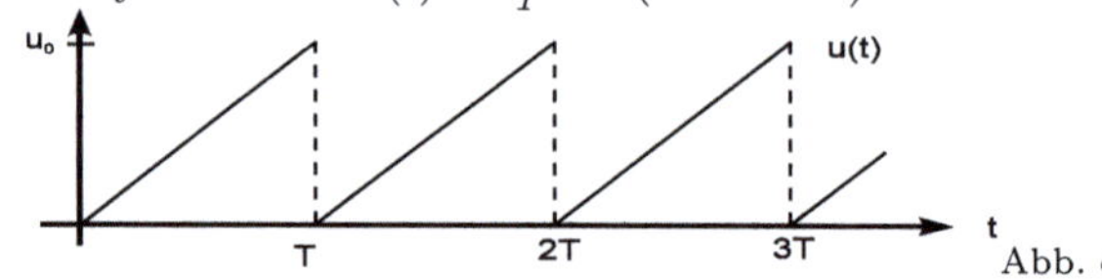

17.7 Zeichnen und entwickeln Sie die folgenden Funktionen in Fourier-Reihen unter Berücksichtigung möglicher Symmetrieeigenschaften:

a) $f(x) = \begin{cases} 8 & \text{für} \ 0 < x < 2 \\ -8 & \text{für} \ 2 < x < 4 \end{cases}$ mit Periode 4,

b) $f(x) = \begin{cases} -x & \text{für} \ -4 \leq x \leq 0 \\ x & \text{für} \ 0 \leq x \leq 4 \end{cases}$ mit Periode 8.

17.8 Zerlegen Sie den trapezförmigen Impuls in seine harmonischen Komponenten. Welchen Wert nimmt die Fourier-Reihe in $t = T$ an?
$f(t) = \begin{cases} 2/T \, t & \text{für} \ 0 \leq t \leq T/2 \\ 1 & \text{für} \ T/2 \leq t \leq T \end{cases}$

Fourier-Transformation

18

18 Fourier-Transformation

In diesem Kapitel wird mit der Fourier-Transformation untersucht, welche Frequenzen mit welchen Amplituden in einem *nichtperiodischen* Zeitsignal $f(t)$ enthalten sind. Man nennt dieses Vorgehen, wie bei den Fourier-Reihen, die *Frequenzanalyse* des Zeitsignals f. In 18.1 werden die Formeln zur Fourier-Transformation

$$F(\omega) = \int_{-\infty}^{\infty} f(t)\, e^{-i\,\omega\, t}\, dt$$

hergeleitet und an Beispielen verdeutlicht. Es werden weiterhin in 18.2 wichtige Eigenschaften der Fourier-Transformation vorgestellt und deren Bedeutung diskutiert. Zur Charakterisierung von linearen Systemen benötigt man eine Funktion, die alle Frequenzen mit gleicher Amplitude enthält. Dies führt auf den Begriff der *Deltafunktion*, die wir in Abschnitt 18.3 einführen und deren Eigenschaften wir diskutieren.

18.1 Fourier-Transformation und Beispiele

Durch die Angabe der Fourier-Reihe ist es möglich, periodische Vorgänge zu analysieren, ungeachtet der Tatsache, wie groß die Periodendauer T ist. Eine T-periodische Funktion f lässt sich darstellen als Überlagerung unendlich vieler harmonischer Schwingungen mit Grundfrequenz $\omega_0 = \frac{2\pi}{T}$, Oberfrequenzen $\omega_n = n\,\frac{2\pi}{T}$ und den zugehörigen Amplituden. Periodische Funktionen besitzen damit ein diskretes Linienspektrum. Dieses Linienspektrum liefert eine eindeutige Zuordnung zwischen dem Zeitbereich der Funktion und dem Frequenzbereich.

Im Folgenden wird ein Verfahren (*Fourier-Transformation*) entwickelt, welches auch für nichtperiodische Funktionen alle Frequenzen mit zugehörigen Amplituden liefert, die in dem Signal enthalten sind.

18.1.1 Übergang von der Fourier-Reihe zur Fourier-Transformation

Um die Frequenzen in einem beliebigen Zeitsignal f zu bestimmen, interpretieren wir die Funktion f als periodische Funktion mit Periode $T \to \infty$. Um eine Darstellung für das Spektrum zu erhalten, gehen wir aber von einer $2p$-periodischen Funktion $f(t)$ aus. Nach Kapitel 17.5 lautet die zugehörige komplexe Fourier-Reihe

$$f(t) = \sum_{n=-\infty}^{\infty} c_n\, e^{i\,n\,\frac{2\pi}{2p}\,t}$$

mit den komplexen Fourier-Koeffizienten

$$c_n = \frac{1}{2p} \int_0^{2p} f(t)\, e^{-i\,n\,\frac{2\pi}{2p}\,t}\, dt = \frac{1}{2p} \int_{-p}^{p} f(t)\, e^{-i\,n\,\frac{\pi}{p}\,t}\, dt.$$

Setzt man die Koeffizienten c_n in die Fourier-Reihe ein, folgt mit den Frequenzen $\omega_n = n\,\frac{\pi}{p}$ und dem Frequenzabstand $\Delta\omega = \omega_n - \omega_{n-1} = \frac{\pi}{p}$:

$$f(t) \; = \; \sum_{n=-\infty}^{\infty} \left[\frac{1}{2p} \int_{-p}^{p} f(t)\, e^{-i\,\omega_n\,t}\, dt \right] e^{i\,\omega_n\,t}$$

$$= \; \frac{1}{2\pi} \sum_{n=-\infty}^{\infty} \left[\int_{-\pi/\Delta\omega}^{\pi/\Delta\omega} f(t)\, e^{-i\,\omega_n\,t}\, dt \right] e^{i\,\omega_n\,t}\, \Delta\omega.$$

Wir interpretieren nun eine beliebige, nicht notwendigerweise periodische Zeitfunktion $f(t)$ als periodische Funktion mit $p \to \infty$. Für $p \to \infty$ geht der Frequenzabstand $\Delta\omega$ gegen Null und die Summe geht in das Integral über. Die Frequenzspektren rücken näher zusammen und nach dem Grenzübergang erhält man eine kontinuierliche Funktion in ω:

$$f(t) = \frac{1}{2\pi} \int_{-\infty}^{\infty} F(\omega)\, e^{i\,\omega\,t}\, d\omega \qquad\qquad (FI)$$

mit

$$F(\omega) = \int_{-\infty}^{\infty} f(t)\, e^{-i\,\omega\,t}\, dt. \qquad\qquad (FT)$$

Man bezeichnet die Darstellung von $f(t) = \frac{1}{2\pi} \int_{-\infty}^{\infty} F(\omega)\, e^{i\,\omega\,t}\, d\omega$ als **Fourier-Integral** und $F(\omega)$ die **Fourier-Transformierte** oder **Spektralfunktion** zur Zeitfunktion $f(t)$.

 **Visualisierung:** In der Animation wird am Beispiel der T-periodischen Fortsetzung der Rechteckfunktion aufgezeigt, wie für $T \to \infty$ die Spektrallinien zusammenrücken ($\Delta\omega \to 0$) und aus dem diskreten Spektrum eine kontinuierliches Spektrum hervorgeht.   □

Beim Übergang von der Fourier-Reihe zum Fourier-Integral wird formal der Grenzübergang $p \to \infty$ durchgeführt, ohne die Existenz des uneigentlichen Integrals zu begründen. Man kann jedoch allgemein zeigen, dass das uneigentliche Integral unter gewissen Voraussetzungen (die in der Praxis nahezu immer erfüllt sind) existiert:

Satz 18.1: Fourier-Transformation

Sei $f : \mathbb{R} \to \mathbb{R}$ stückweise stetig differenzierbar und $\int_{-\infty}^{\infty} |f(t)|\, dt < \infty$, dann existiert für jedes $\omega \in \mathbb{R}$

$$F(\omega) = \int_{-\infty}^{\infty} f(t)\, e^{-i\omega t}\, dt \qquad \textbf{(Fourier-Transformierte von } f \textbf{)}.$$

Die **Fourier-Transformation** ordnet der Zeitfunktion $f(t)$ eine Frequenzfunktion $F(\omega) : \mathbb{R} \to \mathbb{C}$ zu. Man sagt, dass die Fourier-Transformation den Zeitbereich auf den **Spektralbereich (Frequenzbereich)** abbildet, indem sie der Zeitfunktion $f(t)$ die Spektralfunktion $F(\omega)$ zuweist. Um präzise anzugeben, zu welcher Zeitfunktion $F(\omega)$ gehört, verwendet man auch die Notation

$$\mathcal{F}(f)(\omega) = F(\omega) \ .$$

Diese Schreibweise drückt den transformatorischen Charakter der Fourier-Transformation aus: Der Funktion f wird eine neue Funktion $\mathcal{F}(f)$ zugeordnet. Teilweise wird auch die Korrespondenzschreibweise wie bei der Laplace-Transformation verwendet:

$$f(t) \ \circ\!\!-\!\!\bullet \ F(\omega) \ .$$

Bemerkung: Eine Funktion $f : [a, b] \to \mathbb{R}$ heißt stückweise stetig differenzierbar, wenn das Intervall in endlich viele Teilintervalle I_k zerlegt werden kann, so dass f im Innern der Intervalle I_k stetig differenzierbar ist und an den Grenzen der rechts- bzw. linksseitige Grenzwert von f existiert. f heißt auf $\mathbb{R}$ stückweise stetig differenzierbar, wenn f in jedem endlichen Intervall $[a, b] \subset \mathbb{R}$ stückweise stetig differenzierbar ist.

Beispiel 18.1. Für den unten dargestellten **Rechteckimpuls** soll die Fourier-Transformierte $F(\omega)$ berechnet werden.

$$f(t) := \left\{ \begin{array}{ll} 1 & \text{für } |t| < T \\ 0 & \text{für } |t| > T \end{array} \right\} =: rect\left(\tfrac{t}{T}\right)$$

Um die Fourier-Transformierte des Rechteckimpulses und damit sein Spektrum zu berechnen, setzen wir die Funktionsvorschrift $f(t)$ in das Fourier-Integral ein:

$$\mathcal{F}(f)(\omega) = F(\omega) = \int_{-\infty}^{\infty} f(t)\, e^{-i\omega t}\, dt$$

$$= \int_{-T}^{T} 1\, e^{-i\omega t}\, dt = \left.\frac{e^{-i\omega t}}{-i\omega}\right|_{-T}^{T}$$

$$= \frac{1}{-i\omega}\left(e^{-iT\omega} - e^{iT\omega}\right) = \frac{2}{\omega}\frac{1}{2i}\left(e^{iT\omega} - e^{-iT\omega}\right)$$

$$= \frac{2}{\omega}\sin(\omega T) = 2T\frac{\sin(\omega T)}{\omega T}\,.$$

⚠ Der Wert der Transformierten hängt nicht von der Wahl des Funktionswertes von $f(t)$ an den Stellen $t = -T$ bzw. $t = +T$ ab!

Führt man die si-Funktion $\mathrm{si}(x) := \frac{\sin x}{x}$ ein, erhält man

$$\mathcal{F}\left(rect\left(\tfrac{t}{T}\right)\right)(\omega) = \frac{2}{\omega}\sin(\omega T) = 2T\,\mathrm{si}(\omega T).$$

Der Verlauf der Fourier-Transformierten ist in Abb. 18.1 gezeigt.

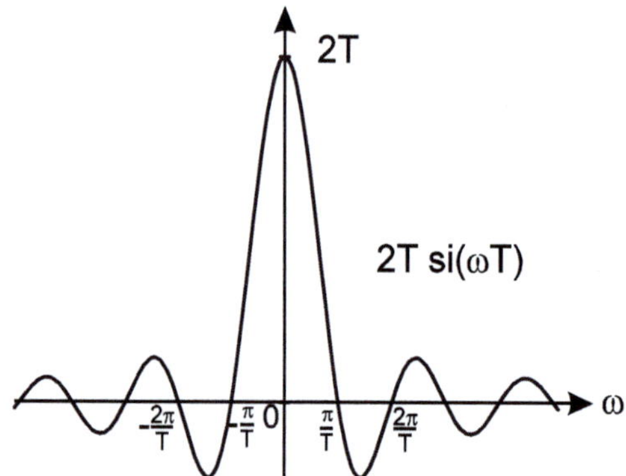

Abb. 18.1. Fourier-Transformierte der Rechteckfunktion

Das Spektrum ist eine Sinusfunktion in ω, dessen Amplitude mit $1/\omega$ abnimmt. Die Nullstellen von $F(\omega)$ sind bis auf $\omega = 0$ dieselben wie die der Sinusfunktion:

$$\omega_n T = n\pi \hookrightarrow \omega_n = n\frac{\pi}{T}\,.$$

Für $\omega = 0$ muss die Regel von l'Hospital angewendet werden, um den Funktionswert zu berechnen:

$$F(\omega = 0) = \lim_{\omega \to 0} \frac{2\,\sin(\omega\,T)}{\omega} = \lim_{\omega \to 0} \frac{2\,\cos(\omega\,T)\,T}{1} = 2T.$$

Beobachtung: Je breiter das Rechteck $f(t)$ bzw. je größer T ist, desto schmaler wird das nullte Maximum von $F(\omega)$ bei $\omega = 0$, da die erste Nullstelle des Spektrums bei $\omega_1 = \frac{\pi}{T}$ liegt. Andererseits gilt: Je schmaler das Rechteck $f(t)$ d.h. je kleiner T ist, desto breiter wird das nullte Maximum. $\qquad\square$

Beispiel 18.2. Für die in der nebenstehenden Abbildung gezeigte **Exponentialfunktion** ist die zugehörige Spektralfunktion gesucht:

$$f(t) = e^{-\alpha t} \cdot S(t) = \begin{cases} 0 & \text{für } t < 0 \\ e^{-\alpha t} & \text{für } t > 0,\ \alpha > 0. \end{cases}$$

Dabei ist $S(t)$ die Sprungfunktion (Heavisidefunktion) $S(t) = \begin{cases} 0 & \text{für } t < 0 \\ 1 & \text{für } t > 0. \end{cases}$

Die zur Funktion f gehörende Spektralfunktion ist die Fourier-Transformierte $F(\omega)$:

$$F(\omega) = \int_{-\infty}^{\infty} f(t)\,e^{-i\omega t}\,dt = \int_{0}^{\infty} e^{-\alpha t}\,e^{-i\omega t}\,dt = \int_{0}^{\infty} e^{-(\alpha + i\omega)t}\,dt$$

$$= \left. \frac{e^{-(\alpha + i\omega)t}}{-(\alpha + i\omega)} \right|_{t=0}^{t=\infty} = \lim_{t \to \infty} \frac{e^{-(\alpha + i\omega)t}}{-(\alpha + i\omega)} + \frac{1}{\alpha + i\omega}$$

$$= 0 + \frac{1}{\alpha + i\omega} = \frac{\alpha}{a^2 + \omega^2} - i\,\frac{\omega}{\alpha^2 + \omega^2}.$$

$$\Rightarrow \quad F(\omega) = \mathcal{F}\left(e^{-\alpha t} \cdot S(t)\right)(\omega) = \frac{1}{\alpha + i\omega}.$$

Anmerkung: Für die meisten Anwendungen spielt es keine Rolle, welchen Wert $S(t)$ an der Stelle $t = 0$ besitzt. Gebräuchlich sind $S(0) = 0$, $S(0) = 1$ aber auch $S(0) = \frac{1}{2}$. Mit der letzteren Festlegung gilt $S(t) = \frac{1}{2} + \frac{1}{2}\,sign(t)$, wenn $sign(t)$ die Vorzeichenfunktion darstellt. $\qquad\square$

⊘ Darstellung der Fourier-Transformierten

Man erkennt an diesem einfachen Beispiel, dass die Fourier-Transformierte $F(\omega)$ einer Zeitfunktion $f(t)$ i.A. komplexwertig ist. Den Graphen komplexwertiger Funktionen kann man nicht direkt zeichnen, sondern man muss entweder Real- und Imaginärteil getrennt darstellen oder man zerlegt die komplexe Funktion $F(\omega)$ in **Betrag** und **Phase**

$$F(\omega) = |F(\omega)|\, e^{i\,\varphi(\omega)} \qquad \text{mit}$$

$$|F(\omega)| \;=\; \sqrt{F(\omega)\cdot F^*(\omega)} \qquad \text{(Betrag)}$$

$$\tan\varphi(\omega) \;=\; \frac{\operatorname{Im} F(\omega)}{\operatorname{Re} F(\omega)} \qquad \text{(Phase)}$$

(siehe Band 1, Kapitel 5.1). Hierbei ist sowohl der Betrag als auch die Phase eine reelle Funktion von ω. Man spricht analog der Bezeichnung bei den Fourier-Reihen auch von *Amplituden-* und *Phasenspektrum*.

Beispiel 18.3 (Amplituden- und Phasenspektrum). Für Beispiel 18.2 erhält man für die Fourier-Transformierte

$$F(\omega) = \frac{1}{\alpha + i\,\omega}.$$

Wir zerlegen $F(\omega)$ in Betrag

$$|F(\omega)| = \sqrt{F(\omega)\cdot F^*(\omega)} = \sqrt{\frac{1}{\alpha + i\,\omega}\cdot\frac{1}{\alpha - i\,\omega}} = \frac{1}{\sqrt{\alpha^2 + \omega^2}}$$

und Phase

$$\tan\varphi(\omega) = \frac{\operatorname{Im} F(\omega)}{\operatorname{Re} F(\omega)} = -\frac{\omega}{\alpha}.$$

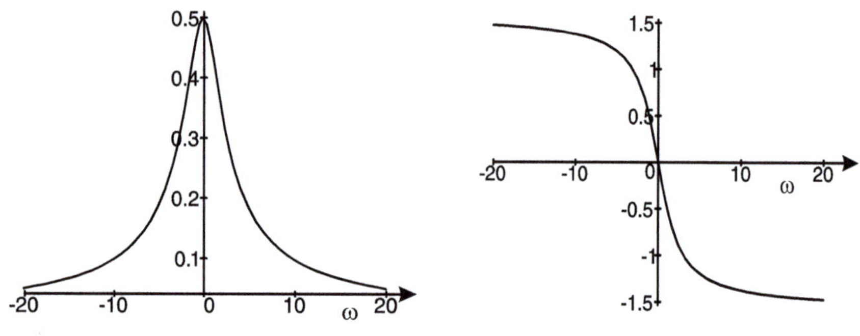

Betrag von $F(\omega)$ Phase von $F(\omega)$

Abb. 18.2. Betrag und Phase der Fourier-Transformierten für $\alpha = 2$

In Abb. 18.2 sind sowohl das Amplituden- als auch Phasenspektrum für $\alpha = 2$ angegeben.
□

18.1.2 Inverse Fourier-Transformation

Dass eine Zeitfunktion vollständig durch ihr Spektrum charakterisiert wird, zeigt sich durch die *inverse Fourier-Transformation*.

Satz 18.2: Inverse Fourier-Transformation

Ist $F(\omega)$ die Fourier-Transformierte einer Funktion $f(t)$, so ist die Funktion $f(t)$ gegeben durch

$$f(t) = \frac{1}{2\pi} \int_{-\infty}^{\infty} F(\omega)\, e^{i\omega t}\, d\omega \qquad \textbf{(inverse Fourier-Transformation)},$$

falls $f(t)$ die Mittelwerteigenschaft erfüllt.

Die Mittelwerteigenschaft einer Funktion f besagt, dass der Funktionswert an jeder Stelle t durch den Mittelwert des linksseitigen und rechtsseitigen Funktionsgrenzwertes gegeben ist: $f(t) = \lim_{\varepsilon \to 0} \frac{1}{2}\left(f(t+\varepsilon) + f(t-\varepsilon)\right)$ für alle $t \in \mathbb{D}_f$ (siehe Abschnitt 17.3). Für stetige Funktionen ist die Mittelwerteigenschaft immer erfüllt, für unstetige Funktionen muss an der Sprungstelle genau der Mittelwert des Sprunges als Funktionswert angenommen werden.

Um mit der Mittelwerteigenschaft konsistent zu sein, sollte die Sprungfunktion $S(t)$ für die Anwendungen bei der Fourier-Transformation an der Stelle $t_0 = 0$ durch $S(0) = \frac{1}{2}$ definiert werden!

Satz 18.2 impliziert, dass in der Fourier-Transformierten $F(\omega)$ dieselbe Information enthalten ist, wie in f selbst. Denn durch die inverse Fourier-Transformation kann das Zeitsignal $f(t)$ vollständig aus $F(\omega)$ rekonstruiert werden.

Bemerkungen:

(1) Die Fourier-Transformierte ist auch für komplexwertige Funktionen $f(t) = f_1(t) + i\, f_2(t)$ definiert. $F(\omega)$ ist im Allgemeinen **immer** eine komplexwertige Funktion (siehe Beispiel 18.2).

(2) Ist f eine reellwertige Funktion (ein reelles Signal), dann lässt sich die Fourier-Transformierte mit der Eulerschen Beziehung $e^{-i\omega t} = \cos(\omega t) - i\sin(\omega t)$ auch schreiben als

$$\mathcal{F}(f)(\omega) = \int_{-\infty}^{\infty} f(t)\, e^{-i\omega t}\, dt = \int_{-\infty}^{\infty} f(t)\left(\cos(\omega t) - i\sin(\omega t)\right) dt$$

$$= \int_{-\infty}^{\infty} f(t)\cos(\omega t)\, dt - i \int_{-\infty}^{\infty} f(t)\sin(\omega t)\, dt. \qquad (*)$$

Man spricht in diesem Zusammenhang oftmals von der *Kosinus-* und *Sinustransformierten*.

(3) Gerade und ungerade Funktionen

(i) Für eine **gerade**, reelle Funktion f, d.h. $f(-t) = f(t)$, gilt

$$F(\omega) = 2 \int_0^\infty f(t) \cos(\omega t)\, dt.$$

Begründung: Mit $f(t)$ ist auch $f(t) \cdot \cos(\omega t)$ eine gerade Funktion und

$$\int_{-\infty}^\infty f(t) \cos(\omega t)\, dt = 2 \int_0^\infty f(t) \cos(\omega t)\, dt,$$

da der Integrand symmetrisch zum Ursprung $t = 0$ integriert wird. Andererseits ist $f(t) \cdot \sin(\omega t)$ eine ungerade Funktion. Integriert man eine ungerade Funktion symmetrisch zum Ursprung, ist das bestimmte Integral Null:

$$\int_{-\infty}^\infty f(t) \sin(\omega t)\, dt = 0\,.$$

Setzt man diese Integralergebnisse in die Formel $(*)$ ein, folgt die Behauptung. $\qquad\square$

(ii) Für eine **ungerade**, reelle Funktion f, d.h. $f(-t) = -f(t)$, gilt mit der zu (i) analogen Begründung

$$F(\omega) = -i\, 2 \int_0^\infty f(t) \sin(\omega t)\, dt.$$

Beispiel 18.4. Gegeben ist die gerade, reelle Funktion

$$f(t) = e^{-\alpha |t|} \qquad \text{mit } \alpha > 0\,.$$

Die Fourier-Transformierte von f berechnet sich nach Bemerkung 3 (i) aus

$$F(\omega) = 2 \int_0^\infty f(t) \cos(\omega t)\, dt = 2 \int_0^\infty e^{-\alpha t} \cos(\omega t)\, dt\,.$$

Die Beträge im Argument der Exponentialfunktion können weggelassen werden, da nur über positive t integriert wird. Zur Berechnung des Integrals ersetzen wir $\cos\left(\omega\, t\right)$ durch $\mathrm{Re}\left(e^{i\,\omega\, t}\right)$ und erhalten

$$F\left(\omega\right) = 2 \int_{0}^{\infty} e^{-\alpha\, t}\ \mathrm{Re}(e^{i\,\omega\, t})\, dt = 2\ \mathrm{Re} \int_{0}^{\infty} e^{(-\alpha + i\,\omega)\, t}\, dt$$

$$= 2\ \mathrm{Re}\ \left.\frac{e^{(-\alpha + i\,\omega)\, t}}{-\alpha + i\,\omega}\right|_{t=0}^{t=\infty} = 2\ \mathrm{Re}\ \frac{-1}{-\alpha + i\,\omega}$$

$$= 2\ \mathrm{Re}\ \left\{\frac{\alpha}{\alpha^2 + \omega^2} + i\,\frac{\omega}{\alpha^2 + \omega^2}\right\} = \frac{2\,\alpha}{\alpha^2 + \omega^2}\,.$$

Das selbe Ergebnis bekommt man auch durch zweimalige partielle Integration.

$$\Rightarrow \quad F\left(\omega\right) = \mathcal{F}\left(e^{-\alpha|\,t|}\right)\left(\omega\right) = \frac{2\,\alpha}{\alpha^2 + \omega^2}. \qquad \square$$

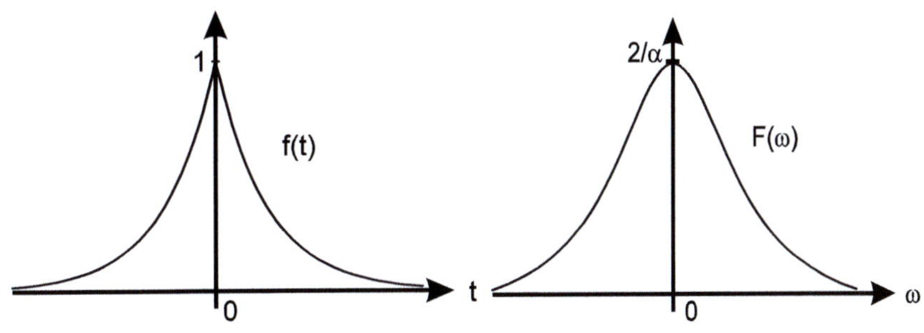

Zeitfunktion $f(t)$ Spektralfunktion $F(\omega)$

Abb. 18.3. Zeitfunktion und zugehörige Spektralfunktion aus Beispiel 18.4.

Beispiel 18.5. Gegeben ist die ungerade, reelle Funktion

$$f\left(t\right) = e^{-\alpha\,|t|}\ sign\left(t\right)$$

mit $\alpha > 0$ und der Vorzeichenfunktion $sign\left(t\right) = \begin{cases} \ \ 1 & \text{für } t > 0 \\ \ \ 0 & \text{für } t = 0 \\ -1 & \text{für } t < 0 \end{cases}$.

Die Fourier-Transformierte ist nach Bemerkung 3 (ii) gegeben durch

$$F\left(\omega\right) = -i\,2 \int_{0}^{\infty} f\left(t\right) \sin\left(\omega\, t\right)\, dt = -i\,2 \int_{0}^{\infty} e^{-\alpha\, t} \sin\left(\omega\, t\right)\, dt\,.$$

Ersetzt man zur einfachen Berechnung des Integrals $\sin(\omega t) = \mathrm{Im}\left(e^{i\omega t}\right)$, so erhält man unter Berücksichtigung von Beispiel 18.4

$$F(\omega) = -i\,2\,\mathrm{Im}\int_0^\infty e^{-\alpha t}\,e^{i\omega t}\,dt = -i\,2\,\mathrm{Im}\left\{\frac{\alpha}{\alpha^2+\omega^2} + i\,\frac{\omega}{\alpha^2+\omega^2}\right\}$$

$$\Rightarrow \quad F(\omega) = -i\,\frac{2\,\omega}{\alpha^2+\omega^2}\,. \qquad \qquad \square$$

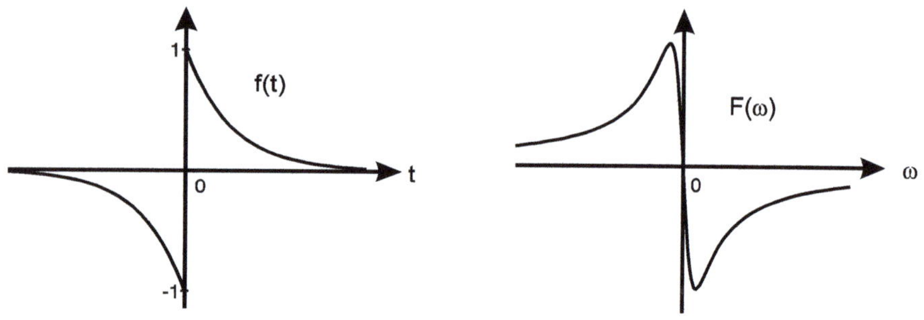

Zeitfunktion $f(t)$ — Fourier-Transformierte $F(\omega)$

Abb. 18.4. Zeitfunktion und zugehörige Fourier-Transformierte aus Beispiel 18.5.

Beispiel 18.6. Gegeben ist die ungerade, reelle Funktion

$$f(t) = \frac{1}{t}\,.$$

Obwohl die Funktion f für $t=0$ nicht definiert ist (Polstelle), ist $\frac{\sin(\omega t)}{t}$ für alle $t \in \mathbb{R}$ stetig und beschränkt. Es gilt für die Fourier-Transformierte von $\frac{1}{t}$ nach Bemerkung 3 (ii) mit der Substitution $(x = \omega t \hookrightarrow dx = \omega\,dt)$

$$F(\omega) = -i\,2\int_0^\infty \frac{\sin(\omega t)}{t}\,dt = -i\,2\int_0^\infty \frac{\sin x}{x}\,dx \qquad (\omega > 0)\,.$$

Der Wert des bestimmten Integrals $\int_0^\infty \frac{\sin x}{x}\,dx = \frac{\pi}{2}$ wird im Beispiel 18.8 ③ (siehe Seite 132) berechnet. Unter Verwendung dieses Ergebnisses ist die Fourier-Transformierte

$$F(\omega) = \begin{cases} -i\,\pi & \text{für } \omega > 0 \\ i\,\pi & \text{für } \omega < 0 \end{cases} = -i\,\pi\,sign\,(\omega)\,,$$

wenn *sign* die Vorzeichenfunktion darstellt. $\qquad\qquad\square$

18.2 Eigenschaften der Fourier-Transformation

In diesem Abschnitt werden wichtige Eigenschaften der Fourier-Transformation vorgestellt und an Beispielen verdeutlicht. Im Folgenden wird immer davon ausgegangen, dass die Zeitfunktionen die Voraussetzungen der Fourier-Transformation erfüllen, so dass die Fourier-Transformierten der Funktionen definiert sind. $F(\omega) = \mathcal{F}(f)(\omega)$ sei stets die Fourier-Transformierte von f; $F_1(\omega) = \mathcal{F}(f_1)(\omega)$ und $F_2(\omega) = \mathcal{F}(f_2)(\omega)$ die Fourier-Transformierten von f_1 bzw. f_2.

18.2.1 Linearität

Gesucht ist das Spektrum einer Überlagerung $k_1\,f_1(t) + k_2\,f_2(t)$:

$$
\begin{aligned}
\mathcal{F}(k_1\,f_1 + k_2\,f_2)(\omega) &= \int_{-\infty}^{\infty} \left(k_1\,f_1(t) + k_2\,f_2(t)\right) e^{-i\,\omega\,t}\,dt \\
&= k_1 \int_{-\infty}^{\infty} f_1(t)\,e^{-i\,\omega\,t}\,dt + k_2 \int_{-\infty}^{\infty} f_2(t)\,e^{-i\,\omega\,t}\,dt \\
&= k_1\,F_1(\omega) + k_2\,F_2(\omega).
\end{aligned}
$$

Zusammenfassend gilt

$$
(F_1)\quad \textbf{Linearität:}\qquad \mathcal{F}(k_1\,f_1 + k_2\,f_2)(\omega) = k_1\,F_1(\omega) + k_2\,F_2(\omega)
$$

Wichtig: Die Linearität besagt, dass das Spektrum einer Überlagerung von zwei Zeitfunktionen sich aus der entsprechenden Überlagerung der Einzelspektren zusammensetzt.

Beispiel 18.7. Gesucht ist das Spektrum der Funktion $4\,rect\left(\frac{t}{T}\right) + 3\,e^{-\alpha\,|t|}$:
Nach Beispiel 18.1 und 18.4 gilt mit der Eigenschaft (F_1)

$$
\begin{aligned}
\mathcal{F}\left(4\,rect\left(\tfrac{t}{T}\right) + 3\,e^{-\alpha\,|t|}\right)(\omega) &= 4\,\mathcal{F}\left(rect\left(\tfrac{t}{T}\right)\right)(\omega) + 3\,\mathcal{F}\left(e^{-\alpha\,|t|}\right)(\omega) \\[2mm]
&= 8\,\frac{\sin(\omega\,T)}{\omega} + 6\,\frac{\alpha}{\alpha^2 + \omega^2}. \qquad \square
\end{aligned}
$$

18.2.2 Symmetrieeigenschaft

$$
(F_2)\quad \textbf{Symmetrie:}\qquad \mathcal{F}(\mathcal{F}(f))(t) = 2\pi\,f(-t)
$$

Die Symmetrieeigenschaft (die manchmal auch als Dualität bezeichnet wird) besagt, dass die Fourier-Transformation zweimal auf die Funktion f angewendet, wieder die Funktion f als Ergebnis liefert, allerdings mit dem Faktor 2π und negativem Argument. Denn aufgrund des Fourier-Integrals (FI) gilt

$$
\mathcal{F}(F)(t) = \int_{-\infty}^{\infty} F(\omega)\,e^{-i\,\omega\,t}\,d\omega = 2\pi\,\frac{1}{2\pi}\int_{-\infty}^{\infty} F(\omega)\,e^{i\,\omega\,(-t)}\,d\omega = 2\pi\,f(-t).
$$

Die Symmetrie wird ausgenutzt, um die Fourier-Transformation von Funktionen zu berechnen, die selbst Fourier-Transformierte sind:

Beispiele 18.8.

① Wegen $\mathcal{F}\left(rect\left(\frac{t}{a}\right)\right)(\omega) = 2\,\frac{\sin(\omega a)}{\omega}$ folgt für die achsensymmetrische Rechteck-Funktion $rect$:

$$\mathcal{F}\left(2\,\frac{\sin(\omega a)}{\omega}\right)(t) = \mathcal{F}\left(\mathcal{F}\left(rect\left(\frac{t}{a}\right)\right)\right)(t)$$
$$= 2\pi\,rect\left(-\frac{t}{a}\right) = 2\pi\,rect\left(\frac{t}{a}\right)\,.$$

Damit erhält man nach dem Vertauschen der Variablen ω und t

$$\boxed{\mathcal{F}\left(\frac{\sin(a\,t)}{t}\right)(\omega) = \pi\,rect\left(\frac{\omega}{a}\right).}$$

② Aus Beispiel 18.4 erhält man mit $\alpha = 1$

$$\mathcal{F}\left(e^{-|t|}\right)(\omega) = \frac{2}{1+\omega^2}\,.$$

Mit (F_2) gilt dann

$$\mathcal{F}\left(\frac{2}{1+\omega^2}\right)(t) = \mathcal{F}\left(\mathcal{F}\left(e^{-|t|}\right)\right)(t) = 2\pi\,e^{-|-t|}\,.$$

Nach Vertauschung der Variablen ist

$$\boxed{\mathcal{F}\left(\frac{1}{1+t^2}\right)(\omega) = \pi\,e^{-|\omega|}.}$$

③ Wir berechnen das bestimmte Integral $\displaystyle\int_0^\infty \frac{\sin x}{x}\,dx = \frac{\pi}{2}$ mit Hilfe der Fourier-Transformation. Nach Beispiel 18.8 ① ist

$$\mathcal{F}\left(\frac{\sin t}{t}\right)(\omega) = \pi\,rect(\omega)\,.$$

Nach Bemerkung 3 (i) gilt aber auch für die gerade Funktion $\frac{\sin t}{t}$

$$\mathcal{F}\left(\frac{\sin t}{t}\right)(\omega) = 2\int_0^\infty \frac{\sin t}{t}\,\cos(\omega t)\,dt\,.$$

Folglich gilt für $\omega = 0$:

$$2\int_0^\infty \frac{\sin t}{t}\,dt = \pi\,rect(0) = \pi\,,$$

woraus der Wert für das bestimmte Integral folgt. $\qquad\square$

18.2.3 Skalierungseigenschaft

Gesucht ist die Fourier-Transformation (das Spektrum) der Funktion $f(at)$, die aus $f(t)$ durch **Stauchung** $(a > 1)$ bzw. **Streckung** $(0 < a < 1)$ entsteht.

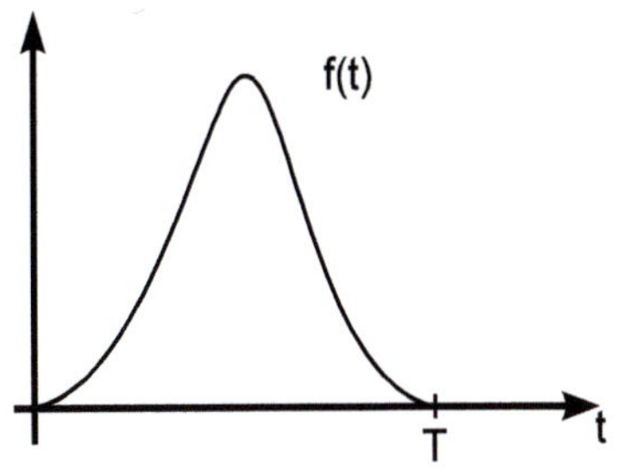

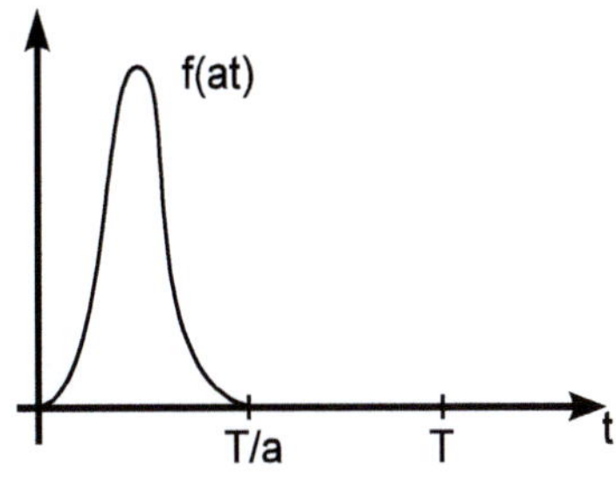

Funktion $f(t)$ Gestauchte Funktion $f(at)$

Abb. 18.5. Zur Skalierungseigenschaft

Die Fourier-Transformierte von f berechnet sich mit der Substitution $\xi = at$ für $a > 0$ durch

$$\mathcal{F}\left(f\left(at\right)\right)(\omega) = \int_{-\infty}^{\infty} f\left(at\right) e^{-i\omega t}\, dt = \int_{-\infty}^{\infty} f\left(\xi\right) e^{-i\omega\frac{\xi}{a}}\, \frac{d\xi}{a} = \frac{1}{a} F\left(\frac{\omega}{a}\right).$$

Die Argumentation für $a < 0$ verläuft analog, daher gilt insgesamt

$$(F_3)\quad \textbf{Skalierung:}\qquad \mathcal{F}\left(f\left(at\right)\right)(\omega) = \frac{1}{|a|} F\left(\frac{\omega}{a}\right), \qquad a \in \mathbb{R}_{\neq 0}$$

Die Skalierungseigenschaft besagt, dass in einem gestauchten Signal $f(at)$, also für $a > 1$, die Frequenzen $F\left(\frac{\omega}{a}\right)$ auftreten.

18.2.4 Verschiebungseigenschaften

⊘ Zeitverschiebung

Der Verschiebungssatz macht eine Aussage über die Fourier-Transformierte einer zeitlich verschobenen Funktion $f(t - t_0)$.

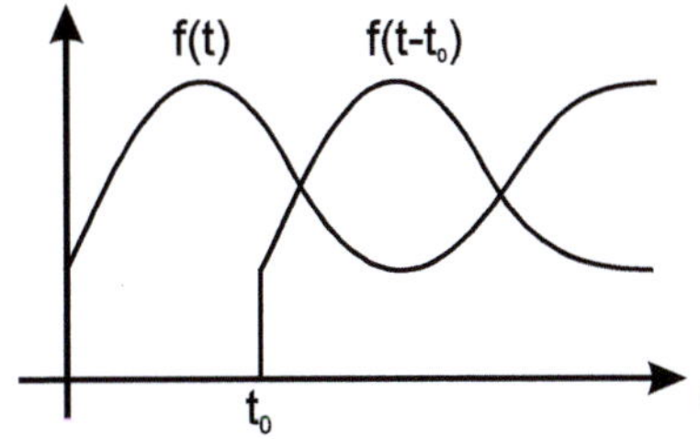

Abb. 18.6. Funktion $f(t)$ und um t_0 verschobene Funktion $f(t - t_0)$

Es gilt mit der Substitution $\xi = t - t_0$:

$$\mathcal{F}\left(f\left(t - t_0\right)\right)\left(\omega\right) = \int_{-\infty}^{\infty} f\left(t - t_0\right) e^{-i\,\omega\,t}\, dt = \int_{-\infty}^{\infty} f\left(\xi\right) e^{-i\,\omega\,\left(\xi + t_0\right)}\, d\xi \;.$$

Spalten wir den Exponentialterm in zwei Faktoren auf und klammern $e^{-i\,\omega\,t_0}$ aus dem Integral aus (er ist unabhängig von der Integrationsvariablen), gilt weiter

$$\mathcal{F}\left(f\left(t - t_0\right)\right)\left(\omega\right) = e^{-i\,\omega\,t_0} \int_{-\infty}^{\infty} f\left(\xi\right) e^{-i\,\omega\,\xi}\, d\xi = e^{-i\,\omega\,t_0}\, F\left(\omega\right) \;.$$

Folglich gilt für die Fourier-Transformierte einer zeitverschobenen Funktion:

$$(F_4) \quad \textbf{Zeitverschiebung:} \quad \mathcal{F}\left(f\left(t - t_0\right)\right)\left(\omega\right) = e^{-i\,\omega\,t_0}\, F\left(\omega\right)$$

Setzt man $F\left(\omega\right) = \left|F\left(\omega\right)\right| e^{i\,\varphi(\omega)}$, so ergibt sich für das Spektrum der zeitverschobenen Funktion $f\left(t - t_0\right)$

$$\mathcal{F}\left(f\left(t - t_0\right)\right)\left(\omega\right) = e^{-i\,\omega\,t_0} \left|F\left(\omega\right)\right| e^{i\,\varphi(\omega)} = \left|F\left(\omega\right)\right| e^{i\,\left(\varphi(\omega) - \omega\,t_0\right)} \;.$$

Das Spektrum von $f\left(t - t_0\right)$ besitzt dieselbe Amplitude wie $f\left(t\right)$ nur die Phase ist um $\omega\,t_0$ verschoben. D.h. es kommen dieselben Frequenzen mit gleicher Amplitude aber phasenverschoben vor.

Beispiel 18.9. Gesucht ist das Spektrum des um $t_0 = T$ verschobenen Rechtecksignals $f\left(t\right) = rect\left(\frac{t}{T}\right)$:

$$\mathcal{F}\left(f\left(t - T\right)\right) = e^{-i\,\omega\,T}\, \mathcal{F}\left(rect\left(\frac{t}{T}\right)\right)\left(\omega\right) = e^{-i\,\omega\,T}\, 2\,\frac{\sin\left(\omega\,T\right)}{\omega} \;. \qquad \square$$

⊘ Frequenzverschiebung

Eine weitere Eigenschaft ist die der Frequenzverschiebung. Diese Eigenschaft trifft eine Aussage über das Spektrum der Funktion $e^{i\,\omega_0\,t}\, f\left(t\right)$:

$$\mathcal{F}\left(e^{i\,\omega_0\,t}\, f\left(t\right)\right)\left(\omega\right) = \int_{-\infty}^{\infty} e^{i\,\omega_0\,t}\, f\left(t\right) e^{-i\,\omega\,t}\, dt$$

$$= \int_{-\infty}^{\infty} f\left(t\right) e^{-i\,\left(\omega - \omega_0\right)\,t}\, dt = F\left(\omega - \omega_0\right) \;.$$

Folglich gilt für das Spektrum einer mit $e^{i\,\omega_0\,t}$ multiplizierten Funktion:

$$(F_5) \quad \textbf{Frequenzverschiebung:} \quad \mathcal{F}\left(e^{i\,\omega_0\,t}\, f\left(t\right)\right)\left(\omega\right) = F\left(\omega - \omega_0\right)$$

Die Verschiebungseigenschaft besagt, dass das Spektrum der mit $e^{i\omega_0 t}$ multiplizierten Funktion dasselbe ist, wie das um ω_0 verschobene Spektrum der ursprünglichen Funktion. Als Beispiel und Anwendung der Frequenzverschiebung diskutieren wir die Modulationseigenschaft:

18.2.5 Modulationseigenschaft

Gesucht ist das Spektrum des *amplitudenmodulierten* Signals

$$f(t) \cos(\omega_0 t) \ .$$

Mit der Eulerschen Formel

$$\cos(\omega_0 t) = \frac{1}{2}\left(e^{i\omega_0 t} + e^{-i\omega_0 t}\right)$$

berechnen wir unter Verwendung der Linearität (F_1) und der Frequenzverschiebungseigenschaft (F_5)

$$\mathcal{F}\left(\cos(\omega_0 t)\, f(t)\right)(\omega) \;=\; \mathcal{F}\left(\frac{1}{2}e^{i\omega_0 t} f(t) + \frac{1}{2}e^{-i\omega_0 t} f(t)\right)(\omega)$$

$$=\; \frac{1}{2}\mathcal{F}\left(e^{i\omega_0 t} f(t)\right)(\omega) + \frac{1}{2}\mathcal{F}\left(e^{-i\omega_0 t} f(t)\right)(\omega)$$

$$=\; \frac{1}{2}\left(F(\omega - \omega_0) + F(\omega + \omega_0)\right).$$

$$(F_6) \ \textbf{Modulation:} \quad \mathcal{F}\left(f(t)\cos(\omega_0 t)\right)(\omega) = \frac{1}{2}\left(F(\omega + \omega_0) + F(\omega - \omega_0)\right)$$

Das mit $\cos(\omega_0 t)$ amplitudenmodulierte Signal besitzt als Spektrum das um $\pm\omega_0$ verschobene Spektrum der ursprünglichen Funktion f. Die Verschiebung des Spektrums von f erfolgt genau um die Modulationsfrequenz ω_0!

Beispiele 18.10. Gesucht ist das Spektrum eines mit $\cos(\omega_0 t)$ modulierten Rechteckimpulses.

Nach Beispiel 18.1 ist das Spektrum des Rechtecks

$$\mathcal{F}\left(rect\left(\frac{t}{T}\right)\right)(\omega) = 2\,\frac{\sin(\omega T)}{\omega}.$$

Damit folgt mit der Modulationseigenschaft

$$\mathcal{F}\left(\cos(\omega_0 t)\cdot rect\left(\frac{t}{T}\right)\right)(\omega) = \frac{\sin(T(\omega - \omega_0))}{\omega - \omega_0} + \frac{\sin(T(\omega + \omega_0))}{\omega + \omega_0}\ .$$

Die Amplitudenmodulation des Rechtecksignals entspricht einer Verschiebung des Spektrums um die Modulationsfrequenz ω_0 nach rechts und links. Beide Teilspektren besitzen die halbe Amplitude.

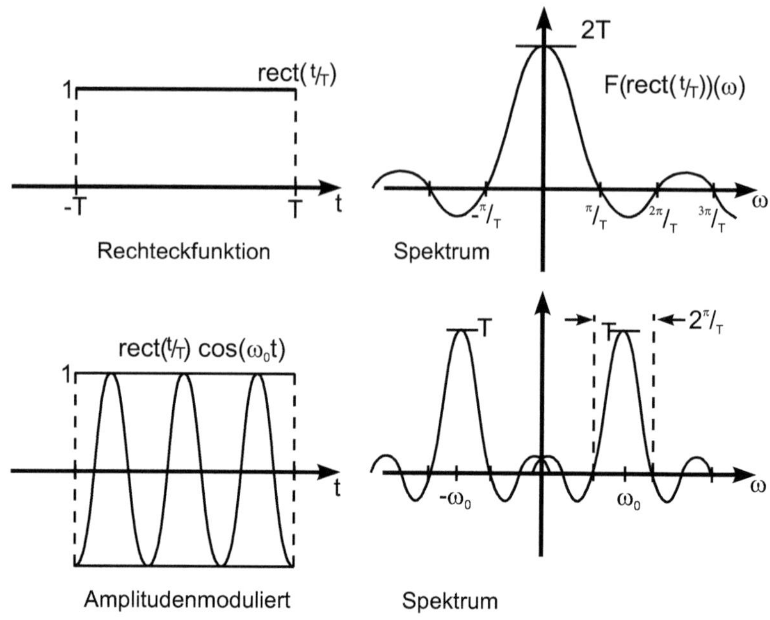

Abb. 18.7. Spektrum der amplitudenmodulierten Rechteckfunktion

Bemerkungen / Interpretation:

(1) Bei der Übertragung von Nachrichten wird das Signal $f(t)$ oftmals amplitudenmoduliert, d.h. mit einer Trägerfrequenz ω_0 übertragen: $f(t)\cos(\omega_0 t)$. Ein Empfänger kann nun die Trägerfrequenz bestimmen, indem als Testsignal ein amplitudenmodulierter Rechteckimpuls übertragen wird. Das Spektrum dieses Signals ist dann das Spektrum des Rechteckimpulses um den Wert der Trägerfrequenz ω_0 verschoben.

(2) Bei der experimentellen Analyse von periodischen Vorgängen erhält man in der Regel kein Linienspektrum, sondern eine Verbreiterung der Linie. Dieser Effekt lässt sich mit unserem Beispiel erklären:

Da man nicht für alle Zeiten $-\infty < t < \infty$ misst, sondern nur in einem endlichen Zeitintervall, entspricht dies der Analyse der Funktion $rect\left(\frac{t}{T}\right) \cdot \cos(\omega_0 t)$ statt der Analyse von $\cos(\omega_0 t)$. Obiges Beispiel 18.10 zeigt, dass man dann ein Spektrum der Form $2\frac{\sin(\omega T)}{\omega}$ erhält, welches um ω_0 verschoben ist. Dieses Spektrum hat zwar bei ω_0 sein Maximum, aber eine endliche Breite $\frac{2\pi}{T}$. Nur im Falle $T \to \infty$ geht die Spektrenbreite gegen 0 und man erhält eine Linie bei ω_0. $\qquad\square$

18.2.6 Fourier-Transformation der Ableitung

Für die Anwendung der Fourier-Transformation auf Differenzialgleichungen benötigt man die Fourier-Transformierte der Ableitung $\mathcal{F}(f')$. Es gibt wie im Falle der Laplace-Transformation (siehe Band 2, Kapitel 14.3.2) einen sehr einfachen Zusammenhang zwischen $\mathcal{F}(f')$ und $\mathcal{F}(f)$. Mit partieller Integration folgt für $\mathcal{F}(f')$

$$\mathcal{F}(f')(\omega) = \int_{-\infty}^{\infty} f'(t)\, e^{-i\omega t}\, dt$$

$$= f(t)\, e^{-i\omega t}\Big|_{-\infty}^{\infty} - \int_{-\infty}^{\infty} f(t)\,(-i\omega)\, e^{-i\omega t}\, dt.$$

Wegen dem Abklingverhalten von f, $\lim\limits_{t\to\pm\infty} f(t) = 0$, ist $f(t)\, e^{-i\omega t}\Big|_{-\infty}^{\infty} = 0$.

$$\Rightarrow \quad \mathcal{F}(f')(\omega) = i\omega \int_{-\infty}^{\infty} f(t)\, e^{-i\omega t}\, dt = i\omega\, \mathcal{F}(f)(\omega)\ .$$

Fourier-Transformierte der Ableitung

Für die Fourier-Transformierte der Ableitung $\mathcal{F}(f')$ gilt:

(F_7) **Ableitung:** $\mathcal{F}(f')(\omega) = (i\omega)\, F(\omega)$

Wichtig: Das Spektrum der differenzierten Funktion f' ist gleich dem mit $i\omega$ multiplizierten Spektrum der Funktion f.

Wiederholtes Anwenden des Ableitungssatzes führt induktiv auf die Fourier-Transformierte der n-ten Ableitung:

Fourier-Transformierte der n-ten Ableitung

Für die Fourier-Transformierte der n-ten Ableitung $\mathcal{F}\left(f^{(n)}\right)$ gilt:

(F_8) n-**te Ableitung:** $\mathcal{F}\left(f^{(n)}\right)(\omega) = (i\omega)^n\, F(\omega)$

Beispiel 18.11: Gegeben ist die lineare Differenzialgleichung

$$y'(t) + \alpha\, y(t) = f(t)\, S(t)$$

mit dem konstanten Koeffizienten α und stetiger Funktion f. $S(t)$ ist die Sprungfunktion.

Wenden wir auf diese Differenzialgleichung die Fourier-Transformation an und nutzen die Linearität (F_1) aus, folgt für die linke Seite

$$\mathcal{F}(y'(t) + \alpha\, y(t)) = \mathcal{F}(y'(t)) + \alpha\, \mathcal{F}(y(t))\ .$$

Wir ersetzen $\mathcal{F}\left(y'\left(t\right)\right) = i\,\omega\,\mathcal{F}\left(y\left(t\right)\right)$ und erhalten insgesamt

$$i\,\omega\,\mathcal{F}\left(y\left(t\right)\right) + \alpha\,\mathcal{F}\left(y\left(t\right)\right) = \mathcal{F}\left(f\left(t\right)\,S\left(t\right)\right)$$

$$\Rightarrow \quad \mathcal{F}\left(y\left(t\right)\right) = \frac{1}{\alpha + i\,\omega}\,\mathcal{F}\left(f\left(t\right)\,S\left(t\right)\right)\ .$$

Dies ist die Fourier-Transformierte der gesuchten Lösung $y\left(t\right)$ der Differenzialgleichung. Sie ist gegeben als das Produkt von $\mathcal{F}\left(f\left(t\right)\,S\left(t\right)\right)$ mit $\frac{1}{\alpha + i\,\omega}$. Nach Beispiel 18.2 ist

$$\frac{1}{\alpha + i\,\omega} = \mathcal{F}\left(e^{-\alpha\,t}\,S\left(t\right)\right)\left(\omega\right)\ .$$

$$\Rightarrow \quad \mathcal{F}\left(y\left(t\right)\right) = \mathcal{F}\left(f\left(t\right)\,S\left(t\right)\right) \cdot \mathcal{F}\left(e^{-\alpha\,t}\,S\left(t\right)\right)\ .$$

Es stellt sich somit das Problem: Welche Zeitfunktion gehört zu einem Produkt von Spektren. Die Antwort liefert das Faltungstheorem: □

18.2.7 Faltungstheorem

Gegeben ist das Spektrum der Funktion f als Produkt zweier Einzelspektren $\mathcal{F}\left(f\right) = \mathcal{F}\left(f_1\right) \cdot \mathcal{F}\left(f_2\right)$. Die gesuchte Zeitfunktion $f\left(t\right)$ ist dann eine Integralkombination der Zeitfunktionen $f_1\left(t\right)$ und $f_2\left(t\right)$

$$f\left(t\right) = \int_{-\infty}^{\infty} f_1\left(\tau\right)\,f_2\left(t - \tau\right)\,d\tau\ ,$$

dem sog. **Faltungsintegral**. Die abkürzende Schreibweise für das Faltungsintegral ist $f\left(t\right) = \left(f_1 * f_2\right)\left(t\right)$.

Faltungstheorem

Die Fourier-Transformierte desFaltungsintegrals

$$\left(f_1 * f_2\right)\left(t\right) := \int_{-\infty}^{\infty} f_1\left(\tau\right)\,f_2\left(t - \tau\right)\,d\tau$$

ist gegeben durch das Produkt der Transformierten von f_1 und f_2:

$$(F_9) \quad \textbf{Faltungstheorem:} \qquad \mathcal{F}\left(f_1 * f_2\right) = \mathcal{F}\left(f_1\right) \cdot \mathcal{F}\left(f_2\right)$$

Begründung:

$$\mathcal{F}\left(f_1 * f_2\right) = \int_{-\infty}^{\infty} \left(\int_{-\infty}^{\infty} f_1\left(\tau\right)\,f_2\left(t - \tau\right)\,d\tau\right) e^{-i\,\omega\,t}\,dt$$

$$= \int_{-\infty}^{\infty} \left(\int_{-\infty}^{\infty} f_1\left(\tau\right)\,f_2\left(t - \tau\right)\,e^{-i\,\omega\,t}\,d\tau\right) dt\ .$$

Nach Vertauschen der Integrationsreihenfolge und anschließender Substitution $\xi(t) = t - \tau$ $(\hookrightarrow d\xi = dt)$ folgt

$$
\begin{aligned}
\mathcal{F}(f_1 * f_2) &= \int_{-\infty}^{\infty} f_1(\tau) \left(\int_{-\infty}^{\infty} f_2(t-\tau) \, e^{-i\omega t} \, dt \right) d\tau \\
&= \int_{-\infty}^{\infty} f_1(\tau) \left(\int_{-\infty}^{\infty} f_2(\xi) \, e^{-i\omega(\xi+\tau)} \, d\xi \right) d\tau \\
&= \int_{-\infty}^{\infty} f_1(\tau) \, e^{-i\omega\tau} \, d\tau \cdot \int_{-\infty}^{\infty} f_2(\xi) \, e^{-i\omega\xi} \, d\xi \\
&= \mathcal{F}(f_1) \cdot \mathcal{F}(f_2) \, . \qquad \qquad \square
\end{aligned}
$$

Beispiel 18.12. Gesucht ist nach Beispiel 18.11 die Zeitfunktion $y(t)$, die zum Spektrum von

$$
\mathcal{F}(f(t) \, S(t)) \cdot \mathcal{F}\left(e^{-\alpha t} \, S(t)\right)
$$

gehört.

Nach dem Faltungstheorem ist die Zeitfunktion $y(t)$ die Faltung der beiden Funktionen $f_1(t) = f(t) \, S(t)$ und $f_2(t) = e^{-\alpha t} \, S(t)$:

$$
\begin{aligned}
y(t) \;\; &= \;\; (f_1 * f_2)(t) = \int_{-\infty}^{\infty} f_1(\tau) \, f_2(t-\tau) \, d\tau \\[2mm]
&= \;\; \int_{-\infty}^{\infty} f(\tau) \, S(\tau) \, e^{-\alpha(t-\tau)} \, S(t-\tau) \, d\tau \, .
\end{aligned}
$$

Da $S(\tau) = 0$ für $\tau < 0$ ist die Integration erst ab der unteren Integrationsgrenze $\tau = 0$ durchzuführen. Für $\tau > 0$ ist $S(\tau) = 1$:

$$
y(t) = \int_{0}^{\infty} f(\tau) \, e^{-\alpha t} \, e^{\alpha \tau} \, S(t-\tau) \, d\tau \, .
$$

Wir spalten das Integral auf in zwei Teilintegrale

$$
y(t) = \int_{0}^{t} f(\tau) \, e^{-\alpha t} \, e^{\alpha \tau} \, S(t-\tau) \, d\tau + \int_{t}^{\infty} f(\tau) \, e^{-\alpha t} \, e^{\alpha \tau} \, S(t-\tau) \, d\tau \, .
$$

Das zweite Integral verschwindet, da hier $\tau > t$ und $S(t-\tau) = 0$ für $\tau > t$. Im ersten Integral ist $0 < \tau < t$ und für diesen Bereich $S(t-\tau) = 1$:

$$
\Rightarrow \quad \boxed{\; y(t) = e^{-\alpha t} \int_{0}^{t} e^{\alpha \tau} \, f(\tau) \, d\tau \, . \;} \qquad \qquad \square
$$

Folgerung: $y(t)$ ist nach Beispiel 18.11 die Lösung der Differenzialgleichung

$$
y'(t) + \alpha \, y(t) = f(t) \quad \text{mit} \quad y(0) = 0 \, .
$$

Die Lösungsformel zu dieser Differenzialgleichung hatten wir auch über die Variation der Konstanten erhalten (siehe Band 2, Kap. 13.3).

Bemerkungen:

(1) Das Faltungsintegral zweier Funktionen $f_1(t)$ und $f_2(t)$ ist kommutativ:

$$\boxed{f_1 * f_2 = f_2 * f_1.}$$

Denn mit der Substitution $\xi(\tau) = (t - \tau)$ $\quad (\hookrightarrow d\xi = -d\tau)$ ist

$$
\begin{aligned}
(f_1 * f_2)(t) &= \int_{-\infty}^{\infty} f_1(\tau)\, f_2(t - \tau)\, d\tau \\[2mm]
&= \int_{-\infty}^{\infty} f_1(t - \xi)\, f_2(\xi)\, d\xi = (f_2 * f_1)(t).
\end{aligned}
$$

(2) Bei Integralen der Form

$$
\int_{-\infty}^{\infty} g(t - \tau)\, S(\tau)\, d\tau = \underbrace{\int_{-\infty}^{0} g(t - \tau)\, \underbrace{S(\tau)}_{=0}\, d\tau}_{=0} + \int_{0}^{\infty} g(t - \tau)\, \underbrace{S(\tau)}_{=1}\, d\tau
$$

tritt an der oberen (unteren) Grenze des 1. (2.) Teilintegrals bei $\tau = 0$ der unstetige Ausdruck $S(0)$ auf. Auf das Ergebnis der Integration hat dieser Funktionswert **keinen** Einfluss, da die Fläche unter einer Funktion sich nicht ändert, wenn die Funktion an endlich vielen Stellen abgeändert wird.

Beispiel 18.13 (Geometrische Interpretation). Das Faltungsintegral ist formal zwar einfach aufzustellen, aber zunächst recht unanschaulich. Im Folgenden geben wir eine geometrische Interpretation am Beispiel der Funktionen $f_1(t) = S(t)$ und $f_2(t) = S(t)$ an:

$$(f_1 * f_2)(t) = \int_{-\infty}^{\infty} S(\tau)\, S(t - \tau)\, d\tau \ .$$

Zur Bestimmung des Integrals betrachten wir Abb. 18.8 (a) - (d).

(a) In (a) ist die Funktion $S(\tau)$ graphisch dargestellt. Die Sprungfunktion ist Null für $\tau < 0$ und Eins für $\tau > 0$.

(b) Die Funktion $S(-\tau)$ geht aus der Funktion $S(\tau)$ durch Spiegelung (= **Faltung**) an der y-Achse hervor (b): $S(-\tau) = 0$ für $\tau > 0$ und $S(-\tau) = 1$ für $\tau < 0$.

(c) $S(t - \tau)$ entsteht aus $S(-\tau)$, indem der Graph von $S(-\tau)$ um t nach rechts verschoben wird (c).

(d) Anschließend ist das Produkt von $S(\tau)$ und $S(t-\tau)$ in (d) dargestellt: $S(t-\tau) \cdot S(\tau) = 0$ für $\tau < 0$ und für $\tau > t$. Für das Integral

$$\int_{-\infty}^{\infty} S(\tau)\, S(t-\tau)\, d\tau$$

mit der Integrationsvariablen τ bleibt nur der Bereich zwischen $0 \leq \tau \leq t$ ungleich Null und hat den Integralwert t

$$\Rightarrow \quad (f_1 * f_2)(t) = \int_{-\infty}^{\infty} S(\tau)\, S(t-\tau)\, d\tau = t\, S(t) \ .$$

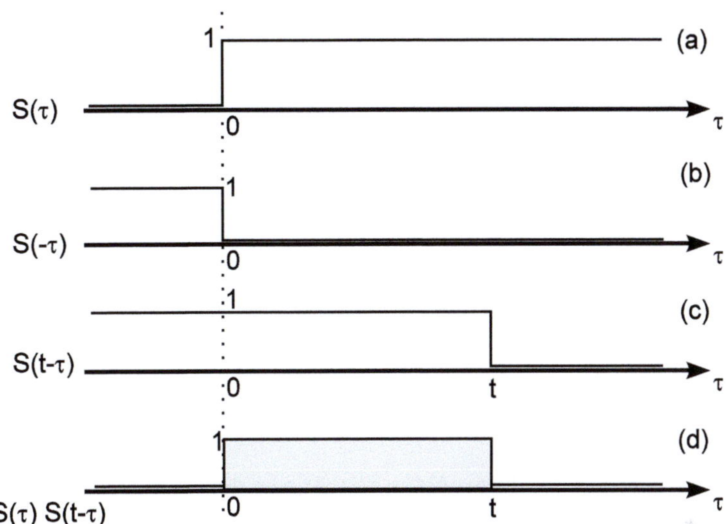

Abb. 18.8. Zur geometrischen Interpretation des Faltungsintegrals

Beispiel 18.14 (Faltungsintegral). Gesucht ist das Faltungsintegral $f * h$, wenn f und h die in Abb. 18.9 angegebenen Funktionen darstellen.

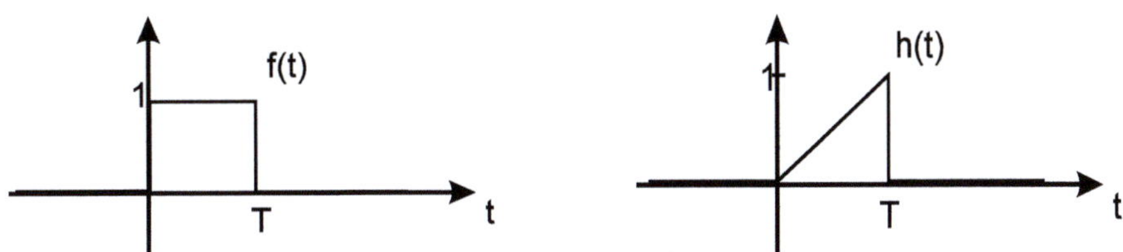

Abb. 18.9. Funktionen f und h

Wir bestimmen die Faltung $(f * h)(t) = \int_{-\infty}^{\infty} f(\tau)\, h(t-\tau)\, d\tau$ graphisch. Dazu gehen wir zunächst von der Funktion $h(\tau)$ durch Spiegelung zur Funktion $h(-\tau)$ über. Anschließend verschieben wir diese Funktion entlang der τ-Achse um den Wert T und multiplizieren dann mit der Rechteckfunktion. Diese vier Schritte sind schematisch in Abb. 18.10 gezeigt.

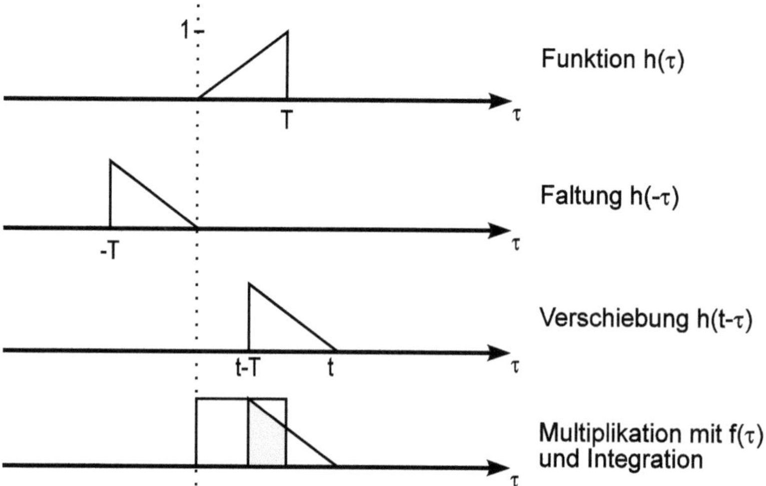

Abb. 18.10. Faltung der Rechteckfunktion mit der Dreiecksfunktion

Es treten bei der Bestimmung des Faltungsintegrals vier Fälle auf:

(1) $t \leq 0$: Dann hat die Funktion $h(t - \tau)$ mit der Funktion $f(\tau)$ keinen Überlapp.

(2) $0 \leq t \leq T$: Die Funktion $h(t - \tau)$ taucht mit der Spitze in den Graphen der Funktion $f(\tau)$ ein.

(3) $T \leq t \leq 2T$: Die Funktion $h(t - \tau)$ tritt aus dem Graphen der Funktion $f(\tau)$ heraus.

(4) $2T \leq t$: Die Funktion $h(t-\tau)$ hat mit der Funktion $f(\tau)$ keinen Überlapp.

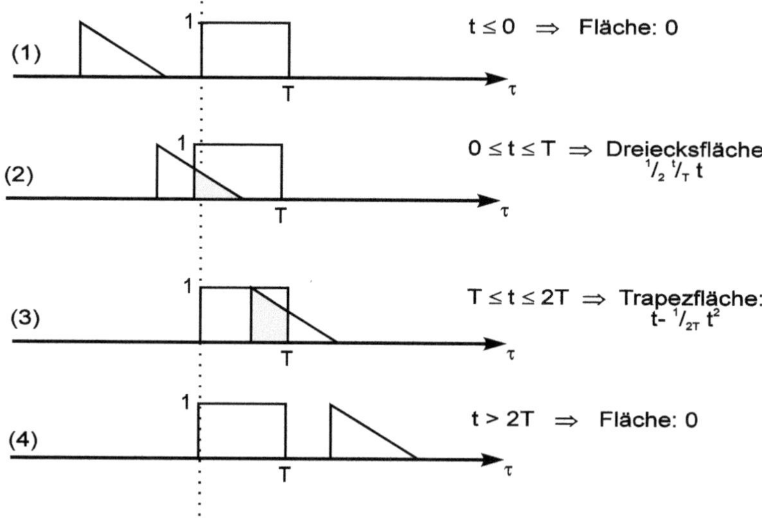

Abb. 18.11. Vier Fälle bei der Bestimmung des Faltungsintegrals

Das Ergebnis der Faltung lässt sich sowohl formelmäßig durch

$$\Rightarrow (f * h)(t) = \begin{cases} 0 & \text{für } t \leq 0 \\ \frac{1}{2T}\, t^2 & \text{für } 0 \leq t \leq T \\ t - \frac{1}{2T}\, t^2 & \text{für } T \leq t \leq 2T \\ 0 & \text{für } t > 2T \end{cases}$$

als auch graphisch darstellen:

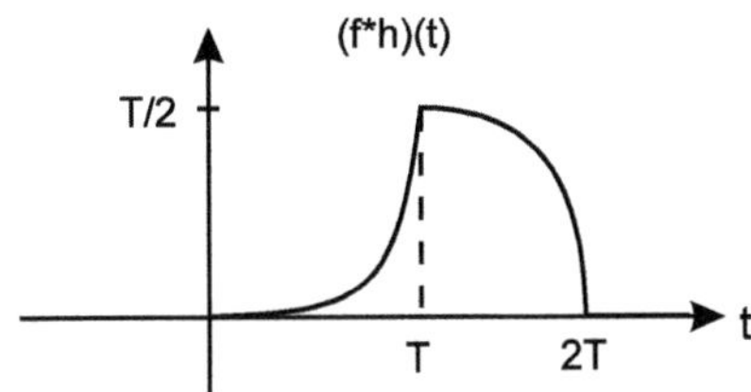

Abb. 18.12. Faltungsintegral $(f * h)(t)$

Musterbeispiel 18.15 (**Lösen von DG mit der Fourier-Transformation**).

Die Fourier-Transformation wird nicht nur zum Lösen von Differenzialgleichungen 1. Ordnung, sondern auch für lineare Differenzialgleichungen höherer Ordnung herangezogen: Gegeben ist die Differenzialgleichung 2. Ordnung

$$y''(t) - y(t) = f(t)\, S(t) \ .$$

1. Schritt: Durch Anwenden der Fourier-Transformation

$$\mathcal{F}\left(y''(t)\right)(\omega) = (i\,\omega)^2\, \mathcal{F}\left(y(t)\right)(\omega)$$

erhält man unter Verwendung der Linearität

$$(i\,\omega)^2\, \mathcal{F}\left(y(t)\right) - \mathcal{F}\left(y(t)\right) = \mathcal{F}\left(f(t)\, S(t)\right) \ .$$

2. Schritt: Auflösen nach der Fourier-Transformierten: Die algebraische Gleichung für die Fourier-Transformierte $\mathcal{F}(y)$ wird nach $\mathcal{F}(y)$ aufgelöst:

$$\hookrightarrow \quad \mathcal{F}\left(y(t)\right) = \frac{1}{-1 - \omega^2}\, \mathcal{F}\left(f(t)\, S(t)\right)$$

$$= -\frac{1}{2}\, \frac{2}{1 + \omega^2}\, \mathcal{F}\left(f(t)\, S(t)\right)$$

$$= -\frac{1}{2}\, \mathcal{F}\left(e^{-1\cdot|t|}\right) \cdot \mathcal{F}\left(f(t)\, S(t)\right),$$

da nach Beispiel 18.4: $\mathcal{F}\left(e^{-\alpha|t|}\right) = \dfrac{2\,\alpha}{\alpha^2 + \omega^2}.$

3. Schritt: Rücktransformation: Mit dem Faltungstheorem erhalten wir die Lösung der inhomogenen Differenzialgleichung 2. Ordnung

$$y(t) \;=\; -\frac{1}{2}\left(e^{-|t|}\right) * \left(f(t)\,S(t)\right)$$

$$=\; -\frac{1}{2}\int_{-\infty}^{\infty} e^{-|\tau|}\, f(t-\tau)\, S(t-\tau)\, d\tau$$

$$=\; -\frac{1}{2}\int_{-\infty}^{t} e^{-|\tau|}\, f(t-\tau)\, d\tau.$$

Anschließend muss natürlich zu gegebenem $f(t)$ das Integral auf der rechten Seite berechnet werden, um einen Ausdruck für $y(t)$ zu erhalten. $\square$

Zusammenfassung: Eigenschaften der Fourier-Transformation

$F(\omega)$ bezeichne die Fourier-Transformierte von f, $F_1(\omega)$ und $F_2(\omega)$ die Transformierten von f_1 und f_2.

(F_1) **Linearität:** $\mathcal{F}(k_1\, f_1 + k_2\, f_2)(\omega) = k_1\, F_1(\omega) + k_2\, F_2(\omega)$

(F_2) **Symmetrie:** $\mathcal{F}(\mathcal{F}(f))(t) = 2\pi\, f(-t)$

(F_3) **Skalierung:** $\mathcal{F}(f(a\,t))(\omega) = \frac{1}{|a|}\, F\left(\frac{\omega}{a}\right) \qquad a \in \mathbb{R}_{\neq 0}$

(F_4) **Zeitverschiebung:** $\mathcal{F}(f(t-t_0))(\omega) = e^{-i\,t_0\,\omega}\, F(\omega)$

(F_5) **Frequenzversch.:** $\mathcal{F}\left(e^{i\,\omega_0\,t}\, f(t)\right)(\omega) = F(\omega - \omega_0)$

(F_6) **Modulation:** $\mathcal{F}(f(t)\,\cos(\omega_0\,t))(\omega)$
$$= \tfrac{1}{2}\left(F(\omega + \omega_0) + F(\omega - \omega_0)\right)$$

(F_7) **Ableitung:** $\mathcal{F}(f')(\omega) = i\,\omega\, F(\omega)$

(F_8) **n-te Ableitung:** $\mathcal{F}\left(f^{(n)}\right)(\omega) = (i\,\omega)^n\, F(\omega)$

$(F9)$ **Faltungstheorem:** $\mathcal{F}(f_1 * f_2)(\omega) = F_1(\omega) \cdot F_2(\omega),$
$$\text{mit } (f_1 * f_2)(t) = \int_{-\infty}^{\infty} f_1(\tau)\, f_2(t-\tau)\, d\tau$$

18.3 Fourier-Transformation der Deltafunktion

Wenn man Systeme bezüglich ihres Frequenzverhaltens analysiert, benötigt man eine Funktion $\delta(t)$, welche alle Frequenzen mit derselben Amplitude enthält. Mit dieser Funktion als Eingangssignal regt man das System mit allen Frequenzen gleichermaßen an. Führt man anschließend eine Frequenzanalyse des Ausgangssignals durch, ist diese Information charakterisierend für das Frequenzverhalten des Systems.

18.3.1 Deltafunktion und Darstellung der Deltafunktion

In der Systemtheorie und in vielen anderen Gebieten der Technik und Physik spielt die Impulsfunktion $\delta(t)$ eine sehr wichtige Rolle. Man bezeichnet diese Funktion auch oftmals nach ihrem Erfinder Dirac-Funktion oder auch aufgrund der Notation als Deltafunktion. In der Physik werden dieser Funktion angeblich die folgenden Eigenschaften zugewiesen:

Eigenschaften der Deltafunktion:

(1) $\delta(t) = 0 \qquad$ für $t \neq 0$

(2) $\delta(0) = \infty$

(3) $\displaystyle\int_{-\infty}^{\infty} \delta(t)\, dt = 1$

(4) $\displaystyle\int_{-\infty}^{\infty} \delta(t)\, f(t)\, dt = f(0) \qquad$ für jede stetige Funktion $f : \mathbb{R} \to \mathbb{R}$.

Freilich gibt es solche Funktionen im üblichen Sinne nicht und auf die Theorie der *Distributionen* (= Verallgemeinerten Funktionen) können wir uns hier nicht einlassen. Nur so viel: Die letzte Gleichung ist das Wesentliche, (3) ist der Spezialfall $f = 1$, Gleichung (1) und (2) haben wenig zu bedeuten!

Zur Erklärung gehen wir von dem folgenden Experiment aus. Auf einen frei beweglichen Körper wirke ein Kraftstoß $F(t)$ mit konstanter Stärke $\frac{m\,v_0}{\varepsilon}$ in der endlichen Zeitspanne ε. Definieren wir die Funktion

$$\delta_\varepsilon(t) = \begin{cases} 0 & \text{für } t < 0 \\ \frac{1}{\varepsilon} & \text{für } 0 < t < \varepsilon \\ 0 & \text{für } t > \varepsilon \end{cases}$$

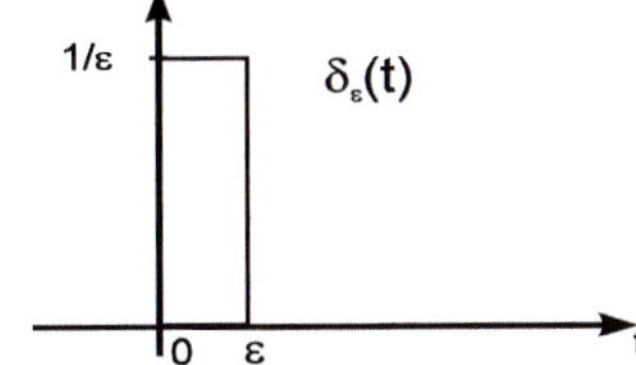

lässt sich der Kraftstoß $F(t)$ schreiben als

$$F(t) = m\,v_0\,\delta_\varepsilon(t)\ .$$

Der gesamte, übertragene Impuls ist dann

$$\Delta p = \int_{-\infty}^{\infty} F\left(t\right) dt = m\,v_0 \int_{-\infty}^{\infty} \delta_\varepsilon\left(t\right) dt = m\,v_0 \int_0^\varepsilon \frac{1}{\varepsilon}\, dt = m\,v_0\ .$$

Das Ergebnis ist unabhängig von der Zeitdauer ε! Für $\varepsilon \to 0$ wird also derselbe Impuls übertragen als für ein endliches ε. Der Grenzwert der Funktionenfamilie $\delta_\varepsilon\left(t\right)$ für $\varepsilon \to 0$ ergibt die sogenannte **Deltafunktion (Diracfunktion**; manchmal bezeichnet man sie auch nur mit **Impulsfunktion)**.

$$\delta\left(t\right) := \lim_{\varepsilon \to 0} \delta_\varepsilon\left(t\right).$$

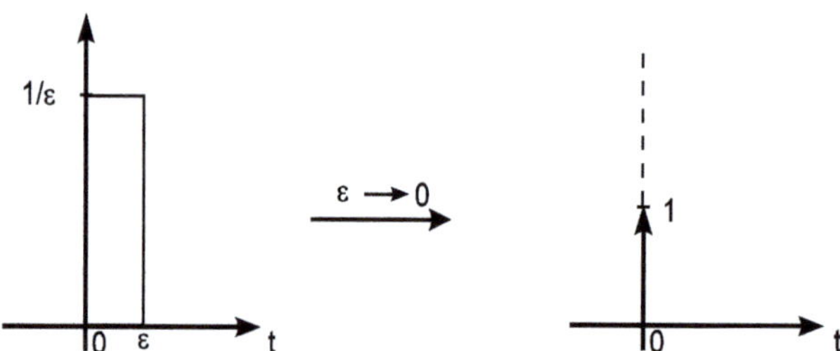

Abb. 18.13. Vom Rechteckimpuls zur Deltafunktion

Diese so definierte Funktion besitzt die Eigenschaften (1) - (4). Eigenschaften (1) bis (3) sind offensichtlich erfüllt und Eigenschaft (4) prüft man folgendermaßen nach:

$$\int_{-\infty}^{\infty} \delta_\varepsilon\left(t\right) f\left(t\right) dt = \int_0^\varepsilon \frac{1}{\varepsilon} f\left(t\right) dt = f\left(\xi\right) \int_0^\varepsilon \frac{1}{\varepsilon}\, dt = f\left(\xi\right)\ ,$$

denn nach dem Mittelwertsatz der Integralrechnung darf f an einer geeigneten, aber unbekannten Zwischenstelle $\xi \in [0,\,\varepsilon]$ aus dem Integral gezogen werden (siehe Band 2, Kapitel 8.2). Für $\varepsilon \to 0$ geht zum einen $\xi \to 0$, da $0 \le \xi \le \varepsilon$, und zum anderen $\delta_\varepsilon\left(t\right) \to \delta\left(t\right)$. Damit ist

$$\int_{-\infty}^{\infty} \delta\left(t\right) f\left(t\right) dt = \int_{-\infty}^{\infty} \lim_{\varepsilon \to 0} \delta_\varepsilon\left(t\right) f\left(t\right) dt = \lim_{\varepsilon \to 0} \int_{-\infty}^{\infty} \delta_\varepsilon\left(t\right) f\left(t\right) dt = f\left(0\right)\ .$$

Wichtig ist sich zu merken, dass die Deltafunktion ein *Funktional* ist, das durch die Integraleigenschaft

$$\int_{-\infty}^{\infty} f\left(t\right) \delta\left(t\right) dt = f\left(0\right)$$

charakterisiert wird, welche für jede stetige Funktion $f(t)$ gilt. Dies ist die *universelle Eigenschaft* der Deltafunktion. Allgemeiner gilt sogar

Ausblendeigenschaft der Deltafunktion

$$\int_{-\infty}^{\infty} f(\tau)\, \delta(t-\tau)\, d\tau = f(t)\,.$$

Denn

$$\int_{-\infty}^{\infty} f(\tau)\, \delta(t-\tau)\, d\tau = \int_{-\infty}^{\infty} f(t+\xi)\, \delta(\xi)\, d\xi = f(t+\xi)|_{\xi=0} = f(t)\,.$$

Man nennt diese Beziehung die **Ausblendeigenschaft** der Deltafunktion, da von der Funktion f ein einzelner Wert nämlich der bei t "ausgeblendet" wird.

Bemerkung: Mit der Ausblendeigenschaft kann man auch zeigen, dass die Deltafunktion unabhängig von der gewählten Funktionenfamilie $\delta_\varepsilon(t)$ ist: Denn sei $\delta_1(t)$ der Grenzwert einer Funktionenfamilie $\delta_{1\varepsilon}(t)$ und $\delta_2(t)$ der Grenzwert einer anderen Funktionenfamilie $\delta_{2\varepsilon}(t)$, dann gilt aufgrund der Ausblendeigenschaft von $\delta_1(t)$

$$\delta_2(t) = \int_{-\infty}^{\infty} \delta_1(t-\tau)\, \delta_2(\tau)\, d\tau = \int_{-\infty}^{\infty} \delta_1(\xi)\, \delta_2(t-\xi)\, d\xi = \delta_1(t)\ .$$

Die letzte Gleichheit gilt wegen der Ausblendeigenschaft von $\delta_2(t)$. Also ist $\delta_2(t) = \delta_1(t)$ für alle $t \in \mathbb{R}$. $\qquad\qquad\qquad\qquad\qquad\quad\square$

18.3.2 Fourier-Transformation der Deltafunktion

Aufgrund der grundlegenden Eigenschaft der Deltafunktion (4), dass für jede stetige Funktion $\varphi(t)$

$$\int_{-\infty}^{\infty} \delta(t)\, \varphi(t)\, dt = \varphi(0)\ ,$$

gilt speziell für $\varphi(t) = e^{-i\omega t}$

$$\int_{-\infty}^{\infty} \delta(t)\, e^{-i\omega t}\, dt = e^{-i\omega t}\big|_{t=0} = 1\,.$$

Die linke Seite der Gleichung ist die Fourier-Transformierte der Funktion $\delta(t)$; damit ist die Fourier-Transformierte der Deltafunktion die konstante Funktion

$$\mathcal{F}(\delta)(\omega) = 1.$$

Bemerkungen:

(1) Setzen wir dieses Ergebnis wiederum in die Umkehrformel der Fourier-Transformation (FI) ein, folgt

$$\delta\left(t\right) = \frac{1}{2\pi} \int_{-\infty}^{\infty} \mathcal{F}\left(\delta\right)\left(\omega\right) e^{i\,\omega\,t}\,d\omega = \frac{1}{2\pi} \int_{-\infty}^{\infty} e^{i\,\omega\,t}\,d\omega\ . \qquad (*)$$

Durch die Berechnung des uneigentlichen Integrals $(*)$

$$\begin{aligned}
\delta\left(t\right) &= \lim_{\varepsilon\to 0} \frac{1}{2\pi} \int_{-1/\varepsilon}^{1/\varepsilon} e^{i\,\omega\,t}\,d\omega = \lim_{\varepsilon\to 0} \frac{1}{2\pi}\frac{1}{i\,t}\left(e^{i\,\omega\,t}\right)\Big|_{\omega=-1/\varepsilon}^{\omega=1/\varepsilon} \\
&= \lim_{\varepsilon\to 0} \frac{1}{2\pi}\frac{1}{i\,t}\left(e^{i\,\frac{1}{\varepsilon}\,t} - e^{-i\,\frac{1}{\varepsilon}\,t}\right) = \lim_{\varepsilon\to 0} \frac{\sin\left(\frac{1}{\varepsilon}\,t\right)}{\pi\,t}
\end{aligned}$$

erhalten wir die Deltafunktion auch als Grenzwert der Funktionenfamilie $\frac{\sin\left(\frac{1}{\varepsilon}\,t\right)}{\pi\,t}$ für $\varepsilon \to 0$, welche wir schon in Beispiel 18.1 angegeben und graphisch diskutiert hatten.

(2) Wenden wir auf Gleichung $(*)$ nochmals die Fourier-Transformation an, erhält man mit der Symmetrieeigenschaft (F_2) die Fourier-Transformierte der konstanten Funktion:

$$\mathcal{F}\left(1\right)\left(\omega\right) = 2\pi\,\delta\left(\omega\right).$$

Beispiele 18.16.

① Wir berechnen die Fourier-Transformierte der Sprungfunktion

$$S\left(t\right) = \frac{1}{2} + \frac{1}{2}\,sign\left(t\right)\ .$$

Nach Beispiel 18.6 ist die Fourier-Transformierte von $f\left(t\right) = \frac{1}{t}$

$$\mathcal{F}\left(\frac{1}{t}\right)\left(\omega\right) = -i\,\pi\,sign\left(\omega\right).$$

Nach der Symmetrieeigenschaft (F_2) gilt daher

$$\mathcal{F}\left(sign\left(t\right)\right)\left(\omega\right) = \frac{1}{-i\,\pi}\mathcal{F}(\mathcal{F}(\frac{1}{\omega})(t))\,() = \frac{1}{-i\,\pi}2\pi\left(\frac{1}{-\omega}\right) = \frac{2}{i\,\omega}$$

und wegen der Linearität (F_1)

$$\mathcal{F}\left(\frac{1}{2} + \frac{1}{2}\,sign\left(t\right)\right)\left(\omega\right) = \frac{1}{2}\,\mathcal{F}\left(1\right)\left(\omega\right) + \frac{1}{2}\,\mathcal{F}\left(sign\left(t\right)\right)\left(\omega\right)$$

$$\Rightarrow\ \mathcal{F}\left(S\left(t\right)\right)\left(\omega\right) = \pi\,\delta\left(\omega\right) + \frac{1}{i\,\omega}.$$

② Wegen den Verschiebungseigenschaften (F_4), (F_5) ist

$$\mathcal{F}\left(\delta\left(t - t_0\right)\right)(\omega) = e^{-i\,\omega\,t_0},$$

$$\mathcal{F}\left(e^{i\,\omega_0\,t}\right)(\omega) = 2\pi\,\delta\left(\omega - \omega_0\right).$$

③ Wegen der Modulationseigenschaft (F_6) gilt mit $f\left(t\right) = 1$

$$\mathcal{F}\left(\cos\left(\omega_0\,t\right)\right)(\omega) = \pi\,\delta\left(\omega - \omega_0\right) + \pi\,\delta\left(\omega + \omega_0\right).$$

Dieses Ergebnis besagt, dass in $\cos\left(\omega_0\,t\right)$ nur eine Frequenz ω_0 enthalten ist. Die Fourier-Transformation liefert als Spektrum von $\cos\left(\omega_0\,t\right)$ nur eine Linie. Misst man $\cos\left(\omega_0\,t\right)$ in einem endlichen Zeitintervall, so kommt es nach Beispiel 18.10 allerdings zur Verbreiterung dieser Linie!

④ Mit der Ausblendeigenschaft der Deltafunktion gilt

$$\delta\left(t - t_0\right) * f\left(t\right) = \int_{-\infty}^{\infty} \delta\left(\tau - t_0\right) f\left(t - \tau\right)\,d\tau = f\left(t - \tau\right)\big|_{\tau = t_0} = f\left(t - t_0\right).$$

Beispiel 18.17 (Fourier-Transformation periodischer Funktionen). Sei f eine T-periodische Funktion. Dann gilt nach dem Satz von Fourier für periodische Funktionen mit $\omega_0 = \frac{2\pi}{T}$ in der komplexen Schreibweise

$$f\left(t\right) = \sum_{n=-\infty}^{\infty} c_n\,e^{i\,n\,\omega_0\,t}.$$

Aufgrund der Linearität der Fourier-Transformation gilt mit Beispiel 18.16 ②

$$\mathcal{F}\left(f\left(t\right)\right)(\omega) = \sum_{n=-\infty}^{\infty} c_n\,\mathcal{F}\left(e^{i\,n\,\omega_0\,t}\right)(\omega) = 2\pi \sum_{n=-\infty}^{\infty} c_n\,\delta\left(\omega - n\,\omega_0\right).$$

Die Fourier-Transformierte einer periodischen Funktion ist durch das Spektrum der Fourier-Reihe gegeben. Daher bezeichnet man als **Spektrum** eines beliebigen Signals $f\left(t\right)$ die **Fourier-Transformierte** $F\left(\omega\right)$. $\qquad\qquad\square$

18.3.3 Darstellung der Fourier-Transformierten von $\delta(t)$

Wir zeigen im Folgenden den Übergang des Spektrums der Funktionenfamilie $\delta_\varepsilon\left(t\right)$ für $\varepsilon \to 0$ zum Spektrum der Deltafunktion auf. Nach Beispiel 18.1 gilt die Beziehung

$$F_T(\omega) := \mathcal{F}\left(\tfrac{1}{T}\,\mathrm{rect}(\tfrac{2t}{T})\right)(\omega) = 2\,\frac{\sin(\omega\,T/2)}{\omega\,T}.$$

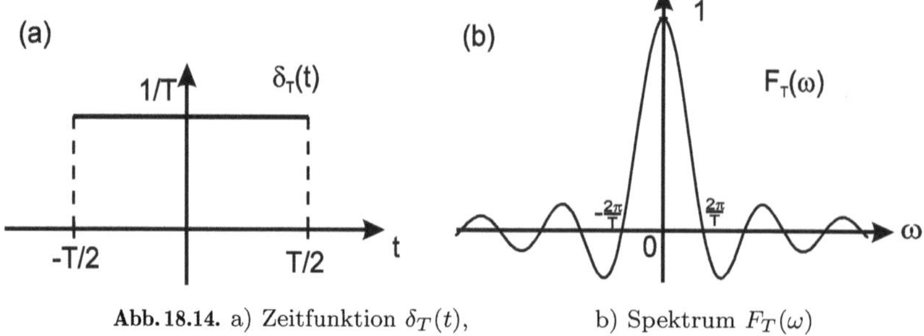

Abb. 18.14. a) Zeitfunktion $\delta_T(t)$,   b) Spektrum $F_T(\omega)$

Für $T \to 0$ geht die Zeitfunktion $\delta_T(t) = \frac{1}{T}\,rect(\frac{2t}{T})$ gegen die Deltafunktion. Wir diskutieren nun das Spektrum $F_T(\omega)$ in Abhängigkeit des Parameters T: Die Maximalamplitude ist 1; unabhängig von T. Die ersten beiden Nullstellen des Spektrums liegen bei $\omega = \pm\frac{2\pi}{T}$; abhängig von T. Für $T \to 0$ streben diese Nullstellen gegen $\pm\infty$:

$$\delta_T(t) \quad \overset{T\to 0}{\longrightarrow} \quad \delta(t)$$

$$F_T(\omega) \quad \overset{T\to 0}{\longrightarrow} \quad 1$$

Der Übergang $F_T(\omega) \to 1$ für $T \to 0$ lässt sich graphisch sehr schön veranschaulichen. Hierzu nehmen wir das Spektrum

$$F_T := 2\,\frac{\sin\left(\frac{1}{2}\,\omega\,T\right)}{\omega\,T}$$

und variieren T.

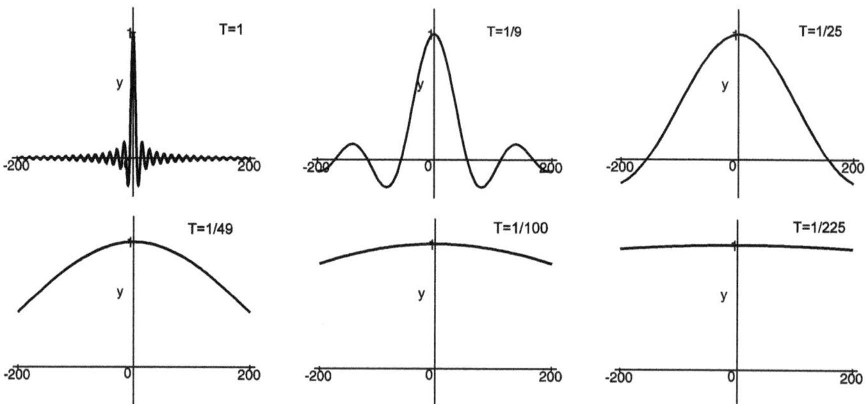

Animation: Man erkennt an den Einzelbildern, dass die Maximalamplitude stets bei 1 bleibt, die Nullstellen aber gegen $\pm\infty$ wandern, so dass als Grenzfunktion die konstante Funktion $F(\omega) = 1$ herauskommt.

□

18.3.4 Korrespondenzen der Fourier-Transformation

$\mathbf{f}\,(\mathbf{t})$	$\mathbf{F}(\omega) = \mathcal{F}\,(\mathbf{f})\,(\omega)$
$\delta\,(t)$	1
1	$2\pi\,\delta\,(\omega)$
$\cos\,(\omega_0\,t)$	$\pi\,\delta\,(\omega - \omega_0) + \pi\,\delta\,(\omega + \omega_0)$
$\sin\,(\omega_0\,t)$	$\dfrac{\pi}{i}\,\delta\,(\omega - \omega_0) - \dfrac{\pi}{i}\,\delta\,(\omega + \omega_0)$
$sign\,(t)$	$\dfrac{2}{i\,\omega}$
$S\,(t)$	$\pi\,\delta\,(\omega) + \dfrac{1}{i\,\omega}$
$S\,(t)\,\cos\,(\omega_0\,t)$	$\dfrac{\pi}{2}\,\delta\,(\omega - \omega_0) + \dfrac{\pi}{2}\,\delta\,(\omega + \omega_0) + \dfrac{i\,\omega}{\omega_0^2 - \omega^2}$
$S\,(t)\,\sin\,(\omega_0\,t)$	$\dfrac{\pi}{2\,i}\,\delta\,(\omega - \omega_0) - \dfrac{\pi}{2\,i}\,\delta\,(\omega + \omega_0) + \dfrac{\omega_0}{\omega_0^2 - \omega^2}$
$S\,(t)\,e^{-a\,t}$	$\dfrac{1}{a + i\,\omega}\quad(a > 0\ \text{ bzw. }\ \mathrm{Re}\,a > 0)$
$S\,(t)\,t^n\,\dfrac{e^{-a\,t}}{n!}$	$\dfrac{1}{(a + i\,\omega)^{n+1}}\quad(a > 0\ \text{ bzw. }\ \mathrm{Re}\,a > 0)$
$S\,(t)\,e^{-a\,t}\,\cos\,(\omega_0\,t)$	$\dfrac{i\,\omega + a}{(i\,\omega + a)^2 + \omega_0^2}\quad(a > 0\ \text{ bzw. }\ \mathrm{Re}\,a > 0)$
$S\,(t)\,e^{-a\,t}\,\sin\,(\omega_0\,t)$	$\dfrac{\omega_0}{(i\,\omega + a)^2 + \omega_0^2}\quad(a > 0\ \text{ bzw. }\ \mathrm{Re}\,a > 0)$
$e^{-a\,|t|},\quad a > 0$	$\dfrac{2\,a}{a^2 + \omega^2}$
$e^{-a\,|t|}\,\cos\,(\omega_0\,t),\quad a > 0$	$\dfrac{2\,a\,(\omega^2 + \omega_0^2 + a^2)}{(\omega^2 - \omega_0^2)^2 + a^2\,(2\,\omega^2 + 2\,\omega_0^2 + a^2)}$
$e^{-a\,t^2},\quad a > 0$	$\sqrt{\dfrac{\pi}{a}}\,e^{-\frac{\omega^2}{4\,a}}$
$rect\,\left(\dfrac{t}{T}\right) = \begin{cases} 1 & \text{für } |t| < T \\ 0 & \text{für } |t| > T \end{cases}$	$\dfrac{2\,\sin\,(\omega\,T)}{\omega}$
$\Delta\,\left(\dfrac{t}{T}\right) = \begin{cases} 1 - \dfrac{|t|}{T} & \text{für } |t| < T \\ 0 & \text{für } |t| > T \end{cases}$	$\dfrac{4\,\sin^2\,\left(\dfrac{\omega\,T}{2}\right)}{T\,\omega^2}$

18.4 Aufgaben zur Fourier-Transformation

18.1   a) Bestimmen Sie die Fourier-Transformierte von

$$f_1(t) = \begin{cases} A & \text{für} & -\frac{T}{2} < t < \frac{T}{2} \\ 0 & & \text{sonst} \end{cases}$$

b) Man diskutiere die Funktion $F(f_1)(\omega)$ für $A = \frac{1}{T}$

c) Was ergibt sich für

$$f_2(t) = \begin{cases} A & \text{für} & t_0 < t < t_0 + T \\ 0 & & \text{sonst} \end{cases} \, ?$$

18.2   Man bestimme das Spektrum des Dreiecksignals

$$f(t) = \begin{cases} A \cdot \left(1 - \left|\frac{t}{T}\right|\right) & |t| \leq T \\ 0 & |t| > T \end{cases}$$

18.3   a) Berechnen Sie die Fourier-Transformierte der Funktion $e^{-\alpha|t|}\,sign(t)$
(vgl. Abb. (a)).

b) Man berechne die Fourier-Transformierte des $\cos^2$-Impulses (vgl. (b)).

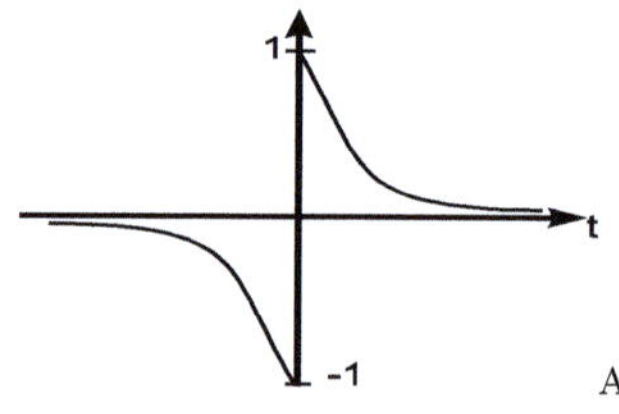

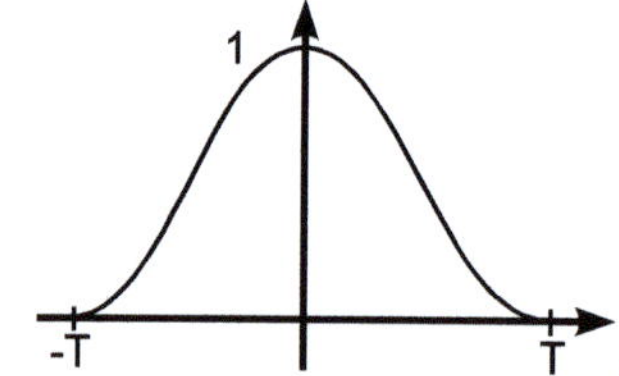

18.4   Skizzieren Sie die Fourier-Transformierten von 18.1 - 18.3. Erkennen Sie anhand der Skizze, ob die Funktionen eine Unsteigkeit besitzen? Welche haben einen Gleichanteil?

18.5   Geben Sie die Fourier-Transformierte der in Abb. (c) skizzierten Funktion $f(t)$ an.

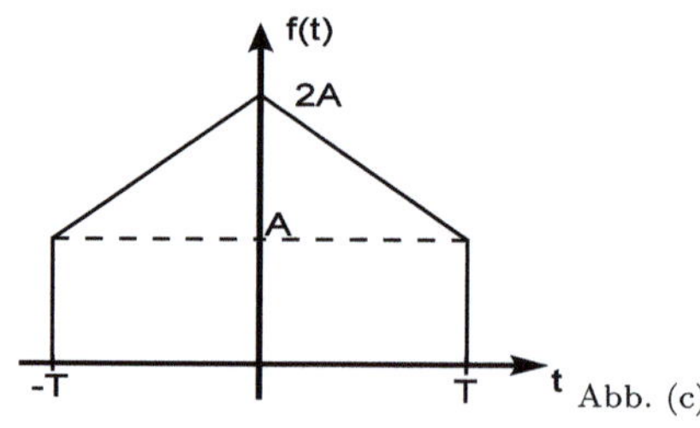

18.6   Zeigen Sie, dass die Fourier-Transformation eine lineare Transformation ist, d.h. das Superpositionsgesetz gültig ist:

$$\mathcal{F}(\alpha_1 f_1 + \alpha_2 f_2) = \alpha_1 \mathcal{F}(f_1) + \alpha_2 \mathcal{F}(f_2) \; .$$

18.7 Beweisen Sie
a) die Skalierungseigenschaft $\mathcal{F}\left(f\left(a\,t\right)\right)\left(\omega\right)=\frac{1}{|a|}\,\mathcal{F}\left(f\left(t\right)\right)\left(\frac{\omega}{a}\right)$,
b) den Verschiebungssatz $\mathcal{F}\left(f\left(t-t_0\right)\right)\left(\omega\right)=e^{-i\omega_0 t}\,\mathcal{F}\left(f\left(t\right)\right)\left(\omega\right)$.

18.8 Zeigen Sie durch vollständige Induktion, dass
$$\mathcal{F}\left(\left(-i\,t\right)^n\,f\right)=\frac{d^n}{d\omega^n}\,\mathcal{F}\left(f\right)\left(\omega\right)=F^{(n)}\left(\omega\right)\ ,$$
wenn $F\left(\omega\right)=\mathcal{F}\left(f\right)\left(\omega\right)$.

18.9 Bestimmen Sie unter Verwendung der Eigenschaften der Fourier-Transformation die Transformierten von
a) $\delta\left(t\right)$ b) $\delta\left(t-t_0\right)$ c) $\frac{i}{2}\left(\delta\left(t+t_0\right)-\delta\left(t-t_0\right)\right)$ d) $\sin\left(\omega_0 t\right)$

18.10 Man zeige, dass die folgenden Gleichungen gültig sind
a) $\mathcal{F}\left(e^{i\,a\,t}\right)\left(\omega\right)=2\pi\,\delta\left(\omega-a\right)$
b) $\delta\left(t-t_0\right)*f\left(t\right)=f\left(t-t_0\right)$

18.11 Wie lautet die Faltung des Rechteckimpulses
$$rect\left(\frac{2\,t}{T}\right)=\begin{cases}1 & |t|\le\frac{T}{2}\\0 & |t|>\frac{T}{2}\end{cases}$$
mit sich selbst? (Skizze!)

18.12 Berechnen Sie die Fourier-Transformierten der angegebenen Funktionen

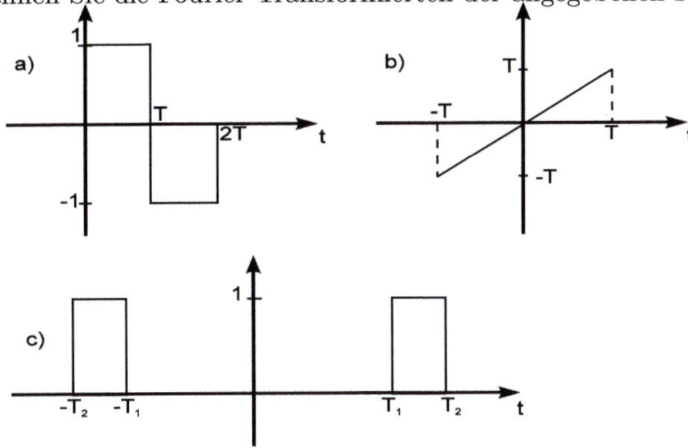

18.13 Bestimmen Sie mit Hilfe einer graphischen Skizze die Faltung $f*h$ der Funktionen für   a) $t\le 0$ b) $0\le t\le T$ c) $T\le t$.

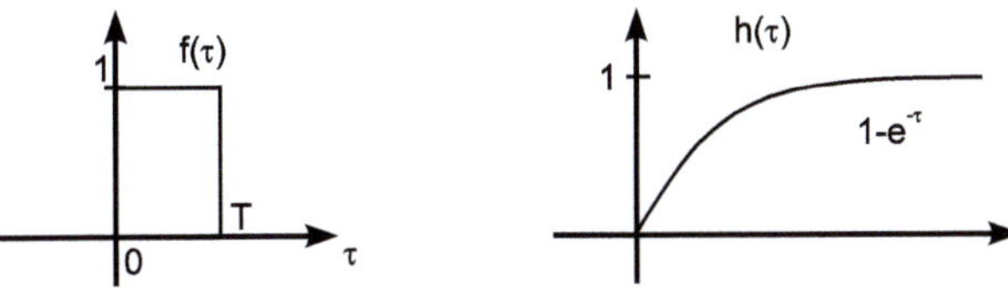

18.14 Gegeben ist die Differenzialgleichung
$$y''\left(t\right)-4\,y\left(t\right)=f\left(t\right)\ .$$
Bestimmen Sie die Fourier-Transformierte von $y\left(t\right)$ sowie $y\left(t\right)$ in Form eines Faltungsintegrals.

Partielle Differenzialgleichungen

19

19 Partielle Differenzialgleichungen

19.1 Einführung

Viele wichtige Probleme der angewandten Mathematik und Physik führen zu *partiellen Differenzialgleichungen* (PDG): zu Gleichungen, die Beziehungen zwischen einer oder mehreren Funktionen mehrerer Variablen und ihren **partiellen** Ableitungen herstellen. Zwei willkürliche Beispiele für PDG sind

$$\frac{\partial^3}{\partial x^3} u\,(x,\,t) + \left(\frac{\partial}{\partial t} u\,(x,\,t) \right)^2 = \frac{\partial^2}{\partial x^2} u\,(x,\,t) \qquad \text{für } u\,(x,\,t),$$

$$\frac{\partial}{\partial x} u\,(x,\,y) = \frac{\partial}{\partial y} v\,(x,\,y), \quad \frac{\partial}{\partial y} u\,(x,\,y) = -\frac{\partial}{\partial x} v\,(x,\,y) \quad \text{für } u(x,\,y),\,v(x,\,y).$$

Als *Ordnung* einer PDG wird die höchste in der Gleichung vorkommende partielle Ableitung bezeichnet.

Es gibt drei klassische partielle Differenzialgleichungen zweiter Ordnung, denen man in vielen Anwendungen begegnet und welche die Theorie beherrschen:

(1) $\frac{\partial^2}{\partial t^2} u\,(x,t) = c^2 \frac{\partial^2}{\partial x^2} u\,(x,t)$ ist die **Wellengleichung**. $u\,(x,t)$ beschreibt z.B. die Schwingung einer eingespannten Saite am Ort x zur Zeit t. Diese PDG kommt auch bei der Untersuchung von akustischen, elektromagnetischen und Wasserwellen vor.

(2) $\frac{\partial}{\partial t} u\,(x,t) = \alpha^2 \frac{\partial^2}{\partial x^2} u\,(x,t)$ ist die **Wärmeleitungsgleichung**. $u\,(x,\,t)$ stellt z.B. die Temperaturverteilung in einem Stab am Ort x zur Zeit t dar. Diese PDG tritt bei der Beschreibung der Wärmeleitung und anderen Diffusionsprozessen auf.

(3) $\frac{\partial^2}{\partial x^2} u\,(x,y) + \frac{\partial^2}{\partial y^2} u\,(x,y) = 0$ ist die **Laplace-Gleichung**. $u\,(x,\,y)$ beschreibt z.B. das elektrostatische Potenzial in einem ebenen Problem wie dem elektrostatischen Trog. Diese PDG tritt auch bei anderen stationären Problemen wie z.B. einem stationären Wärmestrom, dem Durchbiegen einer Membran, elektrischen und magnetischen Potenzialen auf.

Zusätzlich zu den PDG sind für die gesuchten Funktionen noch *Anfangs-* und/oder *Randbedingungen* vorgegeben, die durch die jeweilige physikalische Problemstellung bestimmt sind. Wir werden in den folgenden Abschnitten nicht das systematische Lösen von PDG behandeln, sondern exemplarisch spezielle lineare PDG, wie die oben genannten, diskutieren.

Notation: Wir kürzen die partiellen Ableitungen im Folgenden häufig durch

$$u_x\,(x,\,t) = \frac{\partial}{\partial x}\,u\,(x,t) \quad \text{bzw.} \quad u_{xx}\,(x,\,t) = \frac{\partial^2}{\partial x^2}\,u\,(x,t)$$

ab. Analoges gilt für die anderen Variablen. Wenn durch den Zusammenhang hervorgeht, welches die Variablen der Funktion u sind, werden diese der Übersichtlichkeit wegen unterdrückt. Die drei klassischen PDG lauten mit dieser Konvention

$$(1)\ \ u_{tt} = c^2\,u_{xx} \qquad\qquad (2)\ \ u_t = \alpha^2\,u_{xx} \qquad\qquad (3)\ \ u_{xx} + u_{yy} = 0\,.$$

Klassifizierung von linearen PDG 2. Ordnung. Lineare PDG 2. Ordnung haben die allgemeine Gestalt

$$A\,u_{xx} + 2\,B\,u_{xy} + C\,u_{yy} + D\,u_x + E\,u_y + F = 0 \qquad\qquad (*)$$

mit Funktion A, B, C, D, E und F, die i.A. von x und y abhängen. Als Diskriminante der PDG $(*)$ bezeichnet man die Funktion

$$d := A\,C - B^2\,.$$

Die PDG $(*)$ heißt

$$\begin{array}{lll}
\textit{parabolisch} & \text{falls} & d = 0,\\
\textit{hyperbolisch} & \text{falls} & d < 0,\\
\textit{elliptisch} & \text{falls} & d > 0.
\end{array}$$

Diese Bezeichnungen stammen aus der analytischen Geometrie, in der

$$a\,x^2 + 2\,b\,x\,y + c\,y^2 + d\,x + e\,y + f = 0$$

in der Regel eine Parabel, Hyperbel oder Ellipse darstellt; je nachdem ob $a\,c - b^2 = 0$, < 0 oder > 0 ist.

Beispiele 19.1.

① Die Wellengleichung $u_{tt} = c^2\,u_{xx}$ ist hyperbolisch:

$$A = c^2,\ B = 0,\ C = -1 \ \Rightarrow\ d = -c^2 < 0.$$

② Die Wärmeleitungsgleichung $u_t = \alpha^2\,u_{xx}$ ist parabolisch:

$$A = \alpha^2,\ B = C = 0 \ \Rightarrow\ d = 0\,.$$

③ Die Laplace-Gleichung $u_{xx} + u_{yy} = 0$ ist elliptisch:

$$A = C = 1,\ B = 0 \ \Rightarrow\ d = 1 > 0\,. \qquad\qquad \square$$

19.2 Die Wellengleichung

Als Modellfall für die Herleitung der Wellengleichung betrachten wir eine an den Enden fest eingespannte, elastische Saite der Länge L, die in der vertikalen Ebene in Schwingungen versetzt wird. Gesucht ist die vom Ort x und der Zeit t abhängige **vertikale Auslenkung** $u(x, t)$.

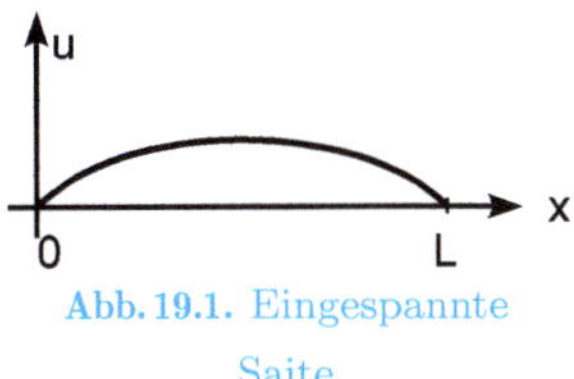

Abb. 19.1. Eingespannte Saite

19.2.1 Herleitung der Wellengleichung

Für die vertikale Auslenkung $u(x, t)$ einer *schwingenden Saite* leiten wir die PDG unter den folgenden Voraussetzungen ab:

(V_1) Die Vorspannkraft der Saite $F_0 = |\vec{F}(x)|$ ist entlang der Saite konstant.

(V_2) Es werden nur kleine Auslenkungen für u betrachtet.

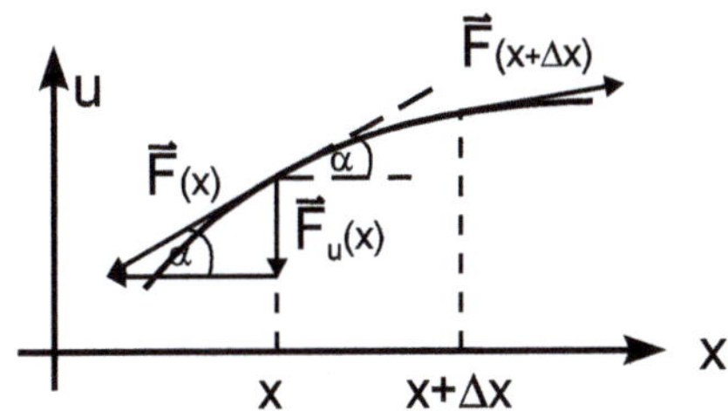

Abb. 19.2. Bestimmung der Querkraft

Für die Querkraft (Kraft in Richtung u) gilt im Punkte x für kleine Auslenkungen

$$F_u(x) = -F_0 \sin \alpha \approx -F_0 \, \alpha \approx -F_0 \cdot \tan \alpha = -F_0 \left(\frac{\partial u}{\partial x} \right)_x .$$

Analog gilt für die Querkraft F_u an der Stelle $x + \triangle x$

$$F_u(x + \triangle x) \approx F_0 \left(\frac{\partial u}{\partial x} \right)_{x + \triangle x} \approx F_0 \left[\left(\frac{\partial u}{\partial x} \right)_x + \triangle x \left(\frac{\partial^2 u}{\partial x^2} \right)_x \right] ,$$

wenn man $\left(\frac{\partial u}{\partial x} \right)_{x + \triangle x}$ gemäß der Formel $f(x + \triangle x) \approx f(x) + f'(x) \cdot \triangle x$ linearisiert. Auf das zwischen x und $x + \triangle x$ gelegene Saitenelement wirkt die Gesamtkraft

$$\overrightarrow{\triangle F} = \vec{F}(x) + \vec{F}(x + \triangle x)$$

und somit die resultierende Querkraft

$$\triangle F_u = F_u(x + \triangle x) + F_u(x) \approx F_0 \, \triangle x \, \frac{\partial^2}{\partial x^2} \, u .$$

Diese Querkraft beschleunigt das Massenelement $\triangle m = \rho \cdot \triangle x \cdot A$, wenn ρ die Dichte und A die Querschnittsfläche der Saite ist. Nach dem Newtonschen Bewegungsgesetz (die Beschleunigungskraft $m\,a$ ist gleich der Summe aller angreifenden Kräfte) gilt

$$\triangle m \, \frac{\partial^2}{\partial t^2} \, u = \triangle F_u = F_0 \, \Delta x \, \frac{\partial^2}{\partial x^2} u$$

$$\Rightarrow \quad \frac{\partial^2}{\partial t^2} \, u\,(x,\,t) = \frac{F_0}{\rho A} \, \frac{\partial^2}{\partial x^2} \, u\,(x,\,t), \qquad \textbf{(Wellengleichung)}$$

wenn F_0 die Spannkraft der Saite, ρ die Dichte und A die Querschnittsfläche der Saite ist. Wir lösen die Wellengleichung für unterschiedliche, physikalische Problemstellungen:

19.2.2 Unendlich ausgedehnte Saite (Anfangswertproblem)

Sei f eine *beliebige* 2-mal stetig differenzierbare Funktion einer Variablen. Dann erhält man durch den **Ansatz**

$$u\,(x,\,t) = f\,(x+c\,t)$$

eine Lösung der Wellengleichung. Denn mit der Kettenregel ist

$$u_{xx}\,(x,\,t) = f''\,(x+c\,t) \qquad \text{und} \qquad u_{tt}\,(x,\,t) = c^2\,f''\,(x+c\,t) \ .$$

In die PDG eingesetzt, folgt

$$c^2\,f''\,(x+c\,t) = \frac{F_0}{\rho\,A}\,f''\,(x+c\,t) \ \Rightarrow \ c^2 = \frac{F_0}{\rho\,A} \ \Rightarrow \ c = \pm\sqrt{\frac{F_0}{\rho\,A}} \ .$$

Setzt man $\boxed{c := \sqrt{\frac{F_0}{\rho\,A}}}$, so ist $f\,(x+c\,t)$ als auch $f\,(x-c\,t)$ eine Lösung der Wellengleichung.

- $f\,(x+c\,t)$ beschreibt eine mit der Geschwindigkeit c in negative x-Richtung *laufende Welle*;
- $f\,(x-c\,t)$ beschreibt eine mit der Geschwindigkeit c in positive x-Richtung *laufende Welle*.

Die Lösung lautet somit

$$u\,(x,\,t) = f_1\,(x+c\,t) + f_2\,(x-c\,t)$$

mit zwei beliebigen, 2-mal stetig differenzierbaren Funktionen f_1 und f_2.

⊙ Berücksichtigung der Anfangsbedingungen

Für $u(x, t)$ seien die Anfangsauslenkung $u(x, t = 0) = u_0(x)$ und die Anfangsgeschwindigkeit $u_t(x, t = 0) = v_0(x)$ an jedem Ort x zur Zeit $t = 0$ vorgegeben. Setzt man die Anfangsbedingungen in die allgemeine Lösung ein, gilt

$$u(x, t = 0) \quad = \quad u_0(x) \quad = \quad f_1(x) + f_2(x) \tag{1}$$

$$u_t(x, t = 0) \quad = \quad v_0(x) \quad = \quad c\,(f_1'(x) - f_2'(x)). \tag{2}$$

Integriert man (2)

$$f_1(x) - f_2(x) = \frac{1}{c} \int_{x_0}^{x} v_0(\xi)\, d\xi + K \tag{2'}$$

und addiert bzw. subtrahiert von (2') Gleichung (1), folgt weiter

$$f_1(x) = \frac{1}{2}\, u_0(x) + \frac{1}{2c} \int_{x_0}^{x} v_0(\xi)\, d\xi + \frac{K}{2}$$

$$f_2(x) = \frac{1}{2}\, u_0(x) - \frac{1}{2c} \int_{x_0}^{x} v_0(\xi)\, d\xi - \frac{K}{2}.$$

Die Lösungsformel lautet mit der Anfangsauslenkung $u_0(x)$ und Anfangsgeschwindigkeit $v_0(x)$

$$u(x, t) = \frac{1}{2}\left[u_0(x + ct) + u_0(x - ct)\right] + \frac{1}{2c} \int_{x-ct}^{x+ct} v_0(\xi)\, d\xi$$

(**d'Alembertsche Formel**).

Betrachten wir den Spezialfall, dass die Saite keine Anfangsgeschwindigkeit besitzt, $v_0(x) = 0$, vereinfacht sich die Lösung zu

$$u(x, t) = \tfrac{1}{2}\, u_0(x + ct) + \tfrac{1}{2}\, u_0(x - ct)\ .$$

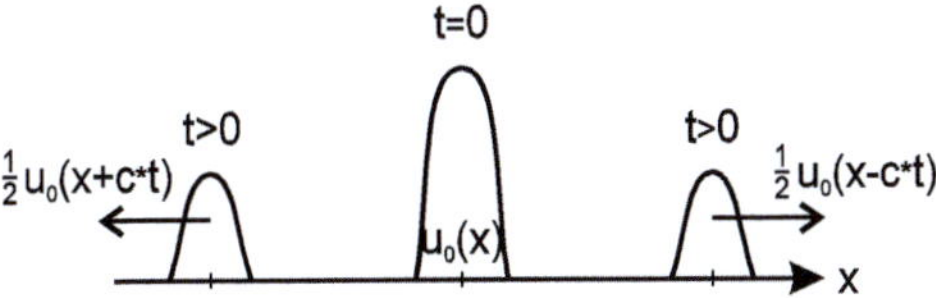

Abb. 19.3. Nach rechts und links laufende Welle

Interpretation: Der erste Summand beschreibt die Ausbreitung der Anfangsauslenkung nach links und der zweite nach rechts, jeweils mit halber Amplitude.

⊘ Anwendung: Peitschenknallen

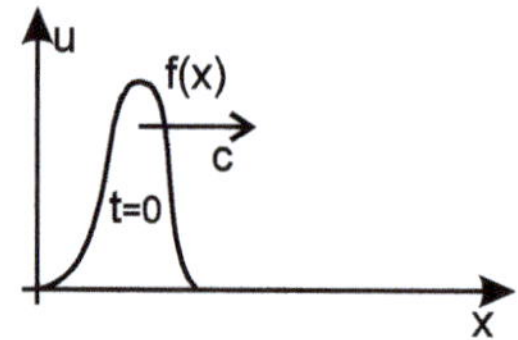

Abb. 19.4. Auslenkung der Peitsche

Beim Peitschenknallen führt man eine einseitig "unendlich" ausgedehnte Saite an einem Saitenrand. Lenkt man die Peitsche durch Anheben und Absenken z.B. des linken Saitenrandes aus, so dass die Saite zu Beginn eine Anfangsauslenkung der Gestalt $f(x)$ hat (siehe Abb. 19.4), ist

$$u(x,\,t) = f(x - c\,t)$$

die Lösung der Wellengleichung zu den Anfangsbedingungen

$$u(x,\,t = 0) = f(x) \quad (\text{und } f(x) = 0 \ \text{für} \ x \le 0)$$
$$u(x = 0,\,t) = 0 \qquad \text{für alle } t.$$

Die Lösung stellt eine nach rechts laufende Welle dar. Die Geschwindigkeit beträgt $c = \sqrt{\frac{F}{\rho A}}$. Verkleinert sich der Querschnitt A, erhöht sich die Geschwindigkeit c. Ist der Querschnitt A klein genug, wird $c > v_{Schall}$ und es kommt zum Peitschenknall.

Visualisierung: Zur graphischen Darstellung wählen wir eine Gauß-Funktion als Anfangsauslenkung. Man erkennt, wie der Gauß-Impuls nach rechts wandert. Im zugehörigen Worksheet befindet sich auch eine Animation, bei der sich der Querschnitt der Saite verkleinert. Man erkennt, dass sich dann die Geschwindigkeit des Impulses im Verlauf der Bewegung vergrößert.

19.2.3 Eingespannte Saite (Anfangsrandwertproblem)

Um die Auslenkung einer **eingespannten** Saite $u(x,t)$ zur Zeit t am Ort x bestimmen zu können, benötigen wir neben der PDG

$$u_{tt}(x,t) = c^2\,u_{xx}(x,t)$$

die Anfangsauslenkung $u_0(x)$ und Anfangsgeschwindigkeit $v_0(x)$

$$\left.\begin{array}{l} u(x,\,t = 0) = u_0(x) \\ u_t(x,\,t = 0) = v_0(x) \end{array}\right\} \quad \textbf{Anfangsbedingungen}$$

sowie zwei Einspannbedingungen. Bei $x = 0$ und $x = L$ ist die Auslenkung der Saite immer Null:

$$\left.\begin{array}{ll} u(x = 0,\,t) = 0 & \text{für alle } t \\ u(x = L,\,t) = 0 & \text{für alle } t \end{array}\right\} \quad \textbf{Randwerte.}$$

Da sowohl Anfangsbedingungen als auch Randwerte vorgegeben werden, nennt man diese Problemstellung ein **Anfangsrandwertproblem**.

Betrachtet man die Bewegung einer eingespannten Saite, so vollführt jeder Punkt der Saite Schwingungen. Die Amplitude dieser Schwingung ist aber abhängig von der x-Position des Punktes innerhalb der Saite. Bezeichnen wir die Schwingung mit $T(t)$ und die Amplitude mit $X(x)$, so suchen wir eine Lösung $u(x, t)$, die sich als Produkt einer Ortsfunktion $X(x)$ und einer Zeitfunktion $T(t)$ schreiben lässt. Die Zeitfunktion $T(t)$ besitzt dann eine ortsabhängige Amplitude $X(x)$. Mit dem **Produktansatz**

$$u\left(x,\,t\right) = X\left(x\right) \cdot T\left(t\right)$$

kann man eine Separation der Variablen durchführen. Dabei ist

$$\begin{aligned} X\left(x\right) \quad & \text{eine rein ortsabhängige Funktion,} \\ T(t) \quad & \text{eine rein zeitabhängige Funktion.} \end{aligned}$$

Einsetzen dieser Produktfunktion in die PDG liefert

$$X\left(x\right) \cdot T''\left(t\right) = c^2\, X''\left(x\right) \cdot T\left(t\right)$$

bzw. nach der Separation

$$\frac{T''\left(t\right)}{T\left(t\right)} = c^2\, \frac{X''\left(x\right)}{X\left(x\right)}\;.$$

Da die linke Seite der Gleichung **nicht** von x abhängt, ist sie bezüglich x konstant. Da die rechte Seite der Gleichung **nicht** von t abhängt, ist sie bezüglich t konstant. D.h. die Konstante hängt weder von t noch von x ab:

$$\frac{T''\left(t\right)}{T\left(t\right)} = c^2\, \frac{X''\left(x\right)}{X\left(x\right)} = const = -\omega^2\;.$$

Der Fall, dass die Konstante positiv ist, würde zu einer nicht-physikalischen Lösung führen und wird daher nicht weiter verfolgt. Durch diesen Produktansatz reduziert man die **partielle** DG zu zwei **gewöhnlichen** DG 2. Ordnung:

(1) **Zeitabhängigkeit:**

$$T''\left(t\right) + \omega^2\, T\left(t\right) = 0 \quad \Rightarrow \quad T\left(t\right) = A\cos\left(\omega t\right) + B\sin\left(\omega t\right).$$

(2) **Ortsabhängigkeit:**

$$X''\left(x\right) + \frac{\omega^2}{c^2}\, X\left(x\right) = 0 \quad \Rightarrow \quad X\left(x\right) = D\cos(\frac{\omega}{c}\,x) + E\sin(\frac{\omega}{c}\,x).$$

Man beachte, dass die beiden gewöhnlichen Differenzialgleichungen jeweils Schwingungsgleichungen sind. Die allgemeine Lösung kann daher nach Beispiel 16.7 direkt angegeben werden. Die Lösung der PDG ist somit gegeben durch

$$u\left(x,\,t\right) = [D\cos(\frac{\omega}{c}\,x) + E\sin(\frac{\omega}{c}\,x)]\,[A\cos\left(\omega t\right) + B\sin\left(\omega t\right)]. \qquad (*)$$

⊙ Berücksichtigung der Randbedingungen

Nicht alle Funktionen, die der Darstellung (∗) genügen, sind auch Lösungen des gestellten Problems, denn für die **eingespannte** Saite gelten zusätzlich für alle Zeiten t die Randbedingungen $u(x = 0, t) = u(x = L, t) = 0$. Die Lösung muss also berücksichtigen, dass am Rand keine Auslenkung möglich ist.

$$x = 0: \quad u(0, t) = 0 \ \text{ für alle } \ t \qquad \Rightarrow \quad D \underbrace{\cos(\tfrac{\omega}{c} \cdot 0)}_{=1} + E \underbrace{\sin(\tfrac{\omega}{c} \cdot 0)}_{=0} \overset{!}{=} 0$$

$$\Rightarrow \quad D = 0 \ .$$

$$x = L: \quad u(x = L, t) = 0 \ \text{ für alle } \ t \quad \Rightarrow \quad E \cdot \sin\left(\tfrac{\omega}{c} L\right) = 0 \ .$$

Damit man für $u(x, t)$ nicht nur die Null-Lösung erhält, muss $E \neq 0$ und $\sin\left(\tfrac{\omega}{c} L\right) = 0$ sein. Der Sinusterm wird Null, wenn sein Argument ein Vielfaches von π annimmt:

$$\Rightarrow \quad \frac{\omega}{c} \cdot L = n\pi \ .$$

Es sind also nur gewisse diskrete Frequenzen erlaubt:

$$\omega_n = n \cdot \frac{\pi}{L} \cdot c, \qquad n \in \mathbb{N}.$$

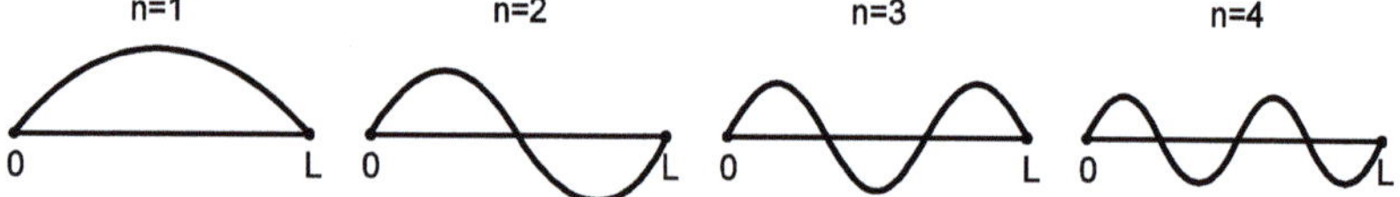

Abb. 19.5. Die ersten 4 Schwingungsformen einer eingespannten Saite

Für jedes $n \in \mathbb{N}$ ist damit

$$u_n(x, t) = \sin\left(n \frac{\pi}{L} x\right) \left[a_n \cos\left(n \frac{\pi}{L} c t\right) + b_n \sin\left(n \frac{\pi}{L} c t\right)\right]$$

eine Lösung der PDG und erfüllt die Randbedingungen. Es sind nur Frequenzen ω_n erlaubt, die zu stehenden Wellen führen, so dass die Funktionen $2L$-periodisch sind. Die allgemeine Lösung für eine schwingende Saite erhält man durch Superposition aller stehenden Wellen $u_n(x, t)$:

$$u(x, t) = \sum_{n=1}^{\infty} u_n(x, t) = \sum_{n=1}^{\infty} \sin\left(n \frac{\pi}{L} x\right) \left[a_n \cos\left(n \frac{\pi}{L} c t\right) + b_n \sin\left(n \frac{\pi}{L} c t\right)\right].$$

In dieser Darstellung sind die Koeffizienten $(a_n)_{n \in \mathbb{N}}$ und $(b_n)_{n \in \mathbb{N}}$ noch unbestimmt. Sie ergeben sich aus den Anfangsbedingungen:

⊘ Berücksichtigung der Anfangsbedingungen

Für die **Anfangsauslenkung** gilt

$$u\left(x,\,t=0\right) = u_0\left(x\right) = \sum_{n=1}^{\infty} a_n \sin\left(n\,\frac{\pi}{L}\,x\right) = \sum_{n=1}^{\infty} a_n \sin\left(n\,\frac{2\pi}{2L}\,x\right)\,.$$

Dies ist die Fourier-Reihe der $2L$-periodischen Funktion $\tilde{u}_0\left(x\right)$, die man aus $u_0\left(x\right)$ erhält, indem $u_0\left(x\right)$ am Ursprung gespiegelt und anschließend $2L$-periodisch auf ganz $\mathbb{R}$ fortgesetzt wird.

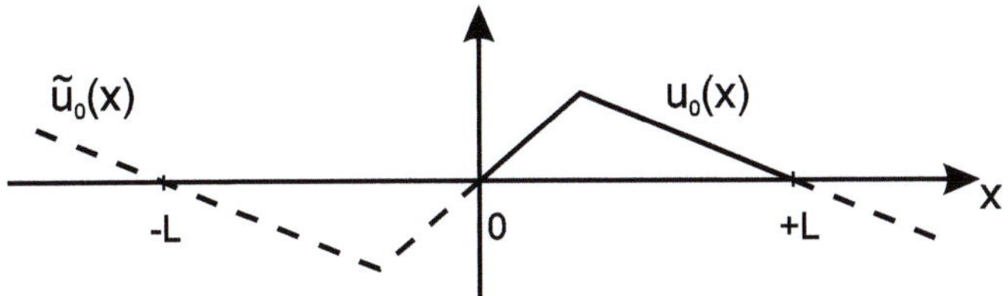

Abb. 19.6. Anfangsauslenkung $u_0(x)$ der eingespannten Saite

Nach Kapitel 17 (Fourier-Reihen) erhält man für die Fourier-Koeffizienten der $2L$-periodischen, punktsymmetrischen Funktion

$$a_n = \frac{2}{2\,L} \int_0^{2L} \tilde{u}_0\left(x\right) \sin\left(n\,\frac{2\pi}{2L}\,x\right)\,dx$$

$$= 2\frac{1}{L} \int_0^{L} u_0\left(x\right) \sin\left(n\,\frac{\pi}{L}\,x\right)\,dx\,.$$

Für die **Anfangsgeschwindigkeit** gilt

$$u_t\left(x,\,t=0\right) = v_0\left(x\right) = \sum_{n=1}^{\infty} \left(b_n \cdot n\frac{\pi}{L}c\right) \sin\left(n\,\frac{\pi}{L}\,x\right)\,.$$

Dies ist die Fourier-Reihe der $2L$-periodischen Funktion $\tilde{v}_0\left(x\right)$, die man aus $v_0\left(x\right)$ erhält, indem $v_0\left(x\right)$ am Ursprung gespiegelt und anschließend $2L$-periodisch auf ganz $\mathbb{R}$ fortgesetzt wird. Folglich gilt für die Fourier-Koeffizienten

$$\left(b_n \cdot n\frac{\pi}{L}c\right) = \frac{2}{2L} \int_0^{2L} \tilde{v}_0\left(x\right) \sin\left(n\,\frac{2\pi}{2L}\,x\right)\,dx$$

$$= 2\,\frac{1}{L} \int_0^{L} v_0\left(x\right) \sin\left(n\,\frac{\pi}{L}\,x\right)\,dx\,.$$

Zusammenfassung: Wellengleichung mit Rand- und Anfangsbedingungen

Die Lösung der Wellengleichung

$$u_{tt}\left(x,\,t\right) = c^2\,u_{xx}\left(x,\,t\right)$$

mit den Randwerten $u\left(x=0,\,t\right) = u\left(x=L,\,t\right) = 0$ für alle t und den Anfangswerten $u\left(x,\,t=0\right) = u_0\left(x\right)$ und $u_t\left(x,\,t=0\right) = v_0\left(x\right)$ für $0 \leq x \leq L$ ist gegeben durch

$$u\left(x,\,t\right) = \sum_{n=1}^{\infty} \sin\left(n\,\frac{\pi}{L}\,x\right)\left[a_n\,\cos\left(n\,\frac{\pi}{L}\,c\,t\right) + b_n\,\sin\left(n\,\frac{\pi}{L}\,c\,t\right)\right]\,.$$

Die Koeffizienten a_n und b_n berechnen sich aus den Fourier-Koeffizienten von $u_0\left(x\right)$ bzw. $v_0\left(x\right)$:

$$a_n = \frac{2}{L}\int_0^L u_0\left(x\right)\cdot\sin\left(n\,\frac{\pi}{L}\,x\right)\,dx \qquad n = 1,\,2,\,3,\ldots$$

$$b_n = \frac{2}{n\,\pi\,c}\int_0^L v_0\left(x\right)\sin\left(n\,\frac{\pi}{L}\,x\right)\,dx \qquad n = 1,\,2,\,3,\ldots$$

> **Physikalische Interpretation**

Schreiben wir die Lösung in der Form

$$u\left(x,\,t\right) = \sum_{n=1}^{\infty} A_n\,\sin\left(n\,\frac{\pi}{L}\,x\right)\,\sin\left(n\,\frac{\pi}{L}\,c\,t + \varphi_n\right)\,,$$

stellt sie die Überlagerung harmonischer Schwingungen dar mit den

Amplituden	$A_n\,\sin\left(\frac{n\,\pi}{L}\,x\right)$	(abhängig von x)
Phasen	φ_n	(unabhängig von x)
Frequenzen	$\omega_n = n\,\frac{\pi}{L}\,c.$	

Die Lösungen werden **stehende Wellen** genannt. Die Punkte der Saite führen harmonische Schwingungen mit Phasen φ_n und ortsabhängigen Amplituden $A_n\,\sin\left(n\,\frac{\pi}{L}\,x\right)$ aus. Die Saite erzeugt dabei einen **Ton**, dessen Lautstärke von den Maximalamplituden $A_n = \sqrt{a_n^2 + b_n^2}$ abhängt. Für $n = 1$ erhalten wir den Grundton, für $n = 2,\,3,\,4,\ldots$ die Obertöne.

Die **Klangfarbe** des wahrgenommenen Tones ergibt sich durch die Überlagerung des Grundtons mit allen Obertönen. Die unterschiedliche Klangfarbe rührt daher, dass die Einzelschwingungen mit unterschiedlichen Amplituden zum Ton beitragen.

Beispiel 19.2 (Mit MAPLE-Worksheet). Gegeben ist eine Anfangsauslenkung (siehe Abb. 19.7), die dem Zupfen einer Saite entspricht. Die Anfangsgeschwindigkeit v_0 sei Null.

$$u_0(x) = \begin{cases} \dfrac{u_0}{l_1}\,x : & 0 \leq x \leq l_1 \\[2ex] \dfrac{u_0}{L-l_1}(L-x) : & l_1 \leq x \leq L \end{cases}$$

Abb. 19.7. Anfangsauslenkung $u_0(x)$

Mit partieller Integration berechnet man die Fourier-Koeffizienten a_n durch:

$$\begin{aligned} a_n &= \frac{2}{L} \int_0^L u_0(x) \cdot \sin\left(n\,\tfrac{\pi}{L}\,x\right) dx \\[1ex] &= \frac{2}{L} \left(\int_0^{l_1} \frac{u_0}{l_1}\,x \cdot \sin(n\tfrac{\pi}{L}\,x)\,dx + \int_{l_1}^L \frac{u_0}{L-l_1}(L-x) \cdot \sin(n\tfrac{\pi}{L}\,x)\,dx \right) \\[1ex] &= \frac{2}{L} \left(-\frac{\left(-\sin\left(\frac{n\pi l_1}{L}\right) L + n\pi \cos\left(\frac{n\pi l_1}{L}\right) l_1\right) L\,u_0}{n^2\pi^2 l_1} - \frac{u_0 L^2 \sin(n\pi)}{(L-l_1)\,n^2\pi^2} \right. \\[1ex] &\quad \left. - \frac{u_0 L \left(-\sin\left(\frac{n\pi l_1}{L}\right) L - L \cos\left(\frac{n\pi l_1}{L}\right) n\pi + n\pi \cos\left(\frac{n\pi l_1}{L}\right) l_1\right)}{(L-l_1)\,n^2\pi^2} \right) \end{aligned}$$

Mit der Vereinfachung $\sin(n\pi) = 0$ erhält man insgesamt

$$a_n = 2\,\frac{u_0 L^2 \sin\left(\frac{n\pi l_1}{L}\right)}{n^2\pi^2 l_1\,(L-l_1)}.$$

Für die Anfangsgeschwindigkeit $v_0(x) = 0$ treten die Koeffizienten

$$b_n = 0$$

nicht auf, so dass die Lösung gegeben ist durch

$$u(x,t) = \frac{2\,u_0 L^2}{l_1(L-l_1)\pi^2} \sum_{n=1}^{\infty} \frac{1}{n^2} \sin\left(n\,\frac{\pi}{L}\,l_1\right) \sin\left(n\,\frac{\pi}{L}\,x\right) \cos\left(n\,\frac{\pi}{L}\,c\,t\right).$$

Visualisierung: Die zugehörige Animation zeigt den Zeitverlauf der stehenden Welle. Die Spitze der Saite bricht ein; die rechte Flanke bleibt zunächst noch in Ruhe. Die Spitze schwingt durch bis sie den maximalen, negativen Ausschlag erreicht. Dann wird sie reflektiert und kommt zur Anfangsauslenkung zurück. □

⊘ Zur Klangfarbe

Beim *Zupfen* der Gitarre ergibt sich ein unterschiedlicher Klang, je nachdem, ob die Saite in der Mitte (Abb. 19.8 (i)) oder am Rand (Abb. 19.8 (ii)) angezupft wird.

(1) Beim Anzupfen in der Mitte ($l_1 = \frac{L}{2}$ in Beispiel 19.2) sind die Amplituden $A_n = |a_n|$

$$(A_n) = \frac{8\,u_0}{\pi^2} \left(1,\, 0,\, \frac{1}{9},\, 0,\, \frac{1}{25},\, 0,\, \frac{1}{49},\, 0, \ldots\right).$$

Die Obertöne sind sehr schwach vertreten, da die Amplituden mit $\frac{1}{n^2}$ eingehen. Der Ton ist rein.

(2) Beim Anzupfen am rechten Rand ($l_1 = L$) (der Abfall der Saite am rechten Rand wird vernachlässigt) ergeben sich die Amplituden nach Anwenden der Regel von l'Hospital zu

$$A_n = \frac{2\,u_0}{\pi\,n} \quad \text{bzw.} \quad (A_n) = \frac{2\,u_0}{\pi} \left(1,\, \frac{1}{2},\, \frac{1}{3},\, \frac{1}{4}, \ldots\right).$$

Die Obertöne sind stark vertreten, da die Amplituden mit $\frac{1}{n}$ eingehen. Der Ton ist hart und unrein.

Beim *Anschlagen* der Saite eines Klaviers erfolgt der Schlag auf einer eng begrenzten Strecke. Als einfaches Modell sei die Anfangsauslenkung $u_0\,(x) = 0$ und die Anfangsgeschwindigkeit die eines Stoßes (vgl. Abb. 19.8 (iii)):

$$v_0\,(x) = \begin{cases} q \;\; \text{für} \;\; x_1 < x < x_2 \\[2mm] 0 \;\; \text{sonst} \end{cases}.$$

Die Amplituden ergeben sich dann zu

$$A_n = \frac{2\,q\,L}{c\,\pi^2\,n^2}\, 2\,\sin\left(\tfrac{1}{2}n\,\pi\,(x_2 - x_1)\right)\,\sin\left(\tfrac{1}{2}n\,\pi\,(x_2 + x_1)\right).$$

Sie streben also mit $\frac{1}{n^2}$ gegen Null. Die Obertöne werden schnell schwach; der Ton ist rein.

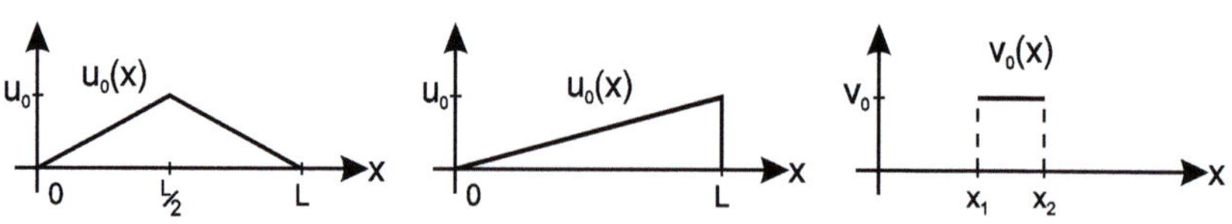

Abb. 19.8.

i) Anzupfen in der Mitte   ii) Anzupfen am Rand   iii) Schlag auf die Saite

19.3 Die Wärmeleitungsgleichung

Als Modellfall für die Wärmeleitungsgleichung betrachten wir einen Metallstab der Länge L mit rechteckigem Querschnitt der Breite b und Höhe h. $T\,(x,\,t)$ bezeichnet die Temperatur im Stab an der Stelle x zur Zeit t. T_u sei die Umgebungstemperatur. Wir betrachten das eindimensionale Problem des Wärmetransportes in x-Richtung.

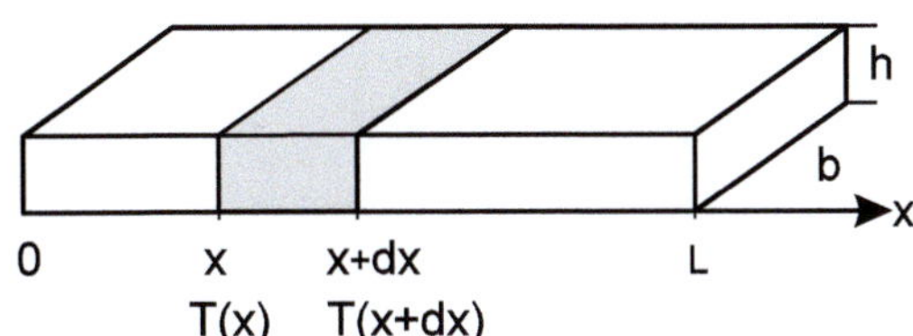

Abb. 19.9. Wärmetransport in x-Richtung

19.3.1 Herleitung der Wärmeleitungsgleichung

Zur Herleitung benötigen wir die folgenden physikalischen Gesetzmäßigkeiten:

(1) Die Wärmemenge ΔQ, die in x-Richtung durch eine Fläche $A = b \cdot h$ in der Zeit Δt fließen kann, ist gegeben durch

$$\Delta Q = -\lambda\,A\,\Delta t\,\frac{\partial T}{\partial x}\ .$$

Die Wärmemenge ist proportional zum Temperaturgefälle $\frac{\partial T}{\partial x}$; da die Wärme von heiß nach kalt fließt, gilt $\Delta Q \sim -\frac{\partial T}{\partial x}$. λ ist die materialspezifische Wärmeleitfähigkeit.

(2) Die Wärmemenge ΔQ, die in einem Volumen mit Masse m und spezifischer Wärme c gespeichert werden kann, ist gegeben durch

$$\Delta Q = c\,m\,(T_2 - T_1) = c\,m\,\Delta T\ ,$$

wenn $\Delta T = (T_2 - T_1)$ die Temperaturdifferenz an den Enden des Volumens.

(3) Die Wärmemenge, die der Körper pro Zeit an seine Umgebung abgeben kann, ist proportional zur Oberfläche M und der Temperaturdifferenz von Körper und Umgebungstemperatur

$$\Delta Q = -M\,\alpha\,(T - T_u)\ .$$

Hierbei ist α der Wärmeübergangskoeffizient.

Die Energiebilanz auf das in Abb. 19.9 gezeigte Volumenelement $dV = b \cdot h \cdot dx$ ergibt:

Änderung der Energie pro Zeiteinheit $\triangle t$ im Massenelement dm ist

    $=$ Zufluss der Wärmemenge in das Massenelement durch die Fläche A an der Stelle x

    $+$ Abfluss der Wärmemenge aus dem Massenelement durch die Fläche A an der Stelle $x + dx$

    $+$ Wärmeabfuhr an die Umgebung.

$$\frac{\Delta Q}{\partial t} = c\,dm\,\frac{\partial T}{\partial t} = -\lambda\,A\left(\frac{\partial T}{\partial x}\right)_x + \lambda\,A\left(\frac{\partial T}{\partial x}\right)_{x+dx} - 2\,(b+h)\,dx\,\alpha\,(T - T_u) \ .$$

Linearisiert man den Term $\left(\frac{\partial T}{\partial x}\right)_{x+dx} \approx \left(\frac{\partial T}{\partial x}\right)_x + dx\left(\frac{\partial^2 T}{\partial x^2}\right)_x$ und setzt diese Linearisierung in die obige Gleichung ein, folgt mit $dm = \rho \cdot dV = \rho \cdot b \cdot h \cdot dx$

$$c\,\rho\,b\,h\,dx\,\frac{\partial T}{\partial t} = -\lambda\,A\,\frac{\partial T}{\partial x} + \lambda\,A\left[\frac{\partial T}{\partial x} + dx\,\frac{\partial^2 T}{\partial x^2}\right] - 2\,(b+h)\,dx\,\alpha\,(T - T_u)$$

$$\Rightarrow \quad \frac{\partial}{\partial t}T(x,t) = \frac{\lambda}{c\,\rho}\,\frac{\partial^2}{\partial x^2}T(x,t) - \alpha\,\frac{2\,(b+h)}{c\,\rho\,b\,h}\,(T(x,t) - T_u). \qquad (*)$$

Dies ist die **Wärmeleitungsgleichung mit Wärmeübergang.**

Wir werden diese PDG für zwei Spezialfälle lösen: In 19.3.2 behandeln wir die Wärmeleitungsgleichung ohne Wärmeübergang an die Umgebung (=Wärmeisolation; $\alpha = 0$); in 19.3.3 werden wir das stationäre Wärmeprofil bestimmen, das sich bei Wärmeübergang an die Umgebung einstellt $\left(\frac{\partial T}{\partial t} = 0\right)$.

19.3.2 Lösung der Wärmeleitungsgleichung bei völliger Wärmeisolation

Bei Wärmeisolation an die Umgebung ($\alpha = 0$) gilt die **Wärmeleitungsgleichung**

$$\frac{\partial}{\partial t}T(x,t) = \frac{\lambda}{c\,\rho}\,\frac{\partial^2}{\partial x^2}T(x,t).$$

Um die Temperatur im Stab zu einer beliebigen Zeit t zu bestimmen, benötigen wir sowohl die anfängliche Temperaturverteilung $T(x, t = 0) = T_0(x)$ als auch die Randbedingungen am Stabende. Sind die Enden isoliert, findet zu keinem Zeitpunkt ein Wärmetransport durch die Ränder statt, d.h. $T_x(x = 0, t) = 0$ und $T_x(x = L, t) = 0$. Man beachte, dass der Wärmefluss proportional zum Gradienten $\frac{\partial T}{\partial x}$ ist! Werden die Enden auf konstanter Temperatur gehalten, so ist $T(x = 0, t) = T_l$ bzw. $T(x = L, t) = T_r$ vorgegeben.

Wir behandeln einen Stab der Länge L, der an seiner gesamten Oberfläche einschließlich der Enden $x = 0$ und $x = L$ isoliert ist und die Anfangstemperatur $T_0(x)$ besitzt. Gesucht ist die Temperaturverteilung zu späteren Zeiten:

$$
\begin{aligned}
u_t(x,t) \; &= \; \kappa\, u_{xx}(x,t) \qquad \text{mit } \kappa = \tfrac{\lambda}{c\,\rho} \qquad\qquad (*) \\[2mm]
u(x,0) \; &= \; T_0(x) \qquad\quad \text{Anfangstemperaturverteilung} \\
u_x(0,t) \; &= \; u_x(L,t) = 0 \quad \text{Randwerte.}
\end{aligned}
$$

$\triangle$ Man beachte, dass die gesuchte Temperaturverteilung im Weiteren mit $u(x,t)$ bezeichnet wird, um keine Verwechslungen mit der Zeitfunktion $T(t)$ beim Separationsansatz zu bekommen. Wie bei der Wellengleichung wählen wir einen *Separationsansatz* für die Lösung

$$u(x,t) = X(x) \cdot T(t).$$

Dabei ist
$$
\begin{aligned}
X(x) &\quad \text{eine rein ortsabhängige Funktion,} \\
T(t) &\quad \text{eine rein zeitabhängige Funktion.}
\end{aligned}
$$

Einsetzen des Produktes in die Differenzialgleichung $(*)$ liefert

$$X(x) \cdot T'(t) = \kappa\, X''(x) \cdot T(t)$$

$$\Rightarrow \quad \frac{T'(t)}{\kappa\, T(t)} = \frac{X''(x)}{X(x)} = const = -k^2.$$

Da die linke Seite nicht von x abhängt, ist sie bezüglich x konstant. Da der mittlere Term nicht von t abhängt, ist er bezüglich t konstant. Damit hängt die Konstante weder von x noch von t ab. Somit ist $const = \pm k^2$. Eine positive Konstante würde zu einem exponentiellen Anstieg der Temperatur führen, was bei einer Isolation des Körpers gegenüber der Umgebung physikalisch nicht möglich ist. Daher setzen wir für die Konstante $-k^2$. Aus diesem Produktansatz erhält man zwei gewöhnliche Differenzialgleichungen:

(1) **Zeitabhängigkeit:** $T'(t) + \kappa\, k^2\, T(t) = 0$. Dies ist eine homogene lineare DG 1. Ordnung (siehe Band 2, Abschnitt 13.2) mit der Lösung

$$T(t) = D\, e^{-\kappa\, k^2\, t}.$$

(2) **Ortsabhängigkeit:** $X''(x) + k^2\, X(x) = 0$. Dies ist die Schwingungsgleichung, die nach Beispiel 16.7 die folgende Lösung besitzt:

$$X(x) = A\cos(k\,x) + B\sin(k\,x).$$

Die **Lösung** der PDG lässt sich somit schreiben als

$$u(x,t) = e^{-\kappa\, k^2\, t}\,(a\cos(k\,x) + b\sin(k\,x)).$$

⊘ Berücksichtigung der Randbedingungen

Es gilt für den hier diskutierten Fall der Isolation, dass kein Wärmetransport an den Enden $x = 0$ und $x = L$ erfolgt: $\hookrightarrow u_x\,(0,\,t) = u_x\,(L,\,t) = 0$ für alle t. Um die Randbedingungen zu berücksichtigen, bestimmen wir von der Lösung die partielle Ableitung nach x

$$u_x\,(x,\,t) = e^{-\kappa\,k^2\,t}\,(-a\,k\,\sin\,(k\,x) + b\,k\,\cos\,(k\,x))$$

und setzen $x = 0$ bzw. $x = L$ ein:

$x = 0$: $u_x\,(0,\,t) = 0$ für alle t $\Rightarrow$ $b = 0$.

$x = L$: $u_x\,(L,\,t) = 0$ für alle t $\Rightarrow$ $a\,\sin\,(k\,L) = 0$.

Damit wir für $u\,(x,\,t)$ nicht nur die Null-Lösung $u \equiv 0$ erhalten, muss gelten:

$$a \neq 0 \quad \text{und} \quad \sin\,(k\,L) = 0 \Rightarrow k \cdot L = n\,\pi \quad n = 0,\,1,\,2,\,3,\dots \ .$$

Es sind also nur diskrete Wellenlängen $\boxed{k_n = n\,\frac{\pi}{L}}$ möglich. Diese sind gerade die Wellenlängen, die an den Stabenden Bäuche besitzen, denn die zugehörigen *Lösungen* sind $\cos\left(n\,\frac{\pi}{L}\,x\right)$. Für jedes $n \in \mathbb{N}_0$ erhalten wir eine Lösung

$$u_n\,(x,\,t) = a_n\,e^{-\kappa\left(n\,\frac{\pi}{L}\right)^2 t}\,\cos\left(n\,\frac{\pi}{L}\,x\right).$$

Aufgrund des Superpositionsgesetzes sind aber auch beliebige Linearkombinationen wieder eine Lösung der Wärmeleitungsgleichung

$$\Rightarrow \quad u\,(x,\,t) = \sum_{n=0}^{\infty} u_n\,(x,\,t) = \sum_{n=0}^{\infty} a_n\,e^{-\kappa\left(n\,\frac{\pi}{L}\right)^2 t}\,\cos\left(n\,\frac{\pi}{L}\,x\right).$$

Als zunächst unbestimmte Größen bleiben die Koeffizienten a_n übrig, die durch die anfängliche Temperaturverteilung $u\,(x,\,0) = T_0\,(x)$ festgelegt werden:

⊘ Berücksichtigung der Anfangsbedingung

$$u\,(x,\,t = 0) = T_0\,(x) = \sum_{n=0}^{\infty} a_n\,\cos\left(n\,\frac{\pi}{L}\,x\right) = \sum_{n=0}^{\infty} a_n\,\cos\left(n\,\frac{2\pi}{2L}\,x\right)\ .$$

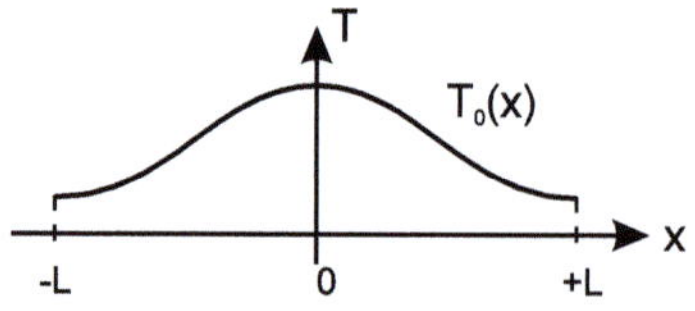

Abb. 19.10. Anfangstemperatur

Setzen wir $T_0\,(x)$ spiegelsymmetrisch bezüglich der x-Achse und anschließend $2\,L$-periodisch auf ganz $\mathbb{R}$ fort, sind a_n die Fourier-Koeffizienten der Anfangstemperatur $T_0\,(x)$:

Zusammenfassung: Wärmeleitungsgleichung bei Anfangs- und Randwerten

Die Lösung der Wärmeleitungsgleichung

$$u_t\,(x,\,t) = \kappa\,u_{xx}\,(x,\,t)$$

mit $\kappa = \frac{\lambda}{c\,\rho}$, den Randwerten $u_x\,(0,\,t) = u_x\,(L,\,t) = 0$ (Wärmeisolation gegen Umgebung) und der Anfangstemperatur $T_0\,(x)$ ist gegeben durch

$$u\,(x,\,t) = \sum_{n=0}^{\infty} a_n\, e^{-\kappa\,\left(n\,\frac{\pi}{L}\right)^2 t}\, \cos\left(n\,\frac{\pi}{L}\,x\right),$$

wobei a_n die Fourier-Koeffizienten der geraden, $2\,L$-periodischen Fortsetzung von $T_0\,(x)$ sind:

$$a_n = \frac{2}{L}\int_0^L T_0\,(x)\,\cos\left(n\,\frac{\pi}{L}\,x\right)\,dx \qquad n = 1,\,2,\,3,\dots$$

$$a_0 = \frac{1}{L}\int_0^L T_0\,(x)\,dx.$$

Beispiel 19.3. Die Temperatur $u\,(x,\,t)$, $0 \le x \le L = 1$, in einem dünnen Kupferdraht ($\kappa = 1.14$) habe zur Zeit $t = 0$ den Wert

$$T_0\,(x) = 10 + 5\,\cos\,(2\pi\,x) + 4\,\cos\,(4\pi\,x) + \cos\,(6\pi\,x)\ .$$

Die Enden des Stabes seien wärmeisoliert. Man bestimme für $t > 0$ die Temperaturverteilung.

Lösung: Die Temperatur $u\,(x,\,t)$ erfüllt das Randwertproblem

$$u_t = \kappa\,u_{xx} \quad \text{mit} \quad \begin{cases} u\,(x,\,t = 0) = T_0\,(x) \\ u_x\,(0,\,t) \quad\ = u_x\,(L,\,t) = 0. \end{cases}$$

Die Fourier-Koeffizienten von $T_0\,(x)$ lauten $a_0 = 10$, $a_2 = 5$, $a_4 = 4$ und $a_6 = 1$; sonst Null. Damit ist die Temperatur für Zeiten $t > 0$

$$u\,(x,\,t) = 10 + 5\,e^{-1.14\cdot 4\pi^2\,t}\,\cos\,(2\pi\,x) + 4\,e^{-1.14\cdot 16\pi^2\,t}\,\cos\,(4\pi\,x)$$

$$+\,1\,e^{-1.14\cdot 36\pi^2\,t}\,\cos\,(6\pi\,x)\ . \qquad\qquad \square$$

⟩ Interpretation der Lösung

Zum Zeitpunkt $t = 0$ liegt die Temperaturverteilung

$$u\,(x,\,0) = \sum_{n=0}^{\infty} a_n\,\cos(n\,\frac{\pi}{L}\,x) = a_0 + \sum_{n=1}^{\infty} a_n\,\cos(n\,\frac{\pi}{L}\,x) = T_0\,(x)$$

vor. Für Zeiten $t > 0$ enthalten die Summanden $n > 0$ den Dämpfungsfaktor $e^{-\kappa \left(n \frac{\pi}{L}\right)^2 t}$:

$$u\left(x, t\right) = a_0 + \sum_{n=1}^{\infty} a_n \, e^{-\kappa \left(n \frac{\pi}{L}\right)^2 t} \cos(n \tfrac{\pi}{L} x) \, .$$

Für große Zeiten geht diese Amplitude $e^{-\kappa \left(n \frac{\pi}{L}\right)^2 t} \to 0$, so dass die Temperaturverteilung dann den Wert

$$u\left(x, t\right) \overset{t \to \infty}{\longrightarrow} a_0 = \frac{1}{L} \int_0^L T_0\left(x\right) dx$$

anstrebt. Dies ist der integrale *Temperaturmittelwert* der Anfangsverteilung. D.h. die anfängliche Temperaturverteilung zerfließt und ein konstanter, homogener Temperaturmittelwert a_0 stellt sich im Körper ein.

 **Visualisierung:** Die Animation zeigt den Zeitverlauf des Zerfließens für die Parameter $L = 1$, $\kappa = 0.15$ und der Anfangstemperaturverteilung $T_0\left(x\right) = 10 + 5 \sum_{n=1}^{5} \frac{1}{n^2} \cos(n \tfrac{\pi}{L} x)$. Zunächst erfolgt der Prozess ziemlich schnell, wird aber gegen Ende langsamer. $\quad\square$

19.3.3 Lösung der Wärmeleitungsgleichung bei Wärmeisolation

Im Folgenden wird die Lösung der Wärmeleitungsgleichung bei Wärmeisolation gegenüber der Umgebung ($\alpha = 0$) bestimmt, wenn die Enden des Stabes auf konstanter Temperatur gehalten werden. Wir betrachten den Fall, dass die Stabenden die Temperatur $T\left(x = 0, t\right) = 0$ und $T\left(x = L, t\right) = 0$ besitzen. Für den Fall von Temperaturen ungleich Null transformiert man das Problem in eines mit verschwindenden Randtemperaturen:

Bemerkung: Sind die Stabenden auf Temperaturen ungleich Null,

$$T\left(x = 0, t\right) = T_l \text{ und } T\left(x = L, t\right) = T_r,$$

so wird eine Lösung $u(x,t)$ der Wärmeleitungsgleichung

$$u_t(x,t) = \kappa\, u_{xx}(x,t)$$

mit $\quad u\left(x, 0\right) = T_0\left(x\right)$ Anfangstemperatur
und $\quad u\left(0, t\right) = T_l, \qquad u\left(L, t\right) = T_r$ Randwerte

gesucht. Durch die Transformation

$$\hat{u}(x,t) = u(x,t) - (1 - \tfrac{x}{L})\, T_l - \tfrac{x}{L}\, T_r$$

führt man obiges Problem über in ein Wärmeleitungsproblem für $\hat{u}(x,t)$ mit verschwindenden Randbedingungen, denn für $\hat{u}$ gelten die Randbedingungen

$$\hat{u}(x=0,t) = u(x=0,t) - T_l = T_l - T_l = 0$$
$$\hat{u}(x=L,t) = u(x=L,t) - T_r = T_r - T_r = 0$$

aber mit modifizierter Anfangstemperatur

$$\hat{u}(x,t=0) \;=\; u(x,t=0) - (1 - \tfrac{x}{L})\,T_l - \tfrac{x}{L}\,T_r$$

$$\;=\; T_0(x) - (1 - \tfrac{x}{L})\,T_l - \tfrac{x}{L}\,T_r \;.$$

Außerdem gilt auch für $\hat{u}(x,t)$ die Wärmeleitungsgleichung. $\hspace{2em}\square$

Problem: Gesucht ist die Lösung der Wärmeleitungsgleichung

$$u_t(x,t) = \kappa\,u_{xx}(x,t)$$

mit	$u\,(x,\,0) = T_0\,(x)$		Anfangstemperatur
und	$u\,(0,\,t) = 0,$	$u\,(L,\,t) = 0$	Randwerte.

Bemerkung: In Abschnitt 19.3.2 haben wir die Wärmeisolation auch an den Rändern diskutiert, d.h. die Randbedingungen waren $\frac{\partial}{\partial x}(x=0,\,t) = 0$ und $\frac{\partial}{\partial x}(x=L,\,t) = 0$. Dabei waren an den Rändern die Ableitungen der Temperatur gleich null. Jetzt betrachten wir den Fall, dass die Temperatur $u\,(x=0,\,t) = u\,(x=L,\,t) = 0$ an den Rändern verschwindet.

Lösung: Mit dem analogen Vorgehen wie in Abschnitt 19.3.2 lässt sich die Lösung der PDG mit einem Produktansatz schreiben als

$$u\,(x,\,t) = e^{-\kappa\,k^2\,t}\,(a\,\cos\,(k\,x) + b\,\sin\,(k\,x)) \;.$$

Randbedingungen: Aus den Randbedingungen folgt

$$u\,(x=0,\,t) = 0 \quad \Rightarrow \quad a = 0$$
$$u\,(x=L,\,t) = 0 \quad \Rightarrow \quad \sin\,(k\,L) = 0.$$

Letztere Gleichung besagt, dass nur diskrete Wellenlängen $k_n = n\,\tfrac{\pi}{L}$ möglich sind. Diese Wellenlängen erzeugen an den Stabenden Knoten, denn die zugehörigen Eigenlösungen sind $\sin(n\,\tfrac{\pi}{L}\,x)$. Damit erhält man für jedes $n \in \mathbb{N}$ eine Lösung

$$u_n\,(x,\,t) = b_n\,e^{-\kappa\,\left(n\,\frac{\pi}{L}\right)^2 t}\,\sin(n\,\tfrac{\pi}{L}\,x)$$

und aufgrund des Superpositionsgesetzes folgt

$$u\left(x,\,t\right)=\sum_{n=1}^{\infty} b_n\, e^{-\kappa\left(n\,\frac{\pi}{L}\right)^2 t}\, \sin(n\,\tfrac{\pi}{L}\,x).$$

Anfanfsbedingung Unter **Berücksichtigung der Anfangsbedingung** folgt für die Koeffizienten b_n

$$u\left(x,\,t=0\right)=\sum_{n=1}^{\infty} b_n\, \sin(n\,\tfrac{\pi}{L}\,x)=T_0\left(x\right)\quad.$$

Die b_n sind die Koeffizienten der Fourier-Reihe, der ungerade auf $[-L,0]$ und dann $2L$-periodisch auf $\mathbb{R}$ fortgesetzten Funktion $T_0\left(x\right)$:

$$b_n=\frac{1}{L}\int_0^L T_0\left(x\right)\,\sin(n\,\tfrac{\pi}{L}\,x)\,dx\qquad n=1,\,2,\,3,\dots\quad.$$

Interpretation: Wieder zerfließt die Anfangstemperaturverteilung ausgehend von $T_0\left(x\right)$. Da nun aber **jeder** Summand den Dämpfungsterm $e^{-\kappa\left(n\,\frac{\pi}{L}\right)^2 t}$ enthält, ist der Endzustand

$$u\left(x,\,t\right)\to 0\quad\text{für große }\;t,$$

d.h. der Körper nimmt die konstante Endtemperatur $0°C$ an. $\qquad\square$

Beispiel 19.4. Die Temperatur $u\left(x,\,t\right),\,0\le x\le L=1$, in einem dünnen Kupferstab ($\kappa=1.14$) hat zur Zeit $t=0$ den Wert

$$T_0\left(x\right)=2\,\sin\left(3\pi\,x\right)+5\,\sin\left(8\pi\,x\right)\quad.$$

Die Enden des Stabes seien in Eis gepackt, um sie auf $0°$ zu halten. Man bestimme für $t>0$ die Temperaturverteilung im Stab.

Lösung: Die Temperaturverteilung erfüllt das Anfangsrandwert-Problem

$$u_t=\kappa\,u_{xx}\quad\text{mit}\quad\begin{cases} u\left(x,\,0\right)=\;\;\;\;T_0\left(x\right)\\ u\left(0,\,t\right)=u\left(L,\,t\right)=0.\end{cases}$$

Die Lösung ist somit

$$u\left(x,\,t\right)=2\,e^{-1.14\cdot 9\pi^2 t}\,\sin\left(3\pi\,x\right)+5\,e^{-1.14\cdot 64\pi^2 t}\,\sin\left(8\pi\,x\right)\quad.\qquad\square$$

19.3.4 Lösung des stationären Falls bei Wärmeübergang

Ein Stab der Länge L gebe seine Wärme über seine Oberfläche an die Umgebung ab. Gesucht ist das *stationäre* Temperaturprofil. Das Temperaturprofil heißt stationär, wenn die Temperatur sich zeitlich **nicht** mehr ändert. Dann ist $\frac{\partial T}{\partial t} = 0$ und die Temperatur hängt nur noch von Ort x ab. Für die stationäre Temperaturverteilung $T(x)$ im Stab gilt somit nach der Wärmeleitungsgleichung mit Wärmeübergang $(*)$ auf Seite 170 die Gleichung

$$\frac{d^2}{dx^2}\,T(x) - 2\left(\frac{1}{h} + \frac{1}{b}\right)\frac{\alpha}{\lambda}\,(T(x) - T_u) = 0.$$

Dies ist eine gewöhnliche Differenzialgleichung für $T(x)$ mit vorgegebenen Randbedingungen. Mögliche Randbedingungen sind z.B.

A) Am linken Ende des Stabes wird mit konstanter Heizleistung geheizt; das rechte Ende wird wärmeisoliert. Da die dem System zugeführte Leistung P definiert ist als zugeführte Energie pro Zeiteinheit, ist

$$P = -\lambda\,A\left(\frac{dT}{dx}\right)_{x=0} \qquad \text{bzw.} \qquad \left(\frac{dT}{dx}\right)_{x=0} = -\frac{P}{b\cdot h\cdot\lambda}\,.$$

Die Wärmeisolation bei $x = L$ bedeutet $\left(\frac{dT}{dx}\right)_{x=L} = 0$.

B) Die beiden Enden des Stabes werden auf konstante Temperatur gebracht. Am linken Ende sei die Temperatur $T(x = 0) = T_l$ und am rechten Ende die konstante Temperatur $T(x = L) = T_r$.

Für beide angegebenen Fälle von Randbedingungen werden wir die Lösung bestimmen. Möglich sind jedoch auch alle anderen Kombinationen.

Beispiel 19.5 (Mit MAPLE-Worksheet). Gegeben ist die gewöhnliche, inhomogene lineare Differenzialgleichung 2. Ordnung

$$T''(x) - \kappa\,(T(x) - T_u) = 0 \qquad\qquad\qquad (*)$$

mit den Randbedingungen

$$\left(\frac{dT}{dx}\right)_{x=0} = -\frac{P}{b\cdot h\cdot\lambda} \quad \text{und} \quad \left(\frac{dT}{dx}\right)_{x=L} = 0.$$

(1) Die homogene Differenzialgleichung

$$T''(x) - \kappa\,T(x) = 0$$

hat das charakteristische Polynom

$$p(\lambda) = \lambda^2 - \kappa.$$

Somit folgt aus $p(\lambda) \overset{!}{=} 0$: $\lambda_{1/2} = \pm\sqrt{\kappa}.$ $\Rightarrow e^{\sqrt{\kappa}\,x},\ e^{-\sqrt{\kappa}\,x}$ bilden ein reelles Fundamentalsystem. Zur besseren Berücksichtigung der Randwerte wählen wir aber

$$\begin{aligned} \cosh(\sqrt{\kappa}\,x) &= \tfrac{1}{2}\left(e^{\sqrt{\kappa}\,x} + e^{-\sqrt{\kappa}\,x}\right) \\ \sinh(\sqrt{\kappa}\,x) &= \tfrac{1}{2}\left(e^{\sqrt{\kappa}\,x} - e^{-\sqrt{\kappa}\,x}\right) \end{aligned}$$

als Fundamentalsystem. Die allgemeine homogene Lösung lautet damit

$$T_h(x) = A\,\cosh(\sqrt{\kappa}\,x) + B\,\sinh(\sqrt{\kappa}\,x)$$

(2) Eine partikuläre Lösung ist durch $T_p(x) = T_u$ gegeben.

(3) Somit ist die allgemeine Lösung von $(*)$

$$T(x) = T_u + A\,\cosh(\sqrt{\kappa}\,x) + B\,\sinh(\sqrt{\kappa}\,x).$$

(4) Berücksichtigung der Randbedingungen. Um die Randbedingungen zu berücksichtigen, bilden wir

$$T'(x) = \sqrt{\kappa}\,A\,\sinh(\sqrt{\kappa}\,x) + \sqrt{\kappa}\,B\,\cosh(\sqrt{\kappa}\,x).$$

Damit gilt für die Ränder

$$x = 0:\quad T'(0) = -\frac{P}{b\,h\,\lambda} \;\Rightarrow\; \sqrt{\kappa}\,B = -\frac{P}{b\,h\,\lambda}$$

$$x = L:\quad T'(L) = 0 \;\Rightarrow\; \sqrt{\kappa}\,(A\,\sinh(\sqrt{\kappa}\,L) + B\,\cosh(\sqrt{\kappa}\,L)) = 0$$

Dieses lineare Gleichungssystem hat als Lösung

$$A = \frac{P}{b\,h\,\lambda}\,\frac{1}{\sqrt{\kappa}}\,\frac{\cosh(\sqrt{\kappa}\,L)}{\sinh(\sqrt{\kappa}\,L)} \quad \text{und} \quad B = -\frac{P}{b\,h\,\lambda}\,\frac{1}{\sqrt{\kappa}}.$$

Abb. 19.11 zeigt das stationäre Temperaturprofil für die Parameter $T_u = 20°$; $b = 0.1$; $h = 0.01$; $L = 1$; $\alpha = 0.1$; $\lambda = 1000$; $P = 0.01$ (d.h. $\kappa = 0.022$).

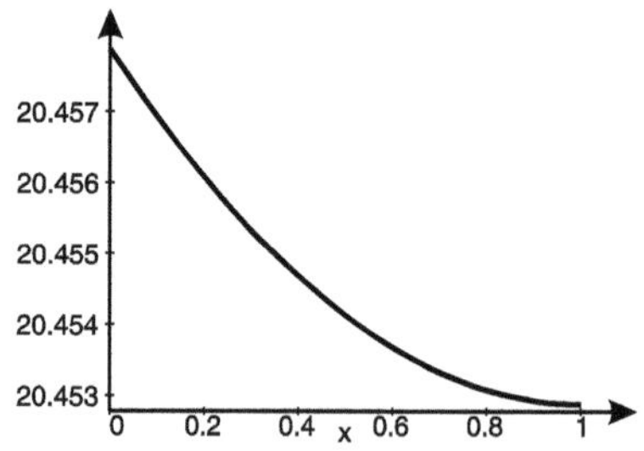

Abb. 19.11. Stationäres Temperaturprofil im Stab

Man erkennt am Temperaturprofil, dass am linken Rand geheizt wird, da $\frac{dT}{dx} \neq 0$, während am rechten Rand Isolation gewählt wurden. Hier ist $\frac{dT}{dx} = 0$. $\square$

19.4 Die Laplace-Gleichung

Die Laplace-Gleichung ist eine der bekanntesten partiellen Differenzialgleichungen. Sie tritt bei vielen stationären Problemen, wie z.B. einem stationären Wärmestrom, der Auslenkung einer Membran sowie bei elektrostatischen Potenzialen auf. Letzteres ist auch der Grund, weshalb die Laplace-Gleichung oftmals als Potenzialgleichung bezeichnet wird.

19.4.1 Herleitungen der Laplace-Gleichung

① **Elektrostatisches Potenzial für ebene Probleme.** Die Grundgleichungen der Elektrostatik für ebene Probleme lauten

$$\vec{E}(x,\,y) \quad = \quad -\operatorname{grad}\Phi(x,\,y) = -\begin{pmatrix} \frac{\partial}{\partial x}\,\Phi(x,\,y) \\ \frac{\partial}{\partial y}\,\Phi(x,\,y) \end{pmatrix} \qquad (1)$$

$$\operatorname{div}\vec{E}(x,\,y) \quad = \quad \frac{1}{\varepsilon}\,\rho(x,y). \qquad\qquad (2)$$

Dabei ist $\Phi(x,\,y)$ das elektrostatische Potenzial, $\vec{E}(x,\,y) = \begin{pmatrix} E_1(x,\,y) \\ E_2(x,\,y) \end{pmatrix}$ das elektrische Feld, $\rho(x,y)$ die Ladungsdichte jeweils am Ort (x,y) und ε die Dielektrizitätskonstante. Setzt man Gleichung (1) in (2) ein, folgt mit der Rechenvorschrift für die Divergenz (siehe Web-Abschnitt Divergenz)

$$\operatorname{div}\vec{E}(x,\,y) \quad = \quad \frac{\partial}{\partial x}\,E_1(x,\,y) + \frac{\partial}{\partial y}\,E_2(x,\,y)$$

$$= \quad \frac{\partial}{\partial x}\left(-\frac{\partial}{\partial x}\,\Phi(x,\,y)\right) + \frac{\partial}{\partial y}\left(-\frac{\partial}{\partial y}\,\Phi(x,\,y)\right) = \frac{1}{\varepsilon}\,\rho(x,y)$$

$$\Rightarrow \quad \frac{\partial^2}{\partial x^2}\,\Phi(x,\,y) + \frac{\partial^2}{\partial y^2}\,\Phi(x,\,y) = -\frac{1}{\varepsilon}\,\rho(x,y). \qquad (\textit{Poisson-Gleichung})$$

Für den ladungsfreien Raum ist $\rho(x,\,y) = 0$ und die Poisson-Gleichung reduziert sich zur Laplace-Gleichung

$$\frac{\partial^2}{\partial x^2}\,\Phi(x,\,y) + \frac{\partial^2}{\partial y^2}\,\Phi(x,\,y) = 0. \qquad (\textit{Laplace-Gleichung})$$

Zur Abkürzung der linken Seite der beiden Gleichungen setzt man

$$\boldsymbol{\Delta}\Phi(x,\,y) := \frac{\partial^2}{\partial x^2}\,\Phi(x,\,y) + \frac{\partial^2}{\partial y^2}\,\Phi(x,\,y)$$

und nennt $\boldsymbol{\Delta}$ den *Laplace-Operator*. $\qquad\qquad\square$

② **Auslenkung einer Membran.** Analog zur schwingenden Saite modelliert man auch die Schwingungen einer Membran. Im Gleichgewicht und unter Vernachlässigung der Schwerkraft sei die Membran waagrecht bei $z = 0$ eingespannt. Das Schwingen in z-Richtung wird dann durch eine Funktion $z(x, y, t)$ beschrieben. Berechnet man unter den gleichen Annahmen wie bei der Herleitung der eindimensionalen Wellengleichung (vgl. 19.2.1) die Kraft, welche auf ein Flächenelement $dx\,dy$ der Membran wirkt,

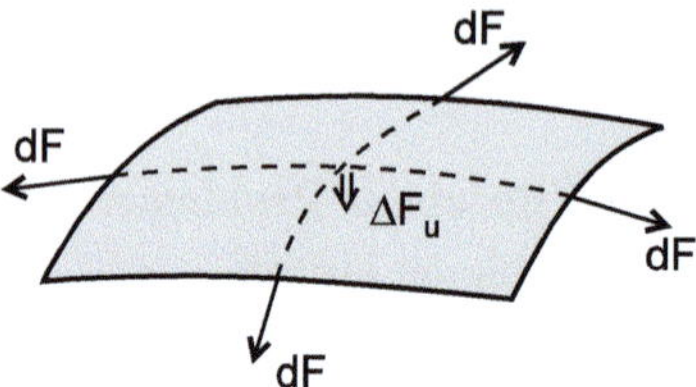

Abb. 19.12. Auslenkung einer Membran

so leistet die Membran dem Verbiegen infolge ihrer tangentialen Spannung Widerstand. Unter der Annahme einer konstanten Spannung $\gamma\left[\frac{N}{m}\right]$ gilt für die Querkraft $\triangle F_u$ (analog zu 19.2.1)

$$\triangle F_u = (\gamma\,dy)\left(\frac{\partial^2 z}{\partial x^2}\right)dx + (\gamma\,dx)\left(\frac{\partial^2 z}{\partial y^2}\right)dy\,.$$

Diese Querkraft beschleunigt das Massenelement $dm = \rho\,dV = \rho\,h\,dx\,dy$. Nach dem Newtonschen Bewegungsgesetz gilt daher für die Auslenkung $z(x, y, t)$

$$\frac{\partial^2}{\partial t^2}z(x,y,t) = \frac{\gamma}{\rho \cdot h}\left(\frac{\partial^2}{\partial x^2}z(x,y,t) + \frac{\partial^2}{\partial y^2}z(x,y,t)\right)$$

mit der Spannung $\gamma\left[\frac{N}{m}\right]$, der Dichte $\rho\left[\frac{kg}{m^3}\right]$ und der Dicke $h\,[m]$ der Membran. Dies ist die **zweidimensionale Wellengleichung**.

Für den Ruhezustand der Membran gilt $\frac{\partial}{\partial t}z(x, y, t) \equiv 0$. Dann ist z nur noch eine Funktion von x und y und der stationäre Zustand wird durch die Laplace-Gleichung beschrieben. Unter Verwendung des Laplace-Operators gilt

$$\mathbf{\Delta}z(x, y) = \frac{\partial^2}{\partial x^2}z(x, y) + \frac{\partial^2}{\partial y^2}z(x, y) = 0.$$
□

19.4.2 Lösung der Laplace-Gleichung (Dirichlet-Problem)

Als Modellfall für die Lösung der Laplace-Gleichung betrachten wir eine Membran, die durch einen rechteckigen Draht eingespannt ist. Eine der Rechteckseiten wird in z-Richtung verbogen. Gesucht ist der Verlauf der Membran $u\,(x,\,y)$ im Innern des Rechtecks (siehe Abb. 19.13).

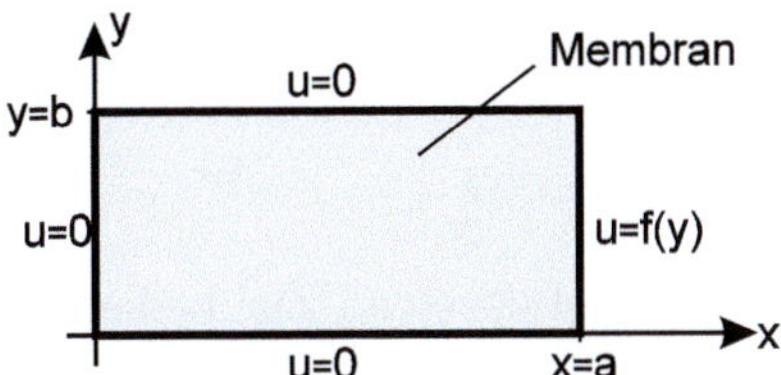

Abb. 19.13. Eingespannte Membran

$u\,(x,\,y)$ bezeichnet die Auslenkung der Membran am Ort $(x,\,y)$ in z-Richtung. $u\,(x,\,y)$ ist bestimmt durch

$$\frac{\partial^2}{\partial x^2}\,u\,(x,\,y) + \frac{\partial^2}{\partial y^2}\,u\,(x,\,y) = 0. \qquad \textbf{(Laplace-Gleichung)}$$

Da diese PDG die Zeit t nicht enthält, werden zur vollständigen Lösung der Differenzialgleichung keine Anfangsbedingungen, sondern nur Randbedingungen benötigt. Wir betrachten den Fall, dass die rechte Rechteckseite ($x = a$) in z-Richtung gemäß einer vorgegebenen Funktion $z = f\,(y)$ verbogen wird:

$$u\,(x,\,0) \;=\; 0; \qquad u\,(x,\,b) \;=\; 0;$$

$$\text{(sog. Dirichlet-Randwerte).}$$

$$u\,(0,\,y) \;=\; 0; \qquad u\,(a,\,y) \;=\; f\,(y)$$

Mit dem **Separationsansatz**

$$u\,(x,\,y) = X\,(x) \cdot Y\,(y)$$

erhält man durch Einsetzen in die PDG

$$X''\,(x) \cdot Y\,(y) + X\,(x) \cdot Y''\,(y) = 0$$

$$\Rightarrow \frac{Y''\,(y)}{Y\,(y)} = -\frac{X''\,(x)}{X\,(x)} = const = -k^2\;.$$

Eine positive Konstante würde in der weiteren Analysis nur zu $k = 0$ führen und somit nur die triviale Lösung $u\,(x,\,y) \equiv 0$ ergeben. Wir setzen die Konstante daher auf $-k^2$. Aus diesem Produktansatz erhält man zwei gewöhnliche Differenzialgleichungen 2. Ordnung:

(1) Ortsabhängigkeit bezüglich y: $Y''(y) + k^2 Y(y) = 0$

$$\Rightarrow Y(y) = A\cos(k\,y) + B\sin(k\,y).$$

(2) Ortsabhängigkeit bezüglich x: $X''(x) - k^2 X(x) = 0$.

Das charakteristische Polynom dieser Differenzialgleichung lautet $P(\lambda) = \lambda^2 - k^2$ und somit folgt aus $P(\lambda) \overset{!}{=} 0$:

$$\lambda_{1/2} = \pm k \quad \Rightarrow \quad e^{k\,x},\, e^{-k\,x}$$

bilden ein reelles Fundamentalsystem. Zur besseren Berücksichtigung der Randwerte wählen wir aber

$$\begin{aligned}
\cosh(k\,x) &= \tfrac{1}{2}\left(e^{k\,x} + e^{-k\,x}\right)\\
\sinh(k\,x) &= \tfrac{1}{2}\left(e^{k\,x} - e^{-k\,x}\right)
\end{aligned}$$

als Fundamentalsystem.

$$\Rightarrow X(x) = C\cosh(k\,x) + D\sinh(k\,x).$$

Die **Lösung** der PDG unter dem Produktanssatz lässt sich damit schreiben als

$$u(x,y) = [A\cos(k\,y) + B\sin(k\,y)]\,[C\cosh(k\,x) + D\sinh(k\,x)].$$

⊘ Berücksichtigung der Randbedingungen (Dirichlet-Problem):

Bei dem Dirichlet-Problem ist die Auslenkung der Membran an allen vier Rechteckseiten vorgegeben. In unserem Fall gilt

$$u(x,0) = 0 \text{ für alle } 0 \le x \le a \quad \Rightarrow A\, \underbrace{\cos(0)}_{=1} + B\,\underbrace{\sin(0)}_{=0} = 0 \quad \Rightarrow A = 0.$$

$$u(0,y) = 0 \text{ für alle } 0 \le y \le b \quad \Rightarrow C\, \underbrace{\cosh(0)}_{=1} + D\,\underbrace{\sinh(0)}_{=0} = 0 \quad \Rightarrow C = 0.$$

$$u(x,b) = 0 \text{ für alle } 0 \le x \le a \quad \Rightarrow B\sin(k\,b) = 0.$$

Damit man für $u(x,y)$ nicht nur die Null-Lösung $u(x,y) \equiv 0$ erhält, muss $B \neq 0$ und $\sin(k\,b) = 0$ sein. $\Rightarrow \boxed{k\cdot b = n\,\pi}$. Es sind also nur diskrete Wellenlängen $\left(\frac{2\pi}{\lambda} = k \Rightarrow \lambda = 2\frac{b}{n}\right)$ möglich. Für jedes $n \in \mathbb{N}$ ist daher $k_n = n\frac{\pi}{b}$ eine erlaubte Konstante und

$$u_n(x,y) = c_n \sinh\!\left(n\frac{\pi}{b}x\right)\sin\!\left(n\frac{\pi}{b}y\right)$$

eine mögliche Lösung der PDG. Diese Funktionen bilden **stehende Wellen in y-Richtung** mit Knoten bei $y = 0$ und $y = b$. Nach dem Superpositionsgesetz für lineare Differenzialgleichungen ist die Lösung für obige Randbedingungen dann gegeben durch

$$u\left(x,\,y\right)=\sum_{n=1}^{\infty} u_n\left(x,\,y\right)=\sum_{n=1}^{\infty} c_n \sinh(n\,\frac{\pi}{b}\,x)\sin(n\,\frac{\pi}{b}\,y).$$

Die Koeffizienten c_n werden durch die vierte Randbedingung festgelegt:

$u\left(a,\,y\right)=f\left(y\right)$ für alle $0\le y\le b$

$$\Rightarrow \sum_{n=1}^{\infty}\left[c_n\,\sinh(n\,\frac{\pi}{b}\,a)\right]\cdot\sin(n\,\frac{\pi}{b}\,y)=f\left(y\right)\ . \tag{$*$}$$

Setzen wir die Funktion $f\left(y\right)$ ungerade auf das Intervall $[-b,\,0]$ und $2b$-periodisch auf ganz $\mathbb{R}$ fort, stellt $(*)$ die Fourier-Reihe der Funktion $f\left(y\right)$ dar mit den Fourier-Koeffizienten

$$c_n\,\sinh(n\,\frac{\pi}{b}\,a)=\frac{2}{b}\int_0^b f\left(y\right)\sin(n\,\frac{\pi}{b}\,y)\,dy\qquad n=1,\,2,\,3,\dots\ .$$

Zusammenfassung: Laplace-Gleichung bei Dirichlet-Randbedingungen

Die Lösung der Laplace-Gleichung

$$u_{xx}\left(x,\,y\right)+u_{yy}\left(x,\,y\right)=0$$

mit den Dirichlet-Randwerten

$$u\left(x=0,\,y\right)=u\left(x,\,y=0\right)=u\left(x,\,y=b\right)=0,$$
$$u\left(x=a,\,y\right)=f\left(y\right),$$

ist für das Rechteck gegeben durch

$$u\left(x,\,y\right)=\sum_{n=1}^{\infty} c_n\,\sinh(n\,\frac{\pi}{b}\,x)\sin(n\,\frac{\pi}{b}\,y)$$

mit den Koeffizienten

$$c_n=\frac{2}{b\,\sinh(n\,\frac{\pi}{b}\,a)}\int_0^b f\left(y\right)\sin(n\,\frac{\pi}{b}\,y)\,dy\qquad n=1,\,2,\,3,\dots$$

Bemerkung: Der Separationsansatz führt nur direkt zur Lösung des Dirichlet-Problems, wenn u auf drei Seiten des Rechtecks Null ist. Ein beliebiges Dirichlet-Problem für ein Rechteck lässt sich aber in vier Probleme aufteilen, bei denen jeweils drei Dirichlet-Werte verschwinden. Durch Superposition der vier Teillösungen erhält man dann die gesuchte Gesamtlösung.

Beispiel 19.6 (Verbiegung bei $x = a$, mit MAPLE).

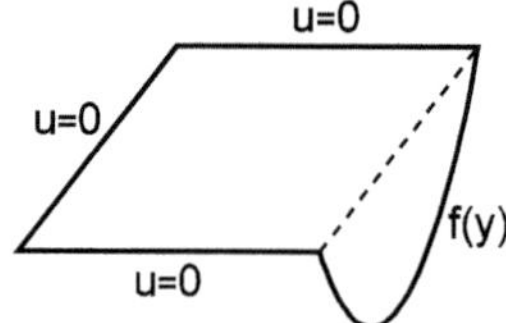

Abb. 19.14.   Drahtverbiegung
bei $x = a$

Eine Membran sei durch einen rechteckigen Draht eingespannt (siehe Abb. 19.14). Der Draht wird an der Stelle $y = b$ in z-Richtung verbogen, wobei die Verbiegung gemäß

$$f(y) = y(y - b)$$

erfolgen soll. Gesucht ist die Auslenkung der Membran in z-Richtung im Innern des Rechtecks.

1. Schritt: Fourier-Zerlegung der Funktion $f(y)$ als punktsymmetrische $2b$-periodische Funktion. b_n sind die Fourier-Koeffizienten von f. Mit zweimaliger partieller Integration erhält man

$$b_n = \frac{2}{b} \int_0^b f(y) \sin(n\,\frac{\pi}{b}\,y)\,dy = \frac{2}{b} \int_0^b y(y - b) \sin(n\,\frac{\pi}{b}\,y)\,dy$$

$$= \frac{4}{n^3\,\pi^3} \left(\cos(n\,\pi) - 1\right) = \frac{4}{n^3\,\pi^3} \left((-1)^n - 1\right)$$

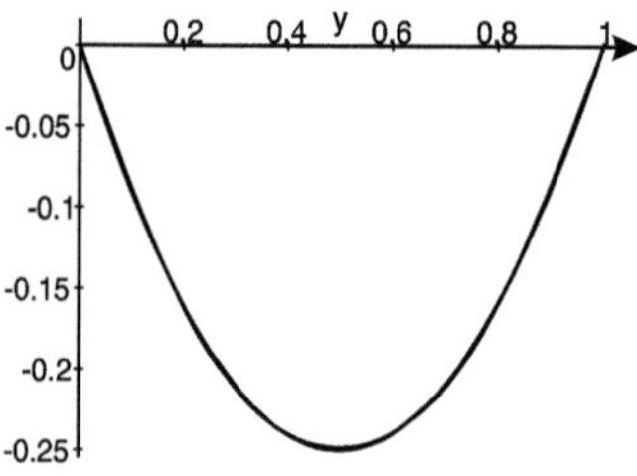

Abb. 19.15. Funktion f und Partialsumme der Fourier-Reihe mit 3 Summanden

Vergleicht man für $a = 2$ und $b = 1$ die Partialsumme $\sum_{n=1}^{3} b_n \sin(n\,\frac{\pi}{b}\,y)$ (nur drei Summanden!) mit der Funktion $f(y)$, kann man graphisch keinen Unterschied feststellen (siehe Abb. 19.15).

2. Schritt: 3-dimensionale Darstellung der Lösung mit der analytischen Lösungsformel. Wir verwenden von der Lösungsformel fünf Summanden:

$$c_n = b_n \frac{1}{\sinh(n\,\frac{\pi}{b})}$$

$$u(x, y) = \sum_{n=1}^{3} c_n \sinh(n\,\frac{\pi}{b}\,x) \sin(n\,\frac{\pi}{b}\,y).$$

Man erkennt (wieder für $a = 2$ und $b = 1$) in Abbildung 19.16, dass die Membran an drei Seiten eingespannt ist und sie sich zur Form der vierten Seite hin verbiegt.   □

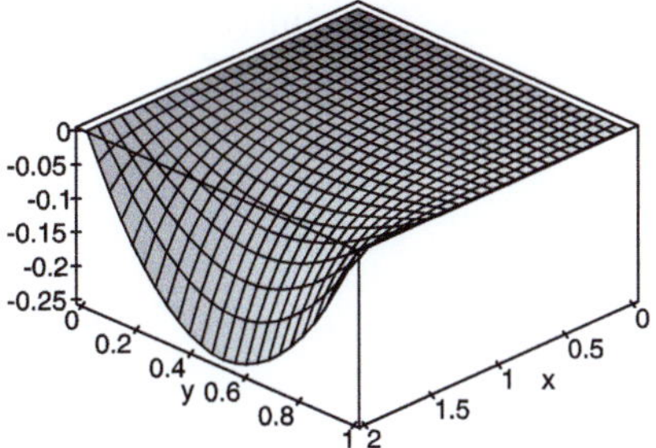

Abb. 19.16. Verbiegung einer Membran, die an 3 Seiten bei $u = 0$ eingespannt ist

19.4.3 Lösung der Laplace-Gleichung (Neumann-Problem)

In der Elektrostatik stellt sich oftmals das Problem, dass die Potenzialwerte nicht an allen Rändern bekannt sind. Z.B. an offenen Rändern weiß man nur, dass die Äquipotentiallinien senkrecht zum offenen Rand verlaufen. Mathematisch bedeutet dies, dass die Normalenableitung des Potenzials verschwindet. Dies führt zu sog. *Neumann*-Randbedingungen.

Wir betrachten für das Rechteck die folgende Problemstellung

$$\frac{\partial^2}{\partial x^2}\, u\,(x,\,y) + \frac{\partial^2}{\partial y^2}\, u\,(x,\,y) = 0 \qquad \text{Laplace-Gleichung}$$

$$\left.\begin{array}{ll} u_y\,(x,\,0) = 0 & u_y\,(x,\,b) = 0 \\[2mm] u_x\,(0,\,y) = 0 & u_x\,(a,\,y) = f\,(y) \end{array}\right\} \quad \text{(Neumann-Randwerte)}.$$

Mit einem Separationsansatz erhält man nach 19.4.2 die allgemeine Lösung

$$u\,(x,\,y) = [A \cos\,(k\,y) + B \sin\,(k\,y)]\,[C \cosh\,(k\,x) + D \sinh\,(k\,x)]\ .$$

Um die gestellten Randbedingungen berücksichtigen zu können, berechnen wir die partiellen Ableitungen nach x und y

$$u_x\,(x,\,y) = [A \cos\,(k\,y) + B \sin\,(k\,y)]\,[C\,k \sinh\,(k\,x) + D\,k \cosh\,(k\,x)]$$

$$u_y\,(x,\,y) = [-A\,k \sin\,(k\,y) + B\,k \cos\,(k\,y)]\,[C \cosh\,(k\,x) + D \sinh\,(k\,x)].$$

Damit folgt:

$$u_y\,(x,\,0) = 0 \text{ für alle } 0 \le x \le a: \quad -A\,k\,\underbrace{\sin\,(0)}_{=0} + B\,k\,\underbrace{\cos\,(0)}_{=1} = 0 \;\Rightarrow\; B = 0.$$

$u_x\,(0,\,y) = 0$ für alle $0 \le y \le b$: $C\,k\;\underbrace{\sinh{(0)}}_{=0}\;+D\,k\;\underbrace{\cosh{(0)}}_{=1}=0\;\Rightarrow\;D=0.$

$u_y\,(x,\,b) = 0$ für alle $0 \le x \le a$: $\sin{(k\,b)} = 0 \Rightarrow k\,b = n\,\pi$

$$\Rightarrow\;\boxed{k_n = n\,\frac{\pi}{b}}\qquad n = 0,\,1,\,2,\,3,\dots$$

Für jedes $n = 0,\,1,\,2,\dots$ ist also

$$u_n\,(x,\,y) = c_n\;\cosh(n\,\frac{\pi}{b}\,x)\;\cos(n\,\frac{\pi}{b}\,y)$$

eine Lösung und durch Superposition folgt die allgemeine Lösung

$$u\,(x,\,y) = \sum_{n=0}^{\infty}\,c_n\;\cosh(n\,\tfrac{\pi}{b}\,x)\;\cos(n\,\tfrac{\pi}{b}\,y).$$

Die Koeffizienten c_n werden wieder aus der vierten Randbedingung gewonnen:

$u_x\,(a,\,y) = f\,(y)$ für alle $0 \le y \le b$

$$\Rightarrow\sum_{n=1}^{\infty}\,\frac{n\,\pi}{b}\,c_n\;\sinh(n\,\frac{\pi}{b}\,a)\;\cos(n\,\frac{\pi}{b}\,y) = f\,(y)\;.\qquad\qquad(*)$$

Setzen wir die Funktion $f\,(y)$ gerade auf das Intervall $[-b,\,0]$ und dann $2b$-periodisch auf $\mathbb{R}$ fort, ist $(*)$ bis auf das konstante Glied c_0 die Fourier-Reihe von $f\,(y)$. Die Lösung dieses Randwertproblems ist also nur bis auf eine Konstante c_0 eindeutig. Wir fordern daher, dass z.B.

$$c_0 = \frac{1}{b}\,\int_0^b\,f\,(y)\,dy = 0.$$

Die übrigen c_n berechnen sich für $n = 1,\,2,\,3,\dots$ über die Formel

$$c_n = \frac{2}{n\,\pi\,\sinh\left(n\,\frac{\pi}{b}\,a\right)}\,\int_0^b\,f\,(y)\,\cos(n\,\frac{\pi}{b}\,y)\,dy.$$

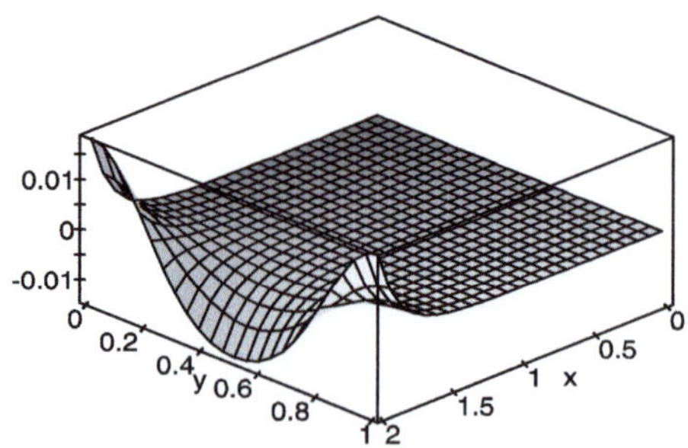

Abb. 19.17. Verbiegung der Membran beim Neumann-Problem

19.5 Die Laplace-Gleichung in Polarkoordinaten (r, φ)

19.5

Um die Laplace-Gleichung in rotationssymme-
trischen Geometrien zu lösen, verwendet man
üblicherweise Polarkoordinaten. Z.B. wenn die
Potenzialverteilung in einem Zylinderkondensator gesucht wird, wobei das äußere Zylinder-
teil geerdet und das innere auf Potenzial ϕ_i
liegt. Zwar gilt nach wie vor die Bestimmungsgleichung

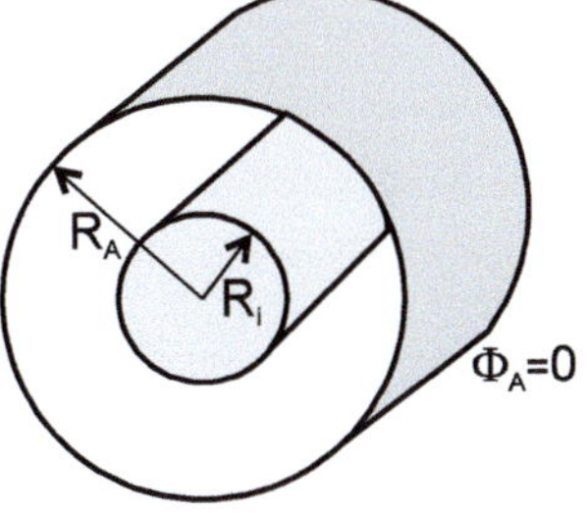

$$u_{xx}(x, y) + u_{yy}(x, y) = 0$$

Abb. 19.18. Zylinderkondensator

im Innern des Zylinders, aber die Randbedingungen können in diesem Fall
nicht so einfach mathematisch beschrieben werden. Daher führt man ein Ko-
ordinatensystem ein, nämlich Polarkoordinaten (r, φ), in dem sich die Randbedingungen einfach angeben lassen:

$$u(R_i, \varphi) = \phi_i \quad \text{und} \quad u(R_A, \varphi) = 0 \quad \text{für alle} \quad 0 \le \varphi \le 2\pi \,.$$

Die Transformationsgleichungen lauten

$$
\begin{aligned}
x &= r \cos \varphi \quad &\Rightarrow& \quad x = x(r, \varphi) \\
y &= r \sin \varphi \quad &\Rightarrow& \quad y = y(r, \varphi)
\end{aligned}
$$

Wir betrachten das Potenzial $u(x, y) = u(x(r, \varphi)\,,\, y(r, \varphi))$ als Funktion von
r und φ. Mit der Kettenregel 2 können wir dann diese Funktion sowohl nach
r als auch nach φ partiell differenzieren.

$$
\begin{aligned}
\frac{\partial}{\partial r} u(x(r, \varphi), y(r, \varphi)) &= \frac{\partial u}{\partial x} \cdot \frac{\partial x}{\partial r} + \frac{\partial u}{\partial y} \cdot \frac{\partial y}{\partial r} = u_x \cdot x_r + u_y \cdot y_r \\
&= u_x \cos \varphi + u_y \sin \varphi
\end{aligned}
$$

$$
\begin{aligned}
\frac{\partial}{\partial \varphi} u(x(r, \varphi), y(r, \varphi)) &= \frac{\partial u}{\partial x} \cdot \frac{\partial x}{\partial \varphi} + \frac{\partial u}{\partial y} \cdot \frac{\partial y}{\partial \varphi} = u_x \, x_\varphi + u_y \, y_\varphi \\
&= -u_x \, r \sin \varphi + u_y \, r \cos \varphi.
\end{aligned}
$$

Damit erhalten wir ein LGS für die beiden partiellen Ableitungen u_x und u_y:

$$
\begin{pmatrix} u_r \\ u_\varphi \end{pmatrix} = \begin{pmatrix} \cos \varphi & \sin \varphi \\ -r \sin \varphi & r \cos \varphi \end{pmatrix} \begin{pmatrix} u_x \\ u_y \end{pmatrix} \,.
$$

Nach Inversion der Matrix

$$\begin{pmatrix} u_x \\ u_y \end{pmatrix} = \frac{1}{r} \begin{pmatrix} r\cos\varphi & -\sin\varphi \\ r\sin\varphi & \cos\varphi \end{pmatrix} \begin{pmatrix} u_r \\ u_\varphi \end{pmatrix}$$

gilt in Komponentenschreibweise

$$u_x = \cos\varphi\, u_r - \frac{1}{r}\sin\varphi\, u_\varphi$$
$$u_y = \sin\varphi\, u_r + \frac{1}{r}\cos\varphi\, u_\varphi.$$

Um die Laplace-Gleichung in Polarkoordinaten (r,φ) zu formulieren, differenzieren wir gemäß obiger Ableitungsregel u_x nochmals partiell nach x und u_y partiell nach y:

$$u_{xx} = (u_x)_x = \cos\varphi\, (u_x)_r - \frac{1}{r}\sin\varphi\, (u_x)_\varphi$$
$$= \cos\varphi \left(\cos\varphi\, u_r - \frac{1}{r}\sin\varphi\, u_\varphi \right)_r - \frac{1}{r}\sin\varphi \left(\cos\varphi\, u_r - \frac{1}{r}\sin\varphi\, u_\varphi \right)_\varphi$$
$$= \cos^2\varphi\, u_{rr} - \frac{\partial}{\partial r}\left(\frac{1}{r}\cos\varphi\sin\varphi\, u_\varphi \right) + \frac{1}{r}\sin^2\varphi\, u_r$$
$$-\frac{1}{r}\sin\varphi\cos\varphi\, u_{r\varphi} + \frac{1}{r^2}\sin\varphi\cos\varphi\, u_\varphi + \frac{1}{r^2}\sin^2\varphi\, u_{\varphi\varphi}$$

$$u_{yy} = (u_y)_y = \sin\varphi\, (u_y)_r + \frac{1}{r}\cos\varphi\, (u_y)_\varphi$$
$$= \sin\varphi \left(\sin\varphi\, u_r + \frac{1}{r}\cos\varphi\, u_\varphi \right)_r + \frac{1}{r}\cos\varphi \left(\sin\varphi\, u_r + \frac{1}{r}\cos\varphi\, u_\varphi \right)_\varphi$$
$$= \sin^2\varphi\, u_{rr} + \frac{\partial}{\partial r}\left(\frac{1}{r}\cos\varphi\sin\varphi\, u_\varphi \right) + \frac{1}{r}\cos^2\varphi\, u_r$$
$$+\frac{1}{r}\cos\varphi\sin\varphi\, u_{r\varphi} - \frac{1}{r^2}\cos\varphi\sin\varphi\, u_\varphi + \frac{1}{r^2}\cos^2\varphi\, u_{\varphi\varphi}.$$

Fasst man dieses Ergebnis zusammen, lautet der Laplace-Operator

$$\mathbf{\Delta} u\,(r,\varphi) = u_{rr}\,(r,\varphi) + \frac{1}{r}\,u_r(r,\varphi) + \frac{1}{r^2}\,u_{\varphi\varphi}\,(r,\varphi)$$

und mit der Identität $\frac{1}{r}\frac{\partial}{\partial r} r \frac{\partial}{\partial r} u\,(r,\varphi) = u_{rr} + \frac{1}{r} u_r\,(r,\varphi)$ schließlich

$$\mathbf{\Delta} u\,(r,\varphi) = \frac{1}{r}\frac{\partial}{\partial r} r \frac{\partial}{\partial r} u\,(r,\varphi) + \frac{1}{r^2}\frac{\partial^2}{\partial\varphi^2} u\,(r,\varphi) = 0.$$

Dies ist die **Laplace-Gleichung in Polarkoordinaten** (r,φ).

Beispiel 19.7. Kommen wir auf das anfangs gestellte Problem des Zylinderkondensators zurück: Gesucht ist eine Lösung $\phi(r, \varphi)$ von

$$\boldsymbol{\Delta}\phi(r, \varphi) = 0$$

mit den Randwerten $\phi(r = R_i, \varphi) = \phi_i$ und $\phi(r = R_A, \varphi) = 0$.

Aufgrund der Symmetrieeigenschaft des Problems ist das Potenzial ϕ nicht vom Winkel φ abhängig, d.h. $\frac{\partial}{\partial \varphi}\phi(r, \varphi) = 0$. Damit ist ϕ nur eine Funktion des Radius r und das Problem reduziert sich auf eine gewöhnliche Differenzialgleichung

$$\frac{1}{r}\frac{d}{dr}\,r\,\frac{d}{dr}\,\phi(r) = 0$$

mit den Randwerten $\phi(R_i) = \phi_i$ und $\phi(R_A) = 0$.

Zweimaliges Integrieren liefert

$$\frac{d}{dr}\,r\,\frac{d}{dr}\,\phi(r) = 0 \;\Rightarrow\; r\,\frac{d}{dr}\,\phi(r) = \rho$$

$$\Rightarrow\; \frac{d}{dr}\,\phi(r) = \frac{\rho}{r} \;\Rightarrow\; \phi(r) = \rho\,\ln(r) + A$$

mit den Integrationskonstanten A und ρ, die über die Randbedingungen bestimmt werden:

$$\phi(R_i) = \phi_i : \quad \phi(R_i) = \rho\,\ln(R_i) + A = \phi_i \tag{1}$$

$$\phi(R_A) = 0 : \quad \phi(R_A) = \rho\,\ln(R_A) + A = 0 \tag{2}$$

Wir subtrahieren (2) von (1), $\rho = \dfrac{\phi_i}{\ln\left(\frac{R_i}{R_A}\right)}$, und setzen das Ergebnis in (2) ein: $A = -\rho\,\ln(R_A)$.

$$\Rightarrow\quad \phi(r) = \frac{\phi_i}{\ln\left(\frac{R_i}{R_A}\right)}\,\ln\left(\frac{r}{R_A}\right).$$

Dies ist die Potenzialverteilung in einem Zylinderkondensator mit dem Innenradius R_i auf Potenzial ϕ_i und dem Außenradius R_A auf Potenzial $\phi_A = 0$. $\square$

19.6   19.6 Die zweidimensionale Wellengleichung

Als Modellfall für die *zweidimensionale* Wellengleichung betrachten wir eine Membran, die durch einen rechteckigen Draht eingespannt ist:

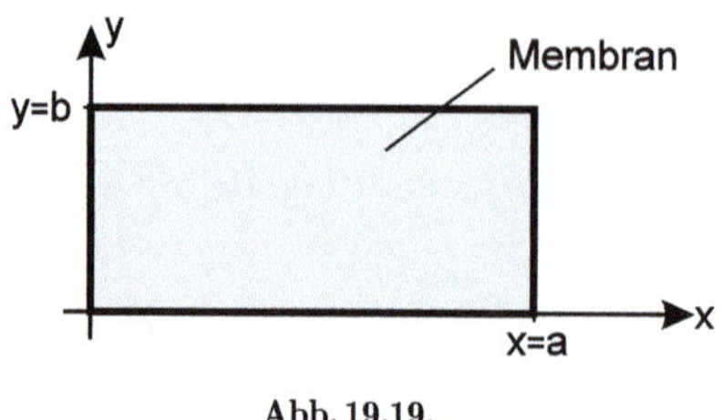

Abb. 19.19.

Die Auslenkung in z-Richtung bezeichnen wir mit $u(x, y, t)$. Sind die Ränder waagrecht bei $z = 0$ und lenkt man die Membran (z.B. durch einen Trommelschlag) aus, so ist die Bestimmungsgleichung für die Auslenkung $u(x, y, t)$ am Ort (x, y) zur Zeit t nach der Herleitung in 19.4.1 ③ gegeben durch die zweidimensionale Wellengleichung

$$\frac{\partial^2}{\partial t^2}\, u(x,y,t) = c^2 \left(\frac{\partial^2}{\partial x^2}\, u(x,y,t) + \frac{\partial^2}{\partial y^2}\, u(x,y,t) \right)$$

mit der Anfangsauslenkung und -Geschwindigkeit

$$\left. \begin{array}{l} u(x,\, y,\, t = 0) = u_0(x,\, y) \\[2mm] u_t(x,\, y,\, t = 0) = v_0(x,\, y) \end{array} \right\} \quad \text{(Anfangsbedingungen)}$$

sowie den Einspannbedingungen

$$\left. \begin{array}{l} u(x = 0,\, y,\, t) = 0\; ;\; u(x = a,\, y,\, t) = 0 \quad \text{für alle}\quad y, t\,. \\[2mm] u(x,\, y = 0,\, t) = 0\; ;\; u(x,\, y = b,\, t) = 0 \quad \text{für alle}\quad x, t\,. \end{array} \right\} \quad \text{(Randwerte)}$$

Auch dieses Anfangsrandwertproblem löst man durch den Produktansatz

$$u(x,\, y,\, t) = U(x,\, y) \cdot T(t)\ ,$$

wobei $T(t)$ eine rein zeitabhängige Funktion und $U(x, y)$ eine zweidimensionale, ortsabhängige Funktion ist. Den Produktansatz in die PDG eingesetzt liefert

$$T''(t) \cdot U(x, y) = c^2 \left(U_{xx}(x, y) + U_{yy}(x, y) \right) \cdot T(t)$$

$$\Rightarrow \frac{T''(t)}{T(t)} = c^2\, \frac{U_{xx}(x, y) + U_{yy}(x, y)}{U(x, y)} = const = -\omega^2\ .$$

(1) Für die Zeitfunktion erhält man eine **gewöhnliche** DG 2. Ordnung:

$$T''(t) + \omega^2 T(t) = 0 \;\Rightarrow\; T(t) = A\sin(\omega t) + B\cos(\omega t)\ .$$

(2) Für die ortsabhängige Funktion $U(x, y)$ erhält man eine **partielle** Differenzialgleichung 2. Ordnung:

$$U_{xx}(x, y) + U_{yy}(x, y) + \frac{\omega^2}{c^2} U(x, y) = 0.$$

Dies ist die sog. **Helmholtz-Gleichung**.

Bemerkung: Auf die Helmholtz-Gleichung stößt man auch, wenn man bei der zweidimensionalen, zeitabhängigen Wärmeleitungsgleichung (19.4.1 ②) einen Separationsansatz wählt. Nur die gewöhnliche Differenzialgleichung für die Zeitfunktion ist dann durch $\frac{T'(t)}{T(t)} = const = -\omega^2$ bestimmt.

⊙ Die Helmholtz-Gleichung

Zur Lösung der Helmholtz-Gleichung wählen wir nochmals einen Separationsansatz

$$U(x, y) = X(x) \cdot Y(y)$$

und erhalten

$$X''(x)\,Y(y) + X(x)\,Y''(y) + \frac{\omega^2}{c^2}\,X(x)\,Y(y) = 0$$

$$\Rightarrow \frac{X''(x)}{X(x)} + \frac{Y''(y)}{Y(y)} = -\frac{\omega^2}{c^2}\ .$$

Da die Variable x nur im ersten Term und die Variable y nur im zweiten Term vorkommt, müssen beide Terme konstant in x und y sein:

$$\frac{X''(x)}{X(x)} = const = -k^2 \quad\text{und}\quad \frac{Y''(y)}{Y(y)} = const = -l^2\ .$$

$$\Rightarrow \boxed{k^2 + l^2 = \frac{\omega^2}{c^2}} \quad\text{bzw.}\quad \boxed{\omega = c\sqrt{k^2 + l^2}.}$$

(1) Ortsabhängigkeit bezüglich x: $X''(x) + k^2 X(x) = 0$

$$\Rightarrow X(x) = D\sin(k\,x) + E\cos(k\,x)\ .$$

(2) Ortsabhängigkeit bezüglich y: $Y''(y) + l^2 Y(y) = 0$

$$\Rightarrow Y(y) = F\sin(l\,y) + G\cos(l\,y)\ . \qquad \square$$

Mit dieser Lösung der Helmholtz-Gleichung zusammen mit der zeitabhängigen Lösung $T(t)$ lautet die **Lösung der zweidimensionalen Wellengleichung**

$$u(x, y, t) = [A \sin(\omega t) + B \cos(\omega t)] \cdot [D \sin(k\,x) + E \cos(k\,x)]$$

$$\cdot [F \sin(l\,y) + G \cos(l\,y)]$$

Diese Lösung der zweidimensionalen Wellengleichung enthält wieder Parameter, welche durch die Randbedingungen und Anfangsbedingungen bestimmt sind:

> **Berücksichtigung der Randbedingungen:**

① $u(x = 0, y, t) = 0$ für alle y, t $\Rightarrow X(0) = D \sin(0) + E \cos(0) \stackrel{!}{=} 0 \Rightarrow$ $E = 0$.

② $u(x = a, y, t) = 0$ für alle y, t $\Rightarrow X(a) = D \sin(k\,a) \stackrel{!}{=} 0$.

Damit wir nicht nur die Null-Lösung für $u(x, y, t)$ erhalten, muss gelten

$$\sin(k\,a) = 0 \;\Rightarrow k\,a = n\,\pi \;\Rightarrow \boxed{k_n = n\,\frac{\pi}{a}} \qquad n \in \mathbb{N}\,.$$

D.h. in x-Richtung sind nur stehende Wellen mit $k_n = n\,\frac{\pi}{a}$, also der Wellenlänge $\lambda = \frac{2\pi}{k_n} = \frac{2a}{n}$, möglich.

③ $u(x, y = 0, t) = 0$ für alle x, t $\Rightarrow Y(0) = F \sin(0) + G \cos(0) \stackrel{!}{=} 0 \Rightarrow$ $G = 0$.

④ $u(x, y = b, t) = 0$ für alle x, t $\Rightarrow Y(b) = F \sin(l\,b) \stackrel{!}{=} 0$.

Damit wiederum nicht nur die Null-Lösung folgt, muss gelten

$$\sin(l\,b) = 0 \;\Rightarrow l\,b = m\,\pi \;\Rightarrow \boxed{l_m = m\,\frac{\pi}{b}} \qquad m \in \mathbb{N}\,.$$

Also auch in y-Richtung sind nur stehende Wellen mit $l_m = m\,\frac{\pi}{b}$, d.h. mit Wellenlängen $\lambda = \frac{2\pi}{l_m} = \frac{2b}{m}$, möglich.

Für jedes Paar (n, m) mit $n \in \mathbb{N}$ und $m \in \mathbb{N}$ ist somit eine Lösung der PDG gegeben durch

$$u_{n,m}(x, y, t) = [a_{n,m} \sin(\omega_{n,m}\,t) + b_{n,m} \cos(\omega_{n,m}\,t)] \sin(n\,\frac{\pi}{a}\,x) \sin(m\,\frac{\pi}{b}\,y)$$

mit den Frequenzen $\qquad \omega_{n,m} = c\,\sqrt{\left(n\,\frac{\pi}{a}\right)^2 + \left(m\,\frac{\pi}{b}\right)^2}\,.$

Das Paar (n, m) bezeichnet man als **Schwingungsmode**. Die **allgemeine Lösung** für die zweidimensionale, eingespannte, schwingende Membran erhält man durch die Superposition aller Schwingungsmoden:

$$u\left(x, y, t\right) = \sum_{n=1}^{\infty}\sum_{m=1}^{\infty} \left[a_{n, m}\,\sin\left(\omega_{n, m}\,t\right) + b_{n, m}\,\cos\left(\omega_{n, m}\,t\right)\right]\sin\!\left(n\,\frac{\pi}{a}\,x\right)\sin\!\left(m\,\frac{\pi}{b}\,y\right).$$

⊘ **Berücksichtigung der Anfangsbedingungen:**

Für die **Anfangsauslenkung** gilt

$$u\left(x, y, t=0\right) = u_0\left(x, y\right) = \sum_{n=1}^{\infty}\sum_{m=1}^{\infty} b_{n, m}\,\sin\left(n\,\frac{\pi}{a}\,x\right)\,\sin\left(m\,\frac{\pi}{b}\,y\right)\,.$$

Dies ist die Sinus-Fourier-Reihe der zweidimensionalen Funktion u_0. Die entsprechenden Formeln für die Fourier-Koeffizienten $b_{n,m}$ kann man auf ähnliche Weise wie im eindimensionalen Fall (vgl. 17.2) erhalten; wir werden auf diesen Zusammenhang aber nicht näher eingehen.

Für die **Anfangsgeschwindigkeit** gilt

$$u_t\left(x, y, t=0\right) = v_0\left(x, y\right) = \sum_{n=1}^{\infty}\sum_{m=1}^{\infty} \left(b_{n, m}\,\omega_{n, m}\right)\sin\left(n\,\frac{\pi}{a}\,x\right)\,\sin\left(m\,\frac{\pi}{b}\,y\right)\,.$$

Dies ist die Sinus-Fourier-Reihe der zweidimensionalen Funktion v_0 mit den Fourier-Koeffizienten $\left(b_{n,m}\,\omega_{n,m}\right)$. □

Visualisierung: Abb. 19.20 zeigt elementaren Schwingungsformen für $(n, m) = (1, 1)$; $(n, m) = (1, 2)$; $(n, m) = (3, 1)$; $(n, m) = (4, 4)$. Im $(1, 1)$-Mode wird nur eine Halbwelle in x-Richtung und eine Halbwelle in y-Richtung angeregt. Zu sehen sind keine Knoten, sondern nur einen Wellenberg. Im Modus $(1, 2)$ gibt es eine Halbwelle in x-Richtung, aber zwei Halbwellen in y-Richtung. In $(4, 4)$ schließlich sind 4 Halbwellen in x-Richtung und 4 Halbwellen in y-Richtung dargestellt.

Animation: Auf der Homepage befindet sich die MAPLE-Animation zu der Grundschwingung $(n, m) = (1, 1)$. Im zugehörigen Worksheet kann aber auch jede andere Schwingungsform gewählt und animiert werden. □

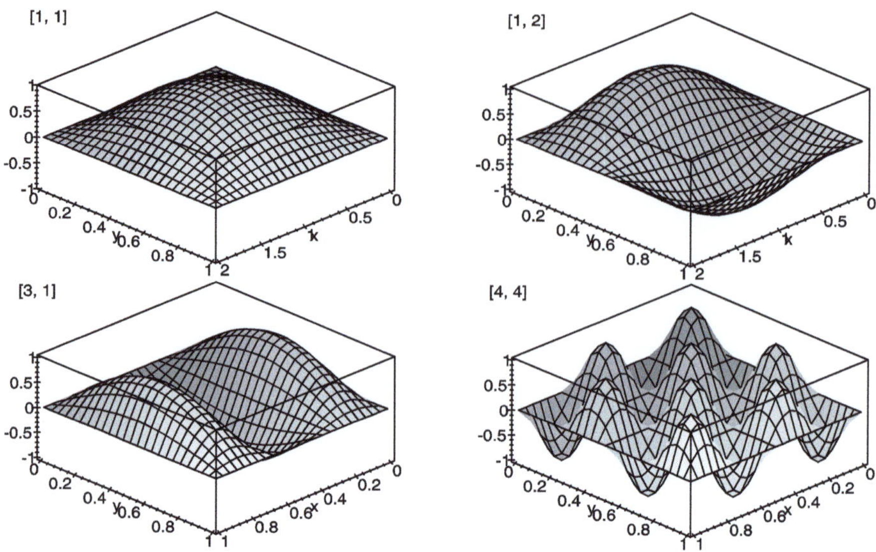

Abb. 19.20. Schwingungsmoden einer Rechteckmembran

19.7

19.7 Die Biegeschwingungsgleichung

In diesem Abschnitt werden wir die *Querschwingungen* eines elastischen Stabes berechnen. Sie werden durch eine partielle Differenzialgleichung 4. Ordnung beschrieben.

19.7.1 Herleitung der Biegeschwingungsgleichung

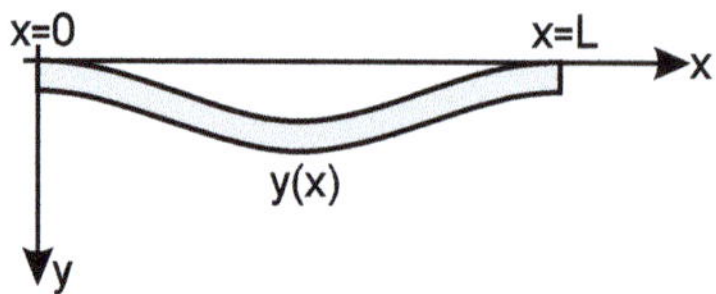

Als Modellfall bei der Herleitung der Biegeschwingungsgleichung betrachten wir einen homogenen Stab (Länge L, Querschnitt A, Flächenträgheitsmoment I, Elastizitätsmodul E), der auf der x-Achse gestützt wird.

Abb. 19.21. Elastischer Stab

Dieser Stab biegt sich unter dem Einfluss von vertikalen Lasten gemäß folgenden statischen Gesetzmäßigkeiten:

$y(x)$ ist die Auslenkung des Stabes an der Stelle x. Für kleine Auslenkungen $y(x)$ ist das Biegemoment an der Stelle x gegeben durch

$$M(x) = E \cdot I \, \frac{d^2}{dx^2} \, y(x) \ .$$

Die zugehörige Querkraft $F_q(x)$ ist am Ort x

$$-F_q(x) = \frac{d}{dx} M(x) = E\,I\,\frac{d^3}{dx^3}\,y(x) \ .$$

Die Querkraft ΔF_q, die auf das Massenelement wirkt, ist analog der Querkraft bei der schwingenden Saite durch Linearisierung von $F_q(x+dx) \approx F_q(x) +$

$\frac{d F_q(x)}{dx} \, dx$ gegeben durch

$$\Delta F_q = F_q\left(x + dx\right) - F_q\left(x\right) \approx F_q(x) + dx\,\frac{dF_q\left(x\right)}{dx} - F_q\left(x\right) = dx\,\frac{dF_q\left(x\right)}{dx} \ .$$

Die dynamische Beschreibung folgt, indem man die Beschleunigungskraft auf ein Massenelement $dm = \rho\,A\,dx$ betrachtet

$$F = dm\,\frac{\partial^2}{\partial t^2} y\left(x,\,t\right)$$

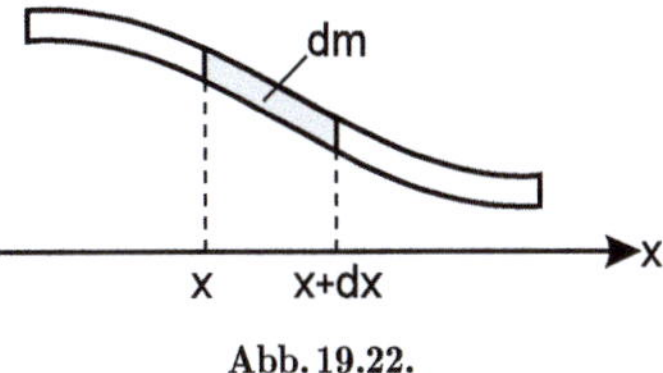

Abb. 19.22.

und gleich der resultierenden Kraft ΔF_q setzt:

$$\rho\,A\,dx\,\frac{\partial^2 y\left(x,\,t\right)}{\partial t^2} = -E\,I\,\frac{\partial^4 y\left(x,\,t\right)}{\partial x^4}\,dx \ .$$

$$\Rightarrow \qquad \frac{\partial^2}{\partial t^2}\,y(x,t) = -\frac{E\,I}{\rho\,A}\,\frac{\partial^4}{\partial x^4}\,y(x,t) \qquad \textbf{Biegeschwingungsgleichung}$$

Dies ist eine lineare PDG 4. Ordnung mit den Konstanten ρ (Dichte), A (Querschnittsfläche), I (Flächenträgheitsmoment) und E (Elastizitätsmodul).

19.7.2 Lösung der Biegeschwingungsgleichung

Um eine Lösung der Biegeschwingungsgleichung zu bestimmen, führen wir einen Separationsansatz durch

$$y\left(x,\,t\right) = X\left(x\right) \cdot T\left(t\right) \ .$$

Dabei ist

$\qquad X\left(x\right)\qquad$ eine rein ortsabhängige Funktion,

$\qquad T(t)\qquad$ eine rein zeitabhängige Funktion.

Durch Einsetzen in die PDG folgt

$$X\left(x\right) \cdot T''\left(t\right) = -\frac{E\,I}{\rho\,A}\,X^{(4)}\left(x\right) \cdot T\left(t\right)$$

$$\Rightarrow -\frac{E\,I}{\rho\,A}\,\frac{X^{(4)}\left(x\right)}{X\left(x\right)} = \frac{T''\left(t\right)}{T\left(t\right)} = const = -\omega^2 \ .$$

Eine positive Konstante würde zu einer nicht-physikalischen Lösung führen. Durch diesen Produktansatz reduziert man die PDG auf zwei gewöhnliche Differenzialgleichungen:

(1) Zeitabhängigkeit: $T''\left(t\right) + \omega^2\,T\left(t\right) = 0 \ \Rightarrow \ T\left(t\right) = A\,\cos\left(\omega t\right) + B\,\sin\left(\omega t\right)$.

(2) Ortsabhängigkeit:

$$X^{(4)}(x) - \frac{\rho A}{E I}\,\omega^2\, X(x) = 0.$$

Dies ist eine Differenzialgleichung 4. Ordnung. Mit dem Ansatz $X(x) = e^{\lambda x}$ erhält man das charakteristische Polynom

$$P(\lambda) = \lambda^4 - \frac{\rho A}{E I}\,\omega^2 \overset{!}{=} 0$$

mit den Nullstellen

$$\lambda = \pm\sqrt{\pm\sqrt{\frac{\rho A}{E I}}\,\sqrt{\omega}}\ .$$

Setzt man $\kappa = \sqrt[4]{\frac{\rho A}{E I}}\,\sqrt{\omega}$, so sind

$$\lambda_1 = \kappa, \quad \lambda_2 = -\kappa, \quad \lambda_3 = i\,\kappa, \quad \lambda_4 = -i\,\kappa$$

die Nullstellen von $P(\lambda)$ und

$$e^{\kappa x}, \quad e^{-\kappa x}, \quad e^{i\,\kappa x}, \quad e^{-i\,\kappa x}$$

bildet ein komplexes Fundamentalsystem.

Mit den Linearkombinationen

$$\sinh(\kappa x) = \tfrac{1}{2}\left(e^{\kappa x} - e^{-\kappa x}\right), \qquad\qquad \cosh(\kappa x) = \tfrac{1}{2}\left(e^{\kappa x} + e^{-\kappa x}\right),$$

$$\sin(\kappa x) = \tfrac{1}{2i}\left(e^{i\,\kappa x} - e^{-i\,\kappa x}\right), \qquad\qquad \cos(\kappa x) = \tfrac{1}{2}\left(e^{i\,\kappa x} + e^{-i\,\kappa x}\right),$$

folgt ein reelles Fundamentalsystem

$$\cosh(\kappa x), \quad \sinh(\kappa x), \quad \cos(\kappa x), \quad \sin(\kappa x).$$

Die Lösung der gewöhnlichen Differenzialgleichungen lautet

$$X(x) = A_1 \cosh(\kappa x) + A_2 \sinh(\kappa x) + A_3 \cos(\kappa x) + A_4 \sin(\kappa x).$$

Die Lösung der Biegeschwingungsgleichung ist damit gegeben durch

$$u(x,t) = \left[A_1 \cosh(\kappa x) + A_2 \sinh(\kappa x) + A_3 \cos(\kappa x) + A_4 \sin(\kappa x)\right]$$
$$\left[A \cos(\omega t) + B \sin(\omega t)\right].$$

Die Konstanten A_1, A_2, A_3, A_4 bzw. A und B bestimmen sich aus den Randbedingungen bzw. aus der Anfangsauslenkung und -geschwindigkeit.

⊘ Berücksichtigung von Randbedingungen

Folgende Randbedingungen für den rechten Rand (und entsprechend für den linken Rand) können physikalisch auftreten.

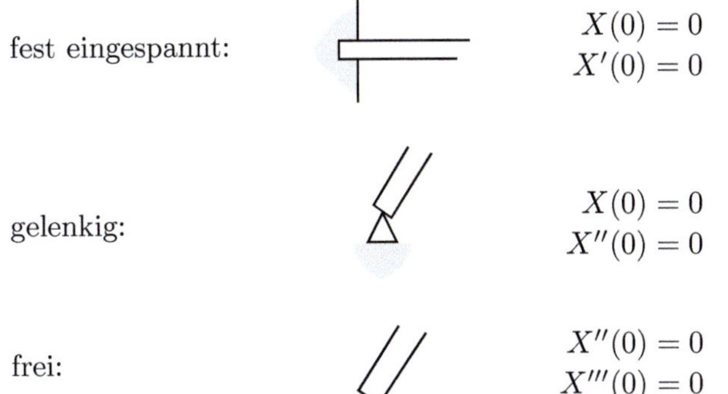

fest eingespannt:
$$X(0) = 0$$
$$X'(0) = 0$$

gelenkig:
$$X(0) = 0$$
$$X''(0) = 0$$

frei:
$$X''(0) = 0$$
$$X'''(0) = 0$$

Wir behandeln im Folgenden aber nur zwei Kombinationen: gelenkig/gelenkig in 19.6.3; dies ist der einzige Fall, der zu einer geschlossenen Lösung führt. Und weiterhin fest/fest in 19.6.4; in diesem Fall kann die zugehörige Eigenwertgleichung nur numerisch gelöst werden.

Um die Randbedingungen zu berücksichtigen, bilden wir die Ableitungen von $X(x)$ bis zur Ordnung 3

$$X(x) = A_1 \cosh(\kappa x) + A_2 \sinh(\kappa x) + A_3 \cos(\kappa x) + A_4 \sin(\kappa x)$$

$$X'(x) = A_1 \kappa \sinh(\kappa x) + A_2 \kappa \cosh(\kappa x) - A_3 \kappa \sin(\kappa x) + A_4 \kappa \cos(\kappa x)$$

$$X''(x) = A_1 \kappa^2 \cosh(\kappa x) + A_2 \kappa^2 \sinh(\kappa x) - A_3 \kappa^2 \cos(\kappa x) - A_4 \kappa^2 \sin(\kappa x)$$

$$X'''(x) = A_1 \kappa^3 \sinh(\kappa x) + A_2 \kappa^3 \cosh(\kappa x) + A_3 \kappa^3 \sin(\kappa x) - A_4 \kappa^3 \cos(\kappa x)$$

Setzen wir die Ränder $x = 0$ und $x = L$ in die Ableitungen ein, erhalten wir

$$X(0) = A_1 \qquad\qquad\qquad\qquad + A_3$$
$$X(L) = A_1 \cosh(\kappa L) + A_2 \sinh(\kappa L) \quad + A_3 \cos(\kappa L) + A_4 \sin(\kappa L)$$

$$X'(0) = \qquad\qquad\qquad A_2 \kappa \qquad\qquad\qquad\qquad + A_4 \kappa$$
$$X'(L) = A_1 \kappa \sinh(\kappa L) + \quad A_2 \kappa \cosh(\kappa L) - A_3 \kappa \sin(\kappa L) \quad + A_4 \kappa \cos(\kappa L)$$

$$X''(0) = A_1 \kappa^2 \qquad\qquad\qquad\qquad - A_3 \kappa^2$$
$$X''(L) = A_1 \kappa^2 \cosh(\kappa L) + A_2 \kappa^2 \sinh(\kappa L) \quad - A_3 \kappa^2 \cos(\kappa L) - A_4 \kappa^2 \sin(\kappa L)$$

$$X'''(0) = \qquad\qquad\qquad A_2 \kappa^3 \qquad\qquad\qquad\qquad - A_4 \kappa^3$$
$$X'''(L) = A_1 \kappa^3 \sinh(\kappa L) + \quad A_2 \kappa^3 \cosh(\kappa L) + A_3 \kappa^3 \sin(\kappa L) \quad - A_4 \kappa^3 \cos(\kappa L)$$

19.7.3 Einspannbedingung: gelenkig/gelenkig

$$
\begin{aligned}
X\left(0\right) = 0: &\qquad A_1 + A_3 = 0 \qquad \Rightarrow \qquad A_1 = A_3 = 0 \\
X''\left(0\right) = 0: &\qquad A_1 - A_3 = 0 \\
X\left(L\right) = 0: &\quad A_2 \sinh\left(\kappa\,L\right) + A_4 \sin\left(\kappa\,L\right) = 0 \\
X''\left(L\right) = 0: &\quad A_2 \sinh\left(\kappa\,L\right) - A_4 \sin\left(\kappa\,L\right) = 0
\end{aligned}
$$

Das lineare Gleichungssystem für A_2 und A_4 darf nicht eindeutig lösbar sein, damit nicht nur die Null-Lösung $X\left(x\right) \equiv 0$ existiert. Ein homogenes LGS ist dann nichttrivial lösbar, wenn die Determinante der Koeffizientenmatrix gleich Null ist, d.h.

$$
-\sinh\left(\kappa\,L\right)\sin\left(\kappa\,L\right) - \sinh\left(\kappa\,L\right)\sin\left(\kappa\,L\right) = 2\sinh\left(\kappa\,L\right)\sin\left(\kappa\,L\right) \overset{!}{=} 0 \ .
$$

Daraus folgt

$$
\sin\left(\kappa\,L\right) = 0 \ \Rightarrow \ \kappa\,L = n\,\pi \qquad n = 1,\,2,\,3,\ldots
$$

d.h. nur diskrete Frequenzen bzw. Wellenlängen sind möglich. Die *Eigenwerte* sind also $\boxed{\kappa_n = n\,\frac{\pi}{L}}$ (bzw. Wellenlängen $\lambda_n = \frac{2L}{n}$). Für die Eigenwerte $\kappa_n = n\,\frac{\pi}{L}$ ist $\sin(n\,\frac{\pi}{L}\,x) = 0$ und somit A_4 beliebig. Das lineare Gleichungssystem für A_2 und A_4 reduziert sich zu

$$
A_2 \sinh\left(\kappa\,L\right) = 0 \Rightarrow A_2 = 0.
$$

Die zu κ_n gehörende *Schwingungsform* lautet daher

$$
X_n\left(x\right) = A \sin\left(n\,\frac{\pi}{L}\,x\right).
$$

Damit gibt es zu jedem $n \in \mathbb{N}$ einen Eigenwert κ_n mit zugehöriger Eigenfunktion (=Schwingungsform) $X_n\left(x\right)$ und die Lösung $y(x,t)$ der PDG für die Randbedingung gelenkig/gelenkig erhält man durch Superposition aller Einzelmoden

$$
y\left(x,t\right) = \sum_{n=1}^{\infty} \left(a_n \cos\left(\omega_n\,t\right) + b_n \sin\left(\omega_n\,t\right)\right) \sin\left(n\,\frac{\pi}{L}\,x\right)
$$

mit den Frequenzen
$$
\omega_n = \sqrt{\frac{E\,I}{\rho\,A}}\,n^2\,\frac{\pi^2}{L^2}.
$$

Die Koeffizienten a_n und b_n sind durch die Fourier-Koeffizienten der Anfangsauslenkung $u_0\left(x\right)$ und der Anfangsgeschwindigkeit $v_0\left(x\right)$ festgelegt. Analog den Formeln der eingespannten Saite gilt

$$a_n = 2\,\frac{1}{L}\int_0^L u_0\,(x)\,\sin(n\,\frac{\pi}{L}\,x)\,dx \qquad\qquad n = 1,\,2,\,3,\dots$$

$$b_n = \frac{1}{\sqrt{\frac{E\,I}{\rho\,A}}\,n^2\,\frac{\pi^2}{L^2}}\,2\,\frac{1}{L}\int_0^L v_0\,(x)\,\sin(n\,\frac{\pi}{L}\,x)\,dx \qquad n = 1,\,2,\,3,\dots$$

Physikalische Interpretation: Wie bei der eingespannten Saite stellt die Lösung die Überlagerung harmonischer Wellen dar:

$$y\,(x,\,t) = \sum_{n=1}^{\infty} A_n\,\sin\left(n\,\frac{\pi}{L}\,x\right)\cdot\sin\left(\omega_n\,t + \varphi_n\right)$$

mit den

Amplituden	$A_n\,\sin\left(\frac{n\,\pi}{L}\,x\right)$	(ortsabhängig von x)
Phasen	φ_n	(unabhängig von x)
Frequenzen	$\omega_n = \sqrt{\frac{E\,I}{\rho\,A}}\,n^2\,\frac{\pi^2}{L^2},$	(proportional zu n^2.)

die nun allerdings **quadratisch** von n abhängen.

Visualisierung: Gehen wir von einer Anfangsauslenkung $u_0\,(x) = \frac{1}{2}x\,(x - L)$ mit $L = 1$ und der Anfangsgeschwindigkeit $v_0\,(x) = 0$ aus, ist $b_n = 0$ und a_n ergibt sich aus der Fourier-Analyse von $u_0\,(x)$: $a_n := 2\,\frac{(-1)^n}{n^3\,\pi^3} - 2\,\frac{1}{n^3\,\pi^3}$. Setzt man die Materialkonstante $fac = \sqrt{\frac{E\,I}{\rho\,A}} = 0.1$, erhält man zu unterschiedlichen Zeiten t die Lösung, wie sie in Abb. 19.23 für $t = 0,\,1,\,2,\,3,\,4$ zu sehen sind.

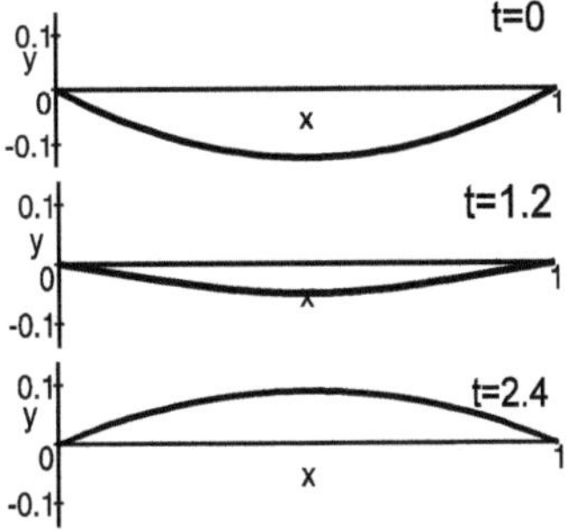
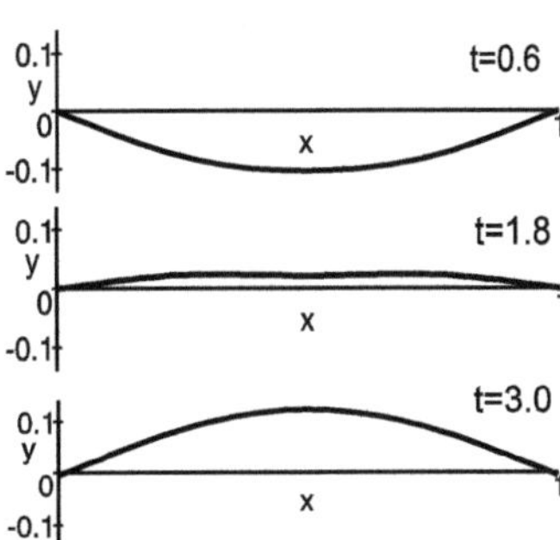

Abb. 19.23. Grundschwingung eines Balkens

Interpretation: Durch die Animation erkennt man, dass es nicht nur zum Durchschwingen, wie bei der eingespannten Saite kommt, sondern die Bewegung wird durch ein Flattern innerhalb des Balkens überlagert.

19.7.4 Einspannbedingung: fest/fest

$$
\begin{array}{llr}
X\,(0) = 0: & A_1 + A_3 & \overset{!}{=} 0 \\[4pt]
X'\,(0) = 0: & A_2 + A_4 & \overset{!}{=} 0 \\[4pt]
X\,(L) = 0: & A_1 \cosh\,(\kappa\,L) + A_2 \sinh\,(\kappa\,L) + A_3 \cos\,(\kappa\,L) + A_4 \sin\,(\kappa\,L) & \overset{!}{=} 0 \\[4pt]
X'\,(L) = 0: & A_1 \sinh\,(\kappa\,L) + A_2 \cosh\,(\kappa\,L) - A_3 \sin\,(\kappa\,L) + A_4 \cos\,(\kappa\,L) & \overset{!}{=} 0
\end{array}
$$

Damit das lineare Gleichungssystem für A_1, A_2, A_3, A_4 nicht nur trivial lösbar ist und nur die Null-Lösung $y\,(x,\,t) \equiv 0$ für alle $(x,\,t)$ besitzt, muss die Determinante der Koeffizientenmatrix verschwinden:

$$
\det \begin{pmatrix}
1 & 0 & 1 & 0 \\
0 & 1 & 0 & 1 \\
\cosh\,(\kappa\,L) & \sinh(\kappa\,L) & \cos\,(\kappa\,L) & \sin\,(\kappa\,L) \\
\sinh\,(\kappa\,L) & \cosh\,(\kappa\,L) & -\sin\,(\kappa\,L) & \cos\,(\kappa\,L)
\end{pmatrix} =
$$

$$
= 2 - 2 \cosh\,(\kappa\,L)\,\cos\,(\kappa\,L) \overset{!}{=} 0 \ .
$$

Somit erhalten wir die Eigenwertgleichung

$$
\cosh\,(\kappa\,L)\,\cos\,(\kappa\,L) = 1 .
$$

Es sind also nur diskrete κ_n $(n \in \mathbb{N}_0)$ erlaubt. Die Lösungen der Eigenwertgleichung lassen sich nicht geschlossen angeben und müssen daher näherungsweise berechnet werden. Dazu setzen wir $L = 1$ und lösen die nichtlineare Gleichung

$$
\cosh\,(\kappa) \cdot \cos\,(\kappa) = 1 \tag{$*$}
$$

numerisch mit dem Newton-Verfahren (siehe Band 1, Kapitel 7.8). Da für große κ die Kosinus-Hyperbolikusfunktion sehr stark anwächst, sind die Eigenwerte (d.h. die Lösungen der Gleichung $(*)$) nahe den Nullstellen des Kosinus bei $n\pi + \frac{\pi}{2}$. Daher bekommen wir für größere κ-Werte Probleme, wenn wir die Genauigkeit der Rechnung nicht erhöhen. Wir setzen die Rechengenauigkeit auf 20 Stellen.

Um einen besseren Überblick über die Lage der Eigenwerte zu erhalten, berechnen wir neben den Lösungen der Gleichung $(*)$ noch das Verhältnis dieser Lösungen mit π:

$$
\begin{array}{ll}
4.7300407448627040260, & 1.5056187311419397690 \\
7.8532046240958375565, & 2.4997526700739646572 \\
10.995607838001670907, & 3.5000106794359084827 \\
14.137165491257464177, & 4.4999995384835765581 \\
17.278759657399481438, & 5.5000000199439028337
\end{array}
$$

$$20.420352245626061091, \quad 6.499999991381457567$$
$$23.561944902040455075, \quad 7.500000000372440985$$
$$26.703537555508186248, \quad 8.499999999983905363$$
$$29.845130209103254267, \quad 9.500000000000695511$$
$$32.986722862692819562, \quad 10.499999999999996994$$
$$36.128315516282622650, \quad 11.500000000000000130$$
$$39.269908169872415463, \quad 12.499999999999999994$$
$$42.411500823462208720, \quad 13.500000000000000000$$
$$45.553093477052001958, \quad 14.500000000000000000$$

An dem Ergebnis ist zu erkennen, dass ab $n = 13$ kein numerischer Unterschied zwischen der Lösung der Gleichung (∗) und der Nullstelle des Kosinus besteht. Wir müssten **Digits** nochmals vergrößern, um die numerische Genauigkeit zu erhöhen. Stattdessen benutzen wir nur die ersten zwölf Eigenwerte κ_n. Mit diesen Werten erhalten wir für jedes $n \in \mathbb{N}$ die Koeffizienten $A_1^{(n)}$, $A_2^{(n)}$, $A_3^{(n)}$ und $A_4^{(n)}$ gemäß dem linearen Gleichungssystem mit einem freien Parameter. Wählen wir $A_1^{(n)}$ als beliebig, folgt aus den ersten beiden Gleichungen

$$A_3^{(n)} = -A_1^{(n)} \quad \text{und} \quad A_4^{(n)} = -A_2^{(n)}$$

bzw. in die letzten beiden Gleichungen eingesetzt

$$A_1^{(n)} \left(\cosh\left(\kappa_n\right) - \cos\left(\kappa_n\right) \right) \quad + \quad A_2^{(n)} \left(\sinh\left(\kappa_n\right) - \sin\left(\kappa_n\right) \right) \quad = \quad 0$$

$$A_1^{(n)} \left(\sinh\left(\kappa_n\right) + \sin\left(\kappa_n\right) \right) \quad + \quad A_2^{(n)} \left(\cosh\left(\kappa_n\right) - \cos\left(\kappa_n\right) \right) \quad = \quad 0.$$

Die Koeffizienten $A_2^{(n)}$, $A_3^{(n)}$, $A_4^{(n)}$ ergeben sich nun aus $A_1^{(n)}$ durch

$$A_2^{(n)} \;=\; A_1^{(n)} \cdot (-1)\, \frac{\cosh\left(\kappa_n\right) - \cos\left(\kappa_n\right)}{\sinh\left(\kappa_n\right) - \sin\left(\kappa_n\right)}$$

$$A_3^{(n)} \;=\; -A_1^{(n)}$$

$$A_4^{(n)} \;=\; -A_2^{(n)} \;=\; A_1^{(n)} \cdot \frac{\cosh\left(\kappa_n\right) - \cos\left(\kappa_n\right)}{\sinh\left(\kappa_n\right) - \sin\left(\kappa_n\right)} \,.$$

Zu jedem $n \in \mathbb{N}$ gehört eine Eigenschwingung der Form

$$X_n(x) = A_1^{(n)} \cosh\left(\kappa_n x\right) + A_2^{(n)} \sinh\left(\kappa_n x\right) + A_3^{(n)} \cos\left(\kappa_n x\right) + A_4^{(n)} \sin\left(\kappa_n x\right).$$

Die Lösung $y_n(x, t)$ setzt sich zusammen aus dem Produkt $T_n(t) \cdot X_n(x)$ und die allgemeine Lösung der PDG $y(x, t)$ ist dann gegeben durch die Überlagerung aller Eigenschwingungen:

$$y\left(x,\,t\right)=\sum_{n=1}^{\infty}\left[a_n\,\cos\left(\omega_n\,t\right)+b_n\,\sin\left(\omega_n\,t\right)\right]\cdot$$

$$\left[\cosh\left(\kappa_n\,x\right)-\frac{\cosh\left(\kappa_n\right)-\cos\left(\kappa_n\right)}{\sinh\left(\kappa_n\right)-\sin\left(\kappa_n\right)}\,\sinh\left(\kappa_n\,x\right)-\cos\left(\kappa_n\,x\right)\right.$$

$$\left.+\frac{\cosh\left(\kappa_n\right)-\cos\left(\kappa_n\right)}{\sinh\left(\kappa_n\right)-\sin\left(\kappa_n\right)}\,\sin\left(\kappa_n\,x\right)\right]$$

$$\text{mit }\omega_n=\kappa_n^2\cdot\sqrt{\frac{E\,I}{\rho\,A}}\quad\text{und}\quad\kappa_n\text{ aus obiger Tabelle. .}$$

Die Koeffizienten a_n und b_n hängen von der Anfangsauslenkung und der Anfangsgeschwindigkeit ab.

Visualisierung: Im Folgenden veranschaulichen wir nur eine konkret vorgegebene Anfangsauslenkung ohne Anfangsgeschwindigkeit ($\hookrightarrow b_n=0$) obige Lösung. Dazu setzen wir $\sqrt{\frac{E\,I}{\rho\,A}}=1$ und wählen die Anfangsauslenkung

$$y\left(x,\,t=0\right)=y_0\left(x\right)=$$

$$=\sum_{n=1}^{7}\frac{\sin\!\left(n\frac{\pi}{2}\right)}{n^2}\left(A_1^{(n)}\,\cosh\left(\kappa_n\,x\right)+A_2^{(n)}\,\sinh\left(\kappa_n\,x\right)\right.$$

$$\left.+A_3^{(n)}\,\cos\left(\kappa_n\,x\right)+A_4^{(n)}\,\sin\left(\kappa_n\,x\right)\right),$$

wobei $A_1^{(n)}=0.1$ und $A_2^{(n)}$, $A_3^{(n)}$, $A_4^{(n)}$ gemäß obigen Formeln berechnet werden. Die Anfangsauslenkung ist in der Bildsequenz für $t=0$ dargestellt.

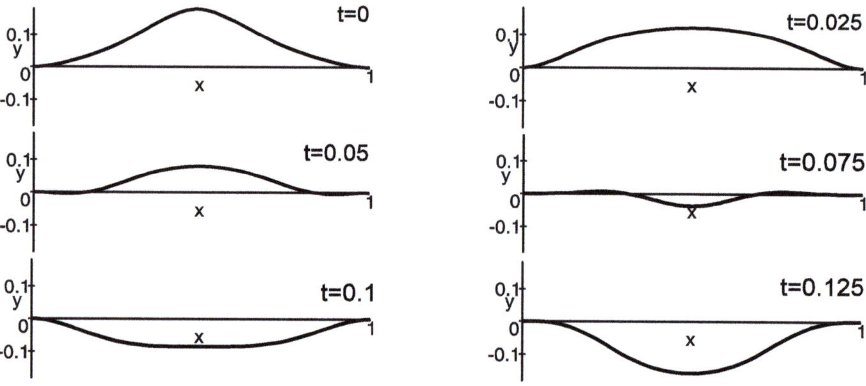

Abb. 19.24. Flattern des Balkens

19.8 Aufgaben zu partiellen Differenzialgleichungen 19.8

19.1 Überprüfen Sie, dass

$$u(x, t) = \cos(\omega t) \cdot \sin(k x)$$

eine Lösung der Wellengleichung $u_{tt} - c^2\, u_{xx} = 0$ für $k = n\frac{\pi}{L}$ und $\omega = c \cdot k$ ist. Zeigen Sie weiterhin, dass diese Lösung die beiden Anfangsbedingungen $u(x = 0, t) = u(x = L, t) = 0$ erfüllt.

19.2 Zeigen Sie, dass für $\omega = D \cdot k^2$ die Funktion

$$u(x, t) = e^{-\omega t} \sin(k x)$$

Lösung der Wärmeleitungsgleichung $u_t - D\, u_{xx} = 0$ ist.

19.3 Zeigen Sie, dass die Funktionen die jeweiligen PDG lösen
a) $f(x, y) = \frac{1}{2} \ln(x^2 + y^2)$ ist Lösung von $f_{xx} + f_{yy} = 0$
b) $g(x, y, z) = (x^2 + y^2 + z^2)^{-1/2}$ ist Lösung von $g_{xx} + g_{yy} + g_{zz} = 0$.

19.4 a) Zeigen Sie, dass mit zwei beliebigen, zweimal stetig differenzierbaren Funktionen $f_1, f_2 : \mathbb{R} \to \mathbb{R}$ die Funktion

$$u(x, t) := f_1(x + c t) + f_2(x - c t)$$

eine Lösung der Wellengleichung ist.
b) Lösen Sie das Anfangswertproblem

$$u_{tt} - c^2\, u_{xx} = 0, \qquad u(x, t = 0) = u_0, \qquad u_t(x, t = 0) = v_0$$

für vorgegebene Funktionen u_0, v_0 mit dem Ansatz

$$u(x, t) = f_1(x + c t) + f_2(x - c t).$$

c) Was ergibt sich daraus für $u_0(x) = \sin(k x)$, $k = n\frac{\pi}{L}$ und $v_0 = 0$?

19.5 Zeigen Sie, dass $R = \sqrt{(x - a)^2 + (y - b)^2 + (z - c)^2}$ die partielle DG
$\partial_x^2 \frac{1}{R} + \partial_y^2 \frac{1}{R} + \partial_z^2 \frac{1}{R} = 0$ erfüllt.

19.6 Überprüfen Sie, dass $z(x, y) = x\, \varphi\left(\frac{y}{x}\right) + \psi\left(\frac{y}{x}\right)$ die partielle DG

$$x^2 \frac{\partial^2}{\partial x^2} z + 2\, x\, y \frac{\partial^2}{\partial x\, \partial y} z + y^2 \frac{\partial^2}{\partial y^2} z = 0$$

erfüllt, wenn φ und ψ beliebige, zweimal stetig differenzierbare Funktionen sind.

19.7 Bestimmen Sie k so, dass $u(x, t) = e^{-k t} \sin\left(\frac{n\pi}{L} x\right)$ Lösung der Wärmeleitungsgleichung $u_t = \kappa\, u_{xx}$ ist. Wie lautet damit die allgemeine Lösung?

19.8 Bestimmen Sie die allgemeine Lösung der partiellen DG

$$u_t(t, x) + u_{xx}(t, x) = 0\,.$$

19.9 a) Bestimmen Sie die allgemeine Lösung der partiellen Differenzialgleichung

$$u_{xx}(x, y) - u_{yy}(x, y) = 0 \; .$$

b) Bestimmen Sie die Lösung dieser PDG, welche die Randbedingungen erfüllt:

$$\begin{aligned} u(x = 0, y) &= 0 &&\text{für alle } y \\ u(x, y = 0) &= 0 &&\text{für alle } x \; . \\ u(x, y = L) &= 0 &&\text{für alle } x \end{aligned}$$

19.10 a) Bestimmen Sie den Parameter k so, dass

$$u(x, y, t) = \sin\left(n\,\frac{2\pi}{L}\,x\right) \sin\left(m\,\frac{2\pi}{L}\,y\right) e^{k\,t}$$

eine Lösung darstellt von

$$u_{xx}(x, y, t) + u_{yy}(x, y, t) = u_{tt}(x, y, t) \qquad (*)$$

b) Man gebe ausgehend von a) zwei reelle Lösungen von $(*)$ an. Wie ist dieses Ergebnis zu interpretieren?

19.11 Man bestimme den Parameter k so, dass die Funktion

$$u(x, y, t) = \sin\left(n\,\frac{2\pi}{L}\,x\right) \sin\left(m\,\frac{2\pi}{L}\,y\right) e^{-k\,t}$$

Lösung der partiellen DG $u_{xx} + u_{yy} = u_t$ ist.

19.12 a) Zeigen Sie, dass die Funktion $u(x, y) = \sin(k\,x)\left(e^{k\,y} + e^{-k\,y}\right)$ Lösung der partiellen DG $u_{xx} + u_{yy} = 0$ ist.
b) Man bestimme den Parameter k in der Funktion

$$u(x, y) = \sin(k\,x)\left(e^{k\,y} + e^{-k\,y}\right)$$

so, dass die Funktion die Randbedingung $u(x = L, y) = 0$ für alle y erfüllt.

19.13 Gesucht ist die Lösung von

$$u_t = u_{xx} \qquad 0 < x < \pi \,, \, t > 0$$

mit $u(x, 0) = 1$ für $0 < x < \pi$ und $u(0, t) = 1$, $u(\pi, t) = 0$ für $t > 0$.

19.14 Für die Wellengleichung $u_{tt} = c^2\left(u_{xx} + u_{yy} + u_{zz}\right)$ bestimme man eine Lösung der Form

$$u = e^{\alpha\,x + \beta\,y + \gamma\,z - c\,t} \; .$$

19.15 Wärmeleitung in der Ebene: Lösen Sie mittels einem Separationsansatz die Differenzialgleichung $u_t = u_{xx} + u_{yy}$ durch $u(x, y, t) = T(t) \cdot X(x) \cdot Y(y)$ (vgl. Aufgabe 19.11).

19.16 Verwenden Sie einen Separationsansatz zur Lösung der folgenden Randwertprobleme
  a) $u_t = u_y$; $u(0, y) = e^y + e^{-2\,y}$
  b) $u_t = u_y$; $u(t, 0) = e^{-3\,t} + e^{2\,t}$
  c) $u_t = u_y + u$; $u(0, y) = 2e^{-y} - e^{2\,y}$
  d) $u_t = u_y - u$; $u(t, 0) = e^{-5\,t} + 2e^{-7\,t} - 14e^{13\,t}$

Kapitel 20
Linien- bzw. Kurvenintegrale

20 Linien- bzw. Kurvenintegrale

Die Bestimmung der Arbeit in einem Kraftfeld oder die der elektrischen Spannung in einem elektrischen Feld erfordert oftmals die Berechnung eines Integrals entlang einer ebenen oder räumlichen Kurve. Dies führt auf einen neuen Integralbegriff, dem sog. *Linienintegral*. Dabei stoßen wir auf das Problem, dass der Wert eines Linienintegrals in der Regel wegabhängig ist. Für den Fall, dass ein Gradientenfeld integriert wird, ist der Wert aber wegunabhängig.

20.1 Vektordarstellung einer Kurve

Gegeben sei die Beschreibung einer Kurve $\mathcal{C}$ im Raum durch die *Parameterdarstellung*

$$\mathcal{C} : \vec{r}(t) = x(t)\,\vec{e}_1 + y(t)\,\vec{e}_2 + z(t)\,\vec{e}_3 = \begin{pmatrix} x(t) \\ y(t) \\ z(t) \end{pmatrix},$$

wenn $x(t)$, $y(t)$, $z(t)$ Funktionen der Variablen t sind. Beim Durchlaufen der t-Werte bewegt sich der Punkt P (siehe Abb. 20.1) entlang der Linie $\mathcal{C}$:

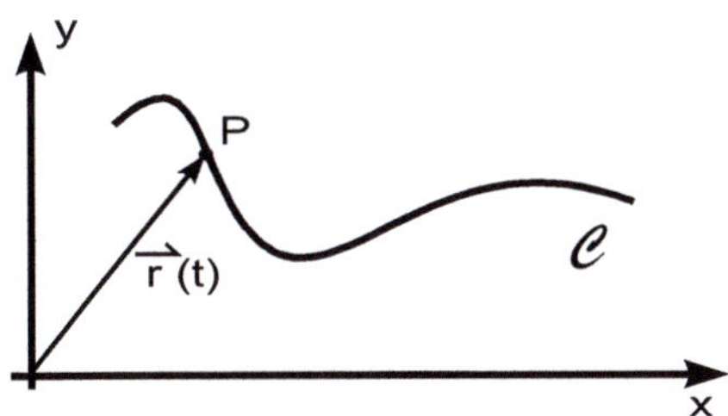

Abb. 20.1. Raumkurve

Beispiel 20.1 (Elektron im Magnetfeld). Ein Elektron bewegt sich in einem homogenen Magnetfeld $\vec{B} = B_0\,\vec{e}_z$ auf einer Schraubenlinie mit dem Radius R. Die Koordinaten des Elektrons sind zu jedem Zeitpunkt festgelegt durch

$$\begin{aligned} x(t) &= R\cos(\omega t) \\ y(t) &= R\sin(\omega t) \\ z(t) &= v_z\,t. \end{aligned}$$

$\omega = \frac{e}{m}B_0$ ist die Kreisfrequenz und v_z die konstante Geschwindigkeitskomponente in z-Richtung. $\qquad\square$

20.2 Differenziation eines Vektors nach einem Parameter

Ist $\vec{r}(t) = x(t)\,\vec{e}_1 + y(t)\,\vec{e}_2 + z(t)\,\vec{e}_3$ die Parameterdarstellung einer Kurve $\mathcal{C}$ mit Funktionen $x(t)$, $y(t)$, $z(t)$, die im angewendeten Bereich differenzierbare Funktionen sein sollen. Dann ist die **Ableitung des Vektors** $\vec{r}(t)$ definiert als Grenzwert

$$\vec{r}\,'(t) = \lim_{\triangle t \to 0} \frac{1}{\triangle t}\left(\vec{r}(t + \triangle t) - \vec{r}(t)\right)$$

des Differenzenquotienten für $\triangle t \to 0$. Geometrisch entspricht dies dem Grenzübergang des Differenzvektors (= Sekantenvektor) in den Tangentenvektor im Punkt $\vec{r}(t) = (x(t),\,y(t),\,z(t))$.

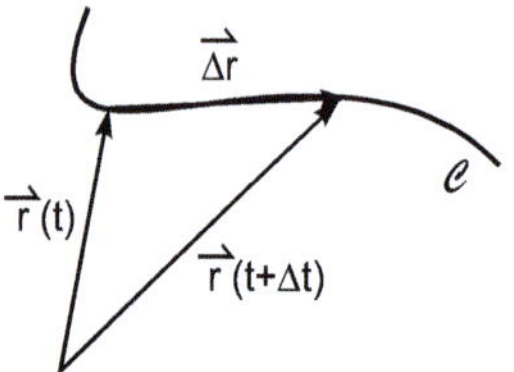

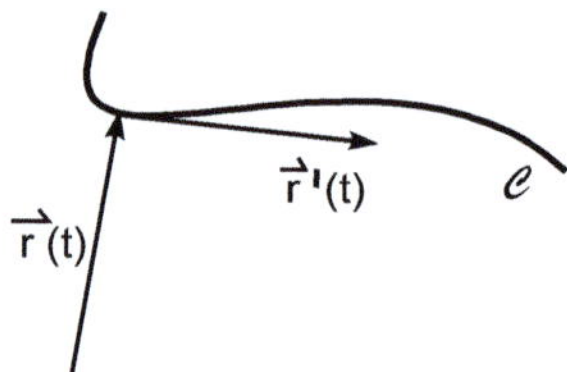

Sekantenvektor $\vec{\triangle r}$ Tangentenvektor $\vec{r}\,'(t)$

Aufgrund der Vektorrechenregeln gilt

$$\frac{1}{\triangle t}\vec{\triangle r} = \frac{1}{\triangle t}\left(\vec{r}(t + \triangle t) - \vec{r}(t)\right)$$

$$= \begin{pmatrix} \frac{1}{\triangle t}\left(x(t + \triangle t) - x(t)\right) \\ \frac{1}{\triangle t}\left(y(t + \triangle t) - y(t)\right) \\ \frac{1}{\triangle t}\left(z(t + \triangle t) - z(t)\right) \end{pmatrix} \xrightarrow{\triangle t \to 0} \begin{pmatrix} x'(t) \\ y'(t) \\ z'(t) \end{pmatrix}$$

$$\Rightarrow \quad \vec{r}\,'(t) = \begin{pmatrix} x'(t) \\ y'(t) \\ z'(t) \end{pmatrix}.$$

Die Differenziation eines Vektors $\vec{r}(t)$ nach der Variablen t erfolgt komponentenweise.

Anwendungsbeispiel 20.2 (Ortskurve und Geschwindigkeit).

Ist $\vec{r}(t)$ der zeitabhängige Ortsvektor der Bahnkurve eines Massepunktes, dann ist

$$\vec{v}(t) = \vec{r}\,'(t) \qquad \text{der Geschwindigkeitsvektor und}$$
$$\vec{a}(t) = \vec{v}\,'(t) = \vec{r}\,''(t) \quad \text{der Beschleunigungsvektor.}$$

Der Geschwindigkeitsvektor bzw. Beschleunigungsvektor eines Elektrons im homogenen Magnetfeld $B = B_0 \vec{e}_z$ lautet mit Beispiel 20.1

$$\vec{v}(t) = \vec{r}\,'(t) = \begin{pmatrix} x'(t) \\ y'(t) \\ z'(t) \end{pmatrix} = \begin{pmatrix} -R\,\omega\,\sin(\omega t) \\ R\,\omega\,\cos(\omega t) \\ v_z \end{pmatrix} = \begin{pmatrix} v_1(t) \\ v_2(t) \\ v_3(t) \end{pmatrix}$$

$$\vec{a}(t) = \vec{v}\,'(t) = \begin{pmatrix} x''(t) \\ y''(t) \\ z''(t) \end{pmatrix} = \begin{pmatrix} -R\,\omega^2\,\cos(\omega t) \\ -R\,\omega^2\,\sin(\omega t) \\ 0 \end{pmatrix}.$$

Insbesondere gilt $x''(t) + \omega^2\,x(t) = 0$ und $y''(t) + \omega^2\,y(t) = 0$. $\square$

20.3 Vektor- oder Kraftfelder

Definition: *Als* **Vektorfeld** (= **Kraftfeld**) *bezeichnen wir eine vektorwertige Funktion* $\vec{k} : \mathbb{R}^3 \to \mathbb{R}^3$,

$$\vec{k}(x, y, z) = \begin{pmatrix} k_1(x, y, z) \\ k_2(x, y, z) \\ k_3(x, y, z) \end{pmatrix},$$

mit Funktionen k_1, k_2, k_3, *die von den Variablen* (x, y, z) *abhängen.* $\vec{k}$ *weist jedem Punkt des Raumes* (x, y, z) *einen Vektor* $\vec{k}(x, y, z)$ *zu.*

Beispiel 20.3 (Mit MAPLE-Worksheet). Die elektrische Kraft, welche eine Punktladung Q auf eine andere Ladung q ausübt, ist nach dem *Coulomb-Gesetz* umgekehrt proportional zum Abstandsquadrat der Ladungen

$$\vec{F} = \frac{1}{4\pi\,\varepsilon_0}\,\frac{q\,Q}{r^2}\,\frac{\vec{r}}{|\vec{r}|} = \frac{q\,Q}{4\pi\,\varepsilon_0}\,\frac{1}{r^3}\,\vec{r} = \frac{q\,Q}{4\pi\,\varepsilon_0}\,\frac{1}{\sqrt{x^2 + y^2 + z^2}^3}\begin{pmatrix} x \\ y \\ z \end{pmatrix}.$$

Die Kraft $\vec{F}$ ist ein Vektor, der an verschiedenen Orten (x, y, z) unterschiedliche Werte und Richtungen besitzt. $\square$

20.4 Linien- oder Kurvenintegrale

Sei $\vec{r}(t) = x(t)\,\vec{e}_1 + y(t)\,\vec{e}_2 + z(t)\,\vec{e}_3$ eine Raumkurve $\mathcal{C}$ und $\vec{k}$ ein gegebenes Kraftfeld. $P_A = \vec{r}(t_A)$ sei der Anfangs- und $P_E = \vec{r}(t_E)$ der Endpunkt der Kurve. Gesucht ist die Arbeit, die geleistet wird, um einen Massepunkt der Masse m entlang $\mathcal{C}$ vom Anfangs- zum Endpunkt zu bringen (siehe Abb. 20.2).

Bewegt sich der Massepunkt entlang der Strecke $\vec{s}$, dann ist die Arbeit, die von einer konstanten Kraft $\vec{k}$ an dem Massepunkt geleistet wird, nach Band 1, Beispiel 2.2 bestimmt durch das Skalarprodukt

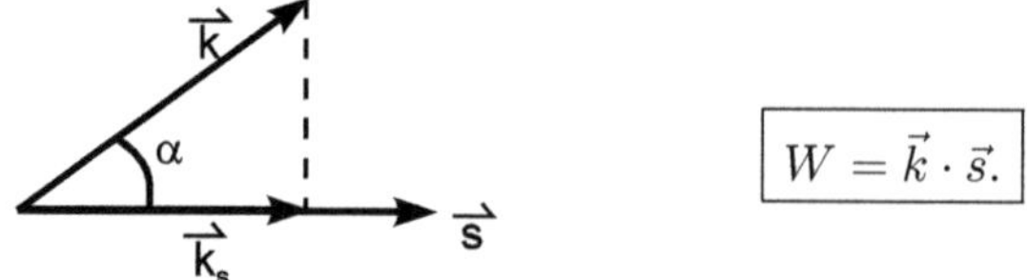

$$\boxed{W = \vec{k} \cdot \vec{s}.}$$

Um die Arbeit zu bestimmen, die benötigt wird, den Massepunkt entlang einer Kurve $\mathcal{C}$ zu bewegen, unterteilen wir $\mathcal{C}$ in $N + 1$ Punkte

$$P_A = P_0\,,\ P_1\,,\ldots,\ P_N = P_E \quad \text{mit} \quad P_i = \vec{r}(t_i) = \vec{r}_i \quad (i = 0,\ldots,N)$$

mit $t_i = \frac{t_E - t_A}{N} i + t_A$ und ersetzen die Kurve durch Streckenzüge $\overrightarrow{P_i P_{i+1}} = \Delta \vec{r}_i$.

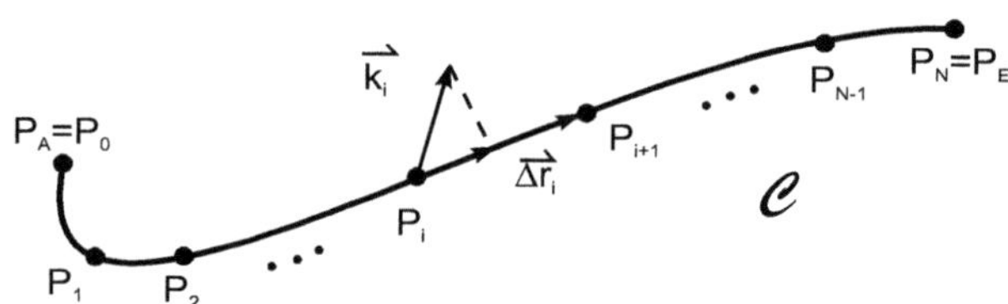

Abb. 20.2. Arbeit entlang der Kurve C

Für jede Teilstrecke bilden wir das Skalarprodukt des lokalen Kraftfeldes $\vec{k}_i = \vec{k}(\vec{r}_i)$ mit dem Richtungsvektor $\Delta \vec{r}_i$:

$$\Delta W_i = \vec{k}(\vec{r}_i) \cdot \Delta \vec{r}_i.$$

ΔW_i ist die Arbeit, die vom Feld geleistet werden muss, um den Massepunkt von P_i nach P_{i+1} zu führen. Summiert man alle Anteile auf

$$W = \sum_{i=0}^{N-1} \vec{k}(\vec{r}_i) \cdot \Delta \vec{r}_i = \sum_{i=0}^{N-1} \vec{k}(\vec{r}_i)\, \frac{1}{\Delta t}\, (\vec{r}(t_i + \Delta t) - \vec{r}(t_i)) \cdot \Delta t$$

ist diese Summe eine Näherung für die tatsächlich vom Feld geleistete Arbeit. Diese Approximation wird umso besser, je feiner die Unterteilung der Kurve $\mathcal{C}$ gewählt wird. Den Grenzwert $N \to \infty$ (d.h. eine beliebig feine Unterteilung von $\mathcal{C}$ mit $\Delta \vec{r}_i \to 0$ bzw. $\Delta t \to 0$)

$$\lim_{N \to \infty} \sum_{i=0}^{N-1} \vec{k}(\vec{r}_i)\, \Delta \vec{r}_i = \lim_{N \to \infty} \sum_{i=0}^{N-1} \vec{k}(\vec{r}_i)\, \frac{1}{\Delta t}\, (\vec{r}(t_i + \Delta t) - \vec{r}(t_i)) \cdot \Delta t$$

nennt man das *Kurvenintegral* entlang $\mathcal{C}$:

Definition: (Kurven- oder Linienintegral). *Ist $\vec{k}(x, y, z)$ ein Vektorfeld und $\mathcal{C}$ eine Kurve, die durch $\vec{r}(t)$ für $t_A \leq t \leq t_E$ beschrieben wird. Die Komponenten der Parametrisierung $\vec{r}(t) = (x(t), y(t), z(t))^t$ seien im angewendeten Bereich differenzierbare Funktionen. Dann heißt das Integral*

$$\int_{\mathcal{C}} \vec{k} \cdot d\vec{r} = \int_{t_A}^{t_E} \vec{k}\left(\vec{r}(t)\right) \cdot \vec{r}\,'(t)\ dt$$

das **Linien- oder Kurvenintegral** *des Vektorfeldes $\vec{k}(x, y, z)$ längs der Kurve $\mathcal{C}$, wenn $\vec{r}(t_A)$ den Anfangs- und $\vec{r}(t_E)$ den Endpunkt der Kurve markiert.*

Bemerkungen:

(1) Das Kurvenintegral ist unabhängig von der speziell gewählten Unterteilung.

(2) Das Kurvenintegral ist damit insbesondere unabhängig von der Parametrisierung der Kurve $\mathcal{C}$.

(3) Das Kurvenintegral lautet in ausführlicher Schreibweise, wenn das Skalarprodukt ausgeführt und das Kraftfeld $\vec{k}$ an der Stelle $\vec{r}(t)$ ausgewertet wird

$$\int_{\mathcal{C}} \vec{k}\, d\vec{r} = \int_{t_A}^{t_E} k_1\left(x(t),\, y(t),\, z(t)\right) \dot{x}(t)\, dt$$
$$+ \int_{t_A}^{t_E} k_2\left(x(t),\, y(t),\, z(t)\right) \dot{y}(t)\, dt$$
$$+ \int_{t_A}^{t_E} k_3\left(x(t),\, y(t),\, z(t)\right) \dot{z}(t)\, dt.$$

Die drei Integrale hängen nur noch von einer Variablen t ab und können mit den Integrationsregeln für Funktionen mit einer Variablen berechnet werden.

(4) Der Wert des Kurvenintegrals hängt in der Regel nicht nur von Anfangs- und Endpunkt des Integrationsweges, sondern auch vom vorgegebenen Weg ab. Ausnahmen bilden die sog. *Gradientenfelder*.

(5) Für ein Kurvenintegral entlang einer *geschlossenen* Kurve verwendet man das Symbol $\oint_{\mathcal{C}} \vec{k}\, d\vec{r}$.

(6) $\vec{k}\left(\vec{r}(t)\right) \cdot \vec{r}\,'(t)$ ist die Kraft, die tangential auf der Kurve wirkt, da $\vec{r}\,'(t)$ in jedem Punkt $\vec{r}(t)$ der Kurve $\mathcal{C}$ die Tangentenrichtung repräsentiert.

> **Berechnung von Kurvenintegralen**
>
> ---
>
> (1) Parametrisieren der Kurve $\mathcal{C}$.
>
> (2) Berechnung von $\vec{r}\,'(t)$.
>
> (3) Die Kurve $(x(t),\,y(t),\,z(t))$ in die drei Kraftkomponenten k_1, k_2, k_3 einsetzen, das Skalarprodukt $\vec{k}\,(\vec{r}(t))\cdot\vec{r}\,'(t)$ berechnen und die Integrationen über t ausführen.

Beispiel 20.4. Gegeben ist das Kraftfeld $\vec{k} = \begin{pmatrix} x\,y^2 \\ x\,y \\ 0 \end{pmatrix}$. Gesucht ist das Kurvenintegral

$$\int_{\mathcal{C}} \vec{k}\,d\vec{r} = \int_{t_A}^{t_E} \left(x(t)\,y^2(t)\,\dot{x}(t) + x(t)\,y(t)\,\dot{y}(t) \right)\,dt,$$

wenn $\mathcal{C}$ eine der in Abb. 20.3 gezeichneten Kurven repräsentiert. Anfangs- und Endpunkt der Kurven seien in allen Fällen $(0,0)$ bzw. $(1,1)$.

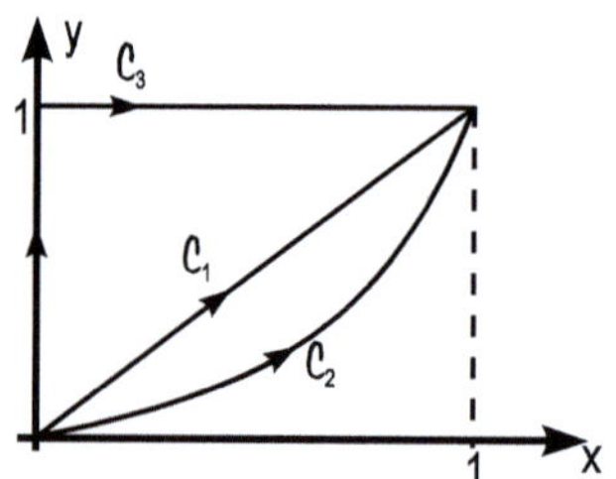

Abb. 20.3. Kurven vom Punkt $(0,0)$ zum Punkt $(1,1)$

Integrationsweg 1: Eine Parameterdarstellung von Integrationsweg $\mathcal{C}_1$ ist

$$\vec{r}(t) = \begin{pmatrix} t \\ t \end{pmatrix} \qquad \text{für} \quad 0 \le t \le 1.$$

$$\Rightarrow x(t) = t,\, y(t) = t \;\Rightarrow\; \dot{x}(t) = 1,\, \dot{y}(t) = 1.$$
$$\Rightarrow \int_{\mathcal{C}_1} \vec{k}\,d\vec{r} = \int_0^1 \left(t\cdot t^2 \cdot 1 + t\cdot t \cdot 1 \right)\,dt = \int_0^1 \left(t^3 + t^2 \right)\,dt = \frac{7}{12}.$$

Integrationsweg 2: Eine Parameterdarstellung von Integrationsweg $\mathcal{C}_2$ ist

$$\vec{r}(t) = \begin{pmatrix} t \\ t^2 \end{pmatrix} \qquad \text{für} \quad 0 \le t \le 1.$$

$$\Rightarrow x(t) = t,\, y(t) = t^2 \;\Rightarrow\; \dot{x}(t) = 1,\, \dot{y}(t) = 2t.$$
$$\Rightarrow \int_{\mathcal{C}_2} \vec{k}\,d\vec{r} = \int_0^1 \left(t\cdot t^4 \cdot 1 + t\cdot t^2 \cdot 2t \right)\,dt = \int_0^1 \left(t^5 + 2t^4 \right)\,dt = \frac{17}{30}.$$

Integrationsweg 3: Eine Parameterdarstellung von Integrationsweg $\mathcal{C}_3$ ist

$$\vec{r}(t) = \begin{cases} \begin{pmatrix} 0 \\ 2t \end{pmatrix} & \text{für } 0 \leq t \leq \frac{1}{2} \quad \Rightarrow \quad x(t) = 0 \,,\, y(t) = 2t \\[2ex] \begin{pmatrix} 2t-1 \\ 1 \end{pmatrix} & \text{für } \frac{1}{2} \leq t \leq 1 \quad \Rightarrow \quad x(t) = 2t-1 \,,\, y(t) = 1. \end{cases}$$

$$\Rightarrow \int_{\mathcal{C}_3} \vec{k}\, d\vec{r} = \int_0^{\frac{1}{2}} 0\, dt + \int_{\frac{1}{2}}^1 (4t-2)\, dt = \frac{1}{2}.$$

Integrationsweg 4: Eine alternative Parameterdarstellung von Integrationsweg $\mathcal{C}_1$ ist

$$\vec{r}(t) = \begin{pmatrix} t^2 \\ t^2 \end{pmatrix} \quad \text{für} \quad 0 \leq t \leq 1.$$

$$\Rightarrow x(t) = t^2 \,,\, y(t) = t^2 \quad \Rightarrow \quad \dot{x}(t) = 2t \,,\, \dot{y}(t) = 2t.$$
$$\Rightarrow \int_{\mathcal{C}_1} \vec{k}\, d\vec{r} = \int_0^1 \left(t^6 \cdot 2t + t^4 \cdot 2t\right) dt = \int_0^1 \left(2t^7 + 2t^5\right) dt = \frac{7}{12}.$$

Man erkennt an diesem Beispiel, dass der Wert des Kurvenintegrals vom gewählten Weg abhängt; bei gleichem Weg aber nicht von der speziellen Parametrisierung. $\qquad\qquad\square$

Beispiele 20.5:

① Gegeben ist das Vektorfeld $\vec{v} = \begin{pmatrix} x\,y \\ y \\ -x \end{pmatrix}$, das entlang der Kurve $\mathcal{C}$ mit Parametrisierung $\vec{r}(t) = t\,\vec{e}_1 + t^2\,\vec{e}_2 + t^3\,\vec{e}_3$, $0 \leq t \leq 1$, integriert werden soll.

Aus der Darstellung von $\vec{r}(t)$ entnehmen wir

$$x(t) = t \,,\, y(t) = t^2 \,,\, z(t) = t^3.$$

Damit ist

$$\dot{x}(t) = 1 \,,\, \dot{y}(t) = 2t \,,\, \dot{z}(t) = 3t^2$$

und wir erhalten

$$\Rightarrow \vec{r}'(t) = \vec{e}_1 + 2t\,\vec{e}_2 + 3t^2\,\vec{e}_3 = \begin{pmatrix} 1 \\ 2t \\ 3t^2 \end{pmatrix} \,,\quad \vec{v}(\vec{r}(t)) = \begin{pmatrix} t^3 \\ t^2 \\ -t \end{pmatrix}$$

$$\Rightarrow \vec{v}\,(\vec{r}\,(t)) \cdot \vec{r}\,'(t) = \begin{pmatrix} t^3 \\ t^2 \\ -t \end{pmatrix} \begin{pmatrix} 1 \\ 2\,t \\ 3\,t^2 \end{pmatrix} = t^3 + 2\,t^3 - 3\,t^3 = 0.$$

$$\Rightarrow \int_{\mathcal{C}} \vec{v}\,d\vec{r} = \int_0^1 0\,dt = 0.$$

② Gesucht ist das Kurvenintegral des Vektorfeldes $\vec{v} = \begin{pmatrix} x \\ x\,y \end{pmatrix}$ entlang der Parabel $y = x^2$, die vom Ursprung zum Punkte $P(1,1)$ geht:

$$\vec{r}\,(t) = \begin{pmatrix} t \\ t^2 \end{pmatrix}, \quad 0 \le t \le 1 \quad \Rightarrow x\,(t) = t,\, y\,(t) = t^2$$

$$\Rightarrow \vec{r}\,'(t) = \begin{pmatrix} 1 \\ 2\,t \end{pmatrix}, \quad \vec{v}\,(\vec{r}\,(t)) = \begin{pmatrix} x \\ x\,y \end{pmatrix} = \begin{pmatrix} t \\ t^3 \end{pmatrix}$$

$$\Rightarrow \vec{v}\,(\vec{r}\,(t)) \cdot \vec{r}\,'(t) = \begin{pmatrix} t \\ t^3 \end{pmatrix} \begin{pmatrix} 1 \\ 2\,t \end{pmatrix} = t + 2\,t^4.$$

$$\Rightarrow \int_0^1 (t + 2\,t^4)\,dt = \left[\tfrac{1}{2}\,t^2 + \tfrac{2}{5}\,t^5\right]_0^1 = \frac{9}{10}.$$

③ Gesucht ist das Kurvenintegral des Vektorfeldes $\vec{v} = \begin{pmatrix} x \\ x\,y \end{pmatrix}$ entlang der Kurve $\mathcal{C}$ mit Parametrisierung $\vec{r}\,(t) = \begin{pmatrix} t^3 \\ t^4 \end{pmatrix}$, $0 \le t \le 1$. $\mathcal{C}$ verbindet ebenfalls den Ursprung mit dem Punkt $(1,\,1)$:

$$\vec{r}\,(t) = \begin{pmatrix} t^3 \\ t^4 \end{pmatrix}, \quad 0 \le t \le 1 \quad \Rightarrow x\,(t) = t^3,\, y\,(t) = t^4$$

$$\Rightarrow \vec{r}\,'(t) = \begin{pmatrix} 3\,t^2 \\ 4\,t^3 \end{pmatrix}, \quad \vec{v}\,(\vec{r}\,(t)) = \begin{pmatrix} x \\ x\,y \end{pmatrix} = \begin{pmatrix} t^3 \\ t^3\,t^4 \end{pmatrix}$$

$$\Rightarrow \vec{v}\,(\vec{r}\,(t)) \cdot \vec{r}\,'(t) = \begin{pmatrix} t^3 \\ t^7 \end{pmatrix} \begin{pmatrix} 3\,t^2 \\ 4\,t^3 \end{pmatrix} = 3\,t^5 + 4\,t^{10}.$$

$$\Rightarrow \int_0^1 (3\,t^5 + 4\,t^{10})\,dt = \left[\frac{1}{2}\,t^6 + \frac{4}{11}\,t^{11}\right]_0^1 = \frac{19}{22}. \qquad \square$$

Vergleicht man das Ergebnis von Beispiel ② mit ③, so erkennt man wieder, dass bei identischem Vektorfeld und selben Start- und Endpunkten das Linienintegral vom gewählten Weg abhängt.

In der Regel ist also das Kurvenintegral *wegabhängig*. Für spezielle, in den Anwendungen häufig auftretende Vektorfelder ist das Kurvenintegral jedoch wegunabhängig, d.h. der Wert ist unabhängig davon, welchen Weg man vom Anfangs- zum Endpunkt wählt. Zur Beschreibung dieser Vektorfelder benötigt man den folgenden Begriff:

Definition: (Gradientenfeld).

Ein Vektorfeld $\vec{k}(x, y, z)$ heißt **Gradientenfeld (Potenzialfeld),** *wenn es eine stetig differenzierbare Funktion $\Phi(x, y, z)\colon \mathbb{R}^3 \to \mathbb{R}$ gibt mit*

$$\vec{k}(x, y, z) = \operatorname{grad}\Phi(x, y, z).$$

Für die Komponenten des Vektorfeldes $\vec{k}(x, y, z)$ bedeutet dies

$$k_1(x, y, z) = \frac{\partial}{\partial x}\Phi(x, y, z),$$

$$k_2(x, y, z) = \frac{\partial}{\partial y}\Phi(x, y, z),$$

$$k_3(x, y, z) = \frac{\partial}{\partial z}\Phi(x, y, z).$$

Die Funktion $\Phi(x, y, z)$ heißt eine zu $\vec{k}$ gehörende **Potenzialfunktion.**

Bemerkungen:

(1) Zwei zu $\vec{k}$ gehörende Potenzialfunktionen unterscheiden sich höchstens um eine Konstante.

(2) In der Physik bezeichnet man Kraftfelder, die eine zugehörige Potenzialfunktion besitzen, als **konservative** Kraftfelder.

(3) In der Physik wird eine Größe $\vec{k}$ oftmals durch den negativen Gradienten $-\operatorname{grad}(\Phi)$ festgelegt. Dies ist in obiger Definition eines Gradientenfeldes enthalten.

(4) Die Gradientenfelder sind diejenigen Vektorfelder, für welche die Kurvenintegrale immer wegunabhängig sind. Es gilt (ohne Beweis) der wichtige Satz:

Satz 20.1: Hauptsatz über Kurvenintegrale

Sei $G \subset \mathbb{R}^3$ ein achsenparalleler Quader und $\vec{k} : G \to \mathbb{R}^3$ ein Vektorfeld mit stetigen partiellen Ableitungen in G. Dann sind die folgenden Aussagen gleichbedeutend:

(1) $\vec{k}$ ist ein Gradientenfeld.

(2) In G gelten die **Integrabilitätsbedingungen**

$$\frac{\partial k_1}{\partial y} = \frac{\partial k_2}{\partial x}; \qquad \frac{\partial k_2}{\partial z} = \frac{\partial k_3}{\partial y}; \qquad \frac{\partial k_1}{\partial z} = \frac{\partial k_3}{\partial x}.$$

(3) Das Kurvenintegral $\displaystyle\int_{\mathcal{C}} \vec{k}\, d\vec{r}$ hängt für alle in G verlaufenden Kurven $\mathcal{C}$ **nur** von Anfangs- und Endpunkt der Kurven ab.

(4) Das Kurvenintegral $\displaystyle\oint_{\mathcal{C}} \vec{k}\, d\vec{r}$ ist für alle in G verlaufenden, **geschlossenen** Kurven $\mathcal{C}$ stets Null.

Spezialfall: Zweidimensionales Vektorfeld

Im Falle eines zweidimensionalen Vektorfeldes $\vec{k} = \begin{pmatrix} k_1\,(x,\,y) \\ k_2\,(x,\,y) \end{pmatrix}$ lautet die

Integrabilitätsbedingung: $\dfrac{\partial k_1}{\partial y} = \dfrac{\partial k_2}{\partial x}.$

Ist $\vec{k}$ ein Gradientenfeld, dann kann man den Wert des Linienintegrals $\int_{\mathcal{C}} \vec{k}\, d\vec{r}$ einfach über die zugehörige Potenzialfunktion $\Phi\,(x,\,y,\,z)$ bestimmen: Es sei

$$\vec{k}\,(x,\,y,\,z) = \begin{pmatrix} k_1\,(x,\,y,\,z) \\ k_2\,(x,\,y,\,z) \\ k_3\,(x,\,y,\,z) \end{pmatrix} \overset{!}{=} \operatorname{grad} \Phi\,(x,\,y,\,z) = \begin{pmatrix} \partial_x\,\Phi\,(x,\,y,\,z) \\ \partial_y\,\Phi\,(x,\,y,\,z) \\ \partial_z\,\Phi\,(x,\,y,\,z) \end{pmatrix}.$$

Das totale Differenzial von Φ lautet

$$\begin{aligned} d\Phi &= \frac{\partial \Phi}{\partial x}\, dx + \frac{\partial \Phi}{\partial y}\, dy + \frac{\partial \Phi}{\partial z}\, dz \\ &= k_1\, dx + k_2\, dy + k_3\, dz \\ &= \vec{k}\, d\vec{r}. \end{aligned}$$

Daher ist

$$\int_{\mathcal{C}} \vec{k}\, d\vec{r} = \int_{P_1}^{P_2} d\Phi = \Phi\big|_{P_2} - \Phi\big|_{P_1}\,,$$

wenn P_1 der Anfangs- und P_2 der Endpunkt der Kurve $\mathcal{C}$ darstellt.

Integration eines Gradientenfeldes

Ist $\vec{k}$ ein Gradientenfeld mit dem Potenzial Φ, d.h. $\vec{k}(x, y, z) = \mathrm{grad}\,(\Phi)$, dann gilt für das Linienintegral

$$\int_{\mathcal{C}} \vec{k}\, d\vec{r} = \int_{\mathcal{C}} d\Phi = \Phi\big|_{\text{Endpunkt von } \mathcal{C}} - \Phi\big|_{\text{Anfangspunkt von } \mathcal{C}}.$$

Insbesondere folgt aus dieser Darstellung, dass für ein Gradientenfeld stets gilt

$$\oint_{\mathcal{C}} \vec{k}\, d\vec{r} = \Phi\big|_{P_1} - \Phi\big|_{P_1} = 0.$$

Der Hauptsatz gibt nicht nur darüber Auskunft, ob ein Kurvenintegral wegunabhängig ist, sondern auch wie man dies über die Integrabilitätsbedingungen nachprüfen kann. Liegt das Potenzial eines Gradientenfeldes vor, besagt der Zusatz zum Hauptsatz, wie das Kurvenintegral berechnet werden kann: Analog zum Hauptsatz der Differenzial- und Integralrechnung einer Variablen (siehe Band 1, Abschnitt 8.2) ist das Kurvenintegral dann die Differenz der Potenzialfunktion ausgewertet am Endpunkt und am Anfangspunkt.

Beispiele 20.6:

① Das Vektorfeld $\vec{k}(x, y) = \begin{pmatrix} 3\,x^2\,y \\ x^3 \end{pmatrix}$ ist ein Gradientenfeld, denn

$$\left.\begin{aligned} \frac{\partial k_1}{\partial y} &= \frac{\partial}{\partial y}\, 3\,x^2\,y = 3\,x^2 \\[2mm] \frac{\partial k_2}{\partial x} &= \frac{\partial}{\partial x}\, x^3 = 3\,x^2 \end{aligned}\right\} \;\Rightarrow\; \frac{\partial k_1}{\partial y} = \frac{\partial k_2}{\partial x}.$$

Im Folgenden bestimmen wir das zu $\vec{k}$ gehörende Potenzialfeld Φ: Da es zu $\vec{k}$ eine Potenzialfunktion $\Phi(x, y)$ mit $\vec{k} = \mathrm{grad}\,\Phi$ gibt, gilt

$$\vec{k} = \mathrm{grad}\,\Phi = \begin{pmatrix} \partial_x\,\Phi \\ \partial_y\,\Phi \end{pmatrix} \;\Rightarrow\; \begin{aligned} \partial_x\,\Phi &= 3\,x^2\,y \qquad (1) \\ \partial_y\,\Phi &= x^3. \qquad (2) \end{aligned}$$

Integriert man Gleichung (1) nach x folgt

$$\Phi(x, y) = x^3\,y + K(y)$$

mit einer Integrationskonstanten, die von y abhängen kann. Mit (2) folgt nach partieller Differenziation nach y

$$\frac{\partial}{\partial y}\,\Phi(x, y) = x^3 + K'(y) \overset{!}{=} x^3 = k_2(x, y)$$

$$\Rightarrow K'(y) = 0 \Rightarrow K(y) = C = const.$$

$$\Rightarrow \Phi\left(x,\,y\right) = x^3\,y + C.$$

Das Kurvenintegral von $\vec{k}$ entlang einer Kurve $\mathcal{C}$ mit Anfangspunkt $(x_0,\,y_0)$ und Endpunkt $(x_1,\,y_1)$ ist nach dem Zusatz zum Hauptsatz gegeben durch

$$\int_{\mathcal{C}} \vec{k}\,d\vec{r} = \int_{\mathcal{C}} d\Phi = \Phi\,\Big|_{(x_0,\,y_0)}^{(x_1,\,y_1)} = x_1^3\,y_1 - x_0^3\,y_0.$$

② Das Vektorfeld $\vec{k} = \begin{pmatrix} x\,y^2 \\ x\,y \end{pmatrix}$ ist **kein** Gradientenfeld, da die Integrabilitätsbedingung verletzt ist:

$$\left.\begin{aligned} \frac{\partial k_1}{\partial y} &= \frac{\partial}{\partial y}\,x\,y^2 = 2\,x\,y \\[2ex] \frac{\partial k_2}{\partial x} &= \frac{\partial}{\partial x}\,x\,y = y \end{aligned}\right\} \Rightarrow \frac{\partial k_1}{\partial y} \neq \frac{\partial k_2}{\partial x}.$$

(Man vergleiche die Aussage mit dem Ergebnis von Beispiel 20.4!)

③ Man prüfe, dass das Vektorfeld

$$\vec{k}\left(x,\,y,\,z\right) = \frac{1}{x^2 + y^2 + z^2} \begin{pmatrix} x \\ y \\ z \end{pmatrix}$$

ein Gradientenfeld darstellt mit der Potenzialfunktion

$$\Phi\left(x,\,y,\,z\right) = \ln\left(x^2 + y^2 + z^2\right) + C. \qquad\qquad \square$$

Die Integrabilitätsbedingungen können explizit nachgeprüft werden, um zu entscheiden, ob ein Gradientenfeld vorliegt oder nicht. Falls $\vec{k}$ ein Gradientenfeld ist, stellt sich das Problem, wie man das zugehörige Potenzial berechnet. Aufschluss darüber sollen die beiden folgenden Beispiele geben:

Beispiel 20.7. Gegeben ist das Vektorfeld $\vec{v}\left(x,\,y,\,z\right) = \begin{pmatrix} 2\,x + y \\ x + 2\,y\,z \\ y^2 + 2\,z \end{pmatrix}$. Für dieses Vektorfeld prüft man explizit nach, dass die Integrabilitätsbedingungen erfüllt sind. Gesucht ist das zu $\vec{v}$ gehörende Potenzial Φ mit

$$\vec{v} = \mathrm{grad}(\Phi) = \begin{pmatrix} \partial_x\,\Phi \\ \partial_y\,\Phi \\ \partial_z\,\Phi \end{pmatrix} \overset{!}{=} \begin{pmatrix} v_1 \\ v_2 \\ v_3 \end{pmatrix} = \begin{pmatrix} 2\,x + y \\ x + 2\,y\,z \\ y^2 + 2\,z \end{pmatrix}.$$

Die Integration der ersten Komponente $\partial_x\,\Phi$ nach x

$$\partial_x\,\Phi = 2\,x + y \;\Rightarrow\; \Phi = x^2 + y\,x + f\left(y,\,z\right) \qquad\qquad (*)$$

liefert eine Integrationskonstante $f\left(y,\,z\right)$, welche noch von y und z abhängen kann. Vergleicht man die zweite Komponente von $\vec{v}$ mit der partiellen Ableitung von Φ nach y, folgt für $f_y\left(y,\,z\right)$:

$$\partial_y \Phi = v_2 = x + 2\,y\,z \quad \text{und} \quad \partial_y \Phi \overset{(*)}{=} x + f_y\,(y,\,z)$$

$$\Rightarrow f_y\,(y,\,z) = 2\,y\,z.$$

Integration über y liefert

$$f\,(y,\,z) = y^2\,z + g\,(z)\,,$$

wobei die Funktion g noch von z nicht aber von x oder y abhängen kann.

$$\Rightarrow \Phi\,(x,\,y,\,z) = x^2 + y\,x + y^2\,z + g\,(z)\,. \qquad (**)$$

Vergleicht man die dritte Komponente v_3 mit der partiellen Ableitung von Φ nach z, folgt für $g'\,(z)$:

$$\partial_z \Phi = v_3 = y^2 + 2\,z \quad \text{und} \quad \partial_z \Phi \overset{(**)}{=} y^2 + g'\,(z)$$

$$\Rightarrow g'\,(z) = 2\,z \Rightarrow g\,(z) = z^2 + K.$$

Die Integrationskonstante K hängt weder von x, y noch von z ab.

$$\Rightarrow \Phi\,(x,\,y,\,z) = x^2 + y\,x + y^2\,z + z^2 + K. \qquad \square$$

20.5 Anwendungsbeispiele

Das Kurvenintegral wurden in Abschnitt 20.4 zur Berechnung der Arbeit eingeführt, die eine Masse m benötigt, um in einem Kraftfeld $\vec{k}\,(x,\,y,\,z)$ entlang der Kurve $\mathcal{C}$ von einem Anfangspunkt P_A zum Endpunkt P_E verschoben zu werden. Entsprechend der Definition des Linienintegrals gilt für die *Arbeit*

$$W = \int_{\mathcal{C}} \vec{k}\,d\vec{r} = \int_{t_A}^{t_E} \vec{k}\,(\vec{r}\,(t)) \cdot \vec{r}\,'\,(t)\,dt\,,$$

wenn $\vec{r}\,(t)$ die Parameterdarstellung der Kurve $\mathcal{C}$, $\vec{r}\,(t_A)$ den Anfangs- und $\vec{r}\,(t_E)$ den Endpunkt beschreibt.

Anwendungsbeispiel 20.8 (Radialsymmetrische Kräfte).

Eine Kraft $\vec{k}$ heißt *radialsymmetrisch*, wenn der Betrag von $\vec{k}$ nur vom Abstand r abhängt und der Vektor $\vec{k}$ in jedem Punkt radial nach außen zeigt. Ein radialsymmetrisches Feld hat somit die Form

$$\vec{k}\,(\vec{r}) = f\,(r)\,\vec{r}\,,$$

wenn f eine Funktion in einer Variablen und $r = |\vec{r}| = \sqrt{x^2 + y^2 + z^2}$ ist.

Physikalische Beispiele für radialsymmetrische Kräfte sind

$$\vec{F}(\vec{r}) = f_g \, \frac{m\,M}{r^2} \, \frac{\vec{r}}{r} \qquad \text{(Newtonsche Gravitationskraft)}$$

$$\vec{F}(\vec{r}) = \frac{1}{4\pi\,\varepsilon_0} \, \frac{q\,Q}{r^2} \, \frac{\vec{r}}{r} \qquad \text{(Coulomb-Kraft)},$$

wenn f_g die Gravitationskonstante bzw. ε_0 die Dielektrizitätskonstante ist.

Wir zeigen, dass bei einem radialsymmetrischen Feld die erste Integrabilitätsbedingung erfüllt ist. Dazu bilden wir mit Hilfe der Kettenregel die partiellen Ableitungen der Komponenten von $\vec{k}(\vec{r}) = \begin{pmatrix} f(r)\,x \\ f(r)\,y \\ f(r)\,z \end{pmatrix}$:

$$\frac{\partial}{\partial y}\, k_1(\vec{r}) = \frac{\partial}{\partial y}\,(f(r)\,x) = x\,f'(r)\,\frac{\partial}{\partial y}\,\sqrt{x^2 + y^2 + z^2}$$

$$= x\,f'(r)\,\frac{y}{\sqrt{x^2 + y^2 + z^2}} = f'(r)\,\frac{x\,y}{r}.$$

$$\frac{\partial}{\partial x}\, k_2(\vec{r}) = \frac{\partial}{\partial x}\,(f(r)\,y) = y\,f'(r)\,\frac{\partial}{\partial x}\,\sqrt{x^2 + y^2 + z^2}$$

$$= y\,f'(r)\,\frac{x}{\sqrt{x^2 + y^2 + z^2}} = f'(r)\,\frac{x\,y}{r}.$$

$$\Rightarrow \frac{\partial}{\partial y}\, k_1(\vec{r}) = \frac{\partial}{\partial x}\, k_2(\vec{r}).$$

Analog prüft man die beiden anderen Integrabilitätsbedingungen nach. □

Anwendungsbeispiel 20.9 (**Coulomb-Kraft**).

Das Potenzial zur Coulomb-Kraft

$$\vec{k}(\vec{r}) = \frac{1}{4\pi\,\varepsilon_0} \, \frac{q\,Q}{r^2} \, \frac{\vec{r}}{r}$$

ist das elektrostatische Potenzial

$$\Phi(x,\,y,\,z) = \frac{1}{4\pi\,\varepsilon_0} \, \frac{q\,Q}{r} = \frac{1}{4\pi\,\varepsilon_0} \, \frac{q\,Q}{\sqrt{x^2 + y^2 + z^2}}.$$

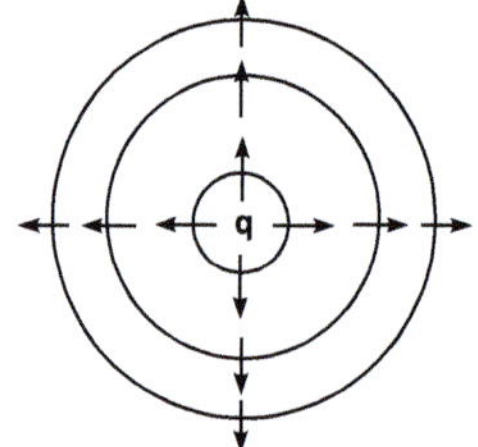

Abb. 20.4. Coulomb-Potenzial

Man rechnet direkt nach, dass $\vec{k} = -\operatorname{grad}\Phi$. Es gilt folglich nach dem Hauptsatz über Kurvenintegrale, dass das Linienintegral wegunabhängig ist.

Wir berechnen zuerst die Arbeit, die vom Feld geleistet wird, wenn die Ladung Q entlang eines Kreises mit Radius R verschoben wird. Dann lautet die Parametrisierung des Weges

$$\vec{r}(t) = R \begin{pmatrix} \cos t \\ \sin t \\ 0 \end{pmatrix} \quad \text{bzw.} \quad \vec{r}\,'(t) = \begin{pmatrix} -R\sin t \\ R\cos t \\ 0 \end{pmatrix} \qquad \text{für} \ \ \varphi_0 \leq t \leq \varphi_1.$$

Damit folgt für das Kraftfeld auf dem Kreis mit Radius R:

$$\vec{k}(\vec{r}) = \frac{1}{4\pi\,\varepsilon_0}\,\frac{qQ}{r^3}\,\vec{r} = \frac{qQ}{4\pi\,\varepsilon_0}\,\frac{1}{(x^2 + y^2 + z^2)^{\frac{3}{2}}}\begin{pmatrix} x \\ y \\ z \end{pmatrix}$$

$$= \frac{qQ}{4\pi\,\varepsilon_0}\,\frac{1}{R^3}\begin{pmatrix} R\cos t \\ R\sin t \\ 0 \end{pmatrix}$$

und für das Linienintegral

$$\int_{C} \vec{k}\,d\vec{r} = \int_{\varphi_0}^{\varphi_1} \vec{k}(\vec{r}(t))\,\vec{r}\,'(t)\,dt$$

$$= \frac{qQ}{4\pi\,\varepsilon_0}\,\frac{1}{R^3}\int_{\varphi_0}^{\varphi_1}\left(-R^2\cos t\,\sin t + R^2\sin t\,\cos t\right)dt = 0$$

D.h. es muss keine Arbeit verrichtet werden, um die Ladung auf dem Kreis zu verschieben.

Berechnen wir allerdings das Linienintegral, um eine Ladung vom Radius r_1 nach $r_2 = r_1 + \Delta r$ zu verschieben, gilt z.B. für den Weg entlang der x-Achse

$$\vec{r}(t) = \begin{pmatrix} r_1 + \Delta r\,t \\ 0 \\ 0 \end{pmatrix} \quad \text{bzw.} \quad \vec{r}\,'(t) = \begin{pmatrix} \Delta r \\ 0 \\ 0 \end{pmatrix} \qquad \text{für} \ \ 0 \leq t \leq 1.$$

Damit folgt für das Kraftfeld entlang des Weges:

$$\vec{k}(\vec{r}) = \frac{1}{4\pi\,\varepsilon_0}\,\frac{qQ}{r^3}\,\vec{r} = \frac{qQ}{4\pi\,\varepsilon_0}\,\frac{1}{(r_1 + \Delta r\,t)^3}\begin{pmatrix} r_1 + \Delta r\,t \\ 0 \\ 0 \end{pmatrix}$$

und für das Linienintegral

$$\int_{C} \vec{k}\,d\vec{r} = \int_{0}^{1} \vec{k}(\vec{r}(t))\,\vec{r}\,'(t)\,dt = \frac{qQ}{4\pi\,\varepsilon_0}\int_{0}^{1}\left(\frac{r_1 + \Delta r\,t}{(r_1 + \Delta r\,t)^3}\right)\Delta r\,dt$$

$$= -\frac{qQ}{4\pi\,\varepsilon_0}\,\frac{1}{r_1 + \Delta r\,t}\bigg|_{0}^{1} = -\frac{qQ}{4\pi\,\varepsilon_0}\left(\frac{1}{r_2} - \frac{1}{r_1}\right)$$

was genau der Potenzialdifferenz $-(\Phi(r_2) - \Phi(r_1))$ entspricht. $\qquad\qquad \square$

20.6 Oberflächenintegrale

In vielen Anwendungen muss der Flächeninhalt von gekrümmten Oberflächen bestimmt werden. Auch bei der Vektoranalysis (siehe Kap. 21) werden sog. *Oberflächenintegrale* benötigt, um den elektrischen, magnetischen oder Massefluss durch eine Oberfläche zu berechnen. Wir werden im Folgenden zunächst gekrümmten Flächen einen Flächeninhalt zuweisen und dann den Integralbegriff auf Integrale mit Vektorfunktionen entlang eines Flächenstückes im $\mathbb{R}^3$ erweitern. Dies führt auf den Begriff des Oberflächenintegrals.

20.6.1 Beschreibung einer Fläche in $\mathbb{R}^3$

In Anlehnung an die Beschreibung einer Kurve $\mathcal{C}$ über die Parameterdarstellung $\vec{r}(t) = x(t)\,\vec{e}_1 + y(t)\,\vec{e}_2 + z(t)\,\vec{e}_3$ mit **einem** Parameter definieren wir gekrümmte Flächen über eine Parameterdarstellung mit **zwei** Parametern $(u,\,v)$:

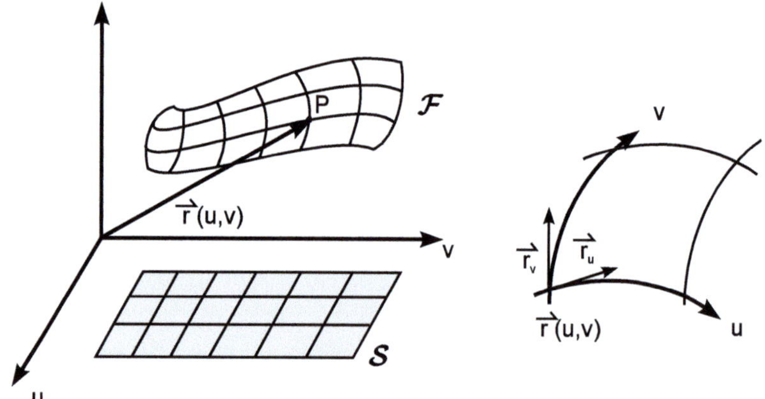

Abb. 20.5. Parametrisierung einer gekrümmten Fläche

Definition: (Fläche). *Sei* $S \subset \mathbb{R}^2$ *ein Bereich in der Ebene (z.B. ein Rechteck) mit den Parametervariablen* $(u,\,v) \in S$ *(z.B.* $u_1(v) \leq u \leq u_2(v)$, $v_1 \leq v \leq v_2$). *Eine Fläche* $F \subset \mathbb{R}^3$ *wird definiert durch die* **Parameterdarstellung**

$$F: \vec{r}(u,\,v) = x(u,\,v)\,\vec{e}_1 + y(u,\,v)\,\vec{e}_2 + z(u,\,v)\,\vec{e}_3.$$

wenn die Koordinaten x, y, z *Funktionen der beiden Variablen* $(u,\,v)$ *sind. Beim Durchlaufen aller* $(u,\,v)$*-Werte bewegt sich der Punkt* P *(Abb. 20.5) auf der Fläche* F.

Die Fläche F besteht aus der Menge aller Ortsvektoren $\vec{r}(u,\,v)$. Man fasst $(u,\,v)$ auch als die **Koordinaten** des Punktes P auf. Wir setzen voraus, dass die Komponenten der Abbildung $\vec{r}: \mathbb{R}^2 \to \mathbb{R}^3$, $(u,v) \mapsto \vec{r}(u,v)$, stetige partiell differenzierbare Funktionen sind. Die **Tangentialebene** im Punkte P wird durch die Richtungsvektoren $\frac{\partial \vec{r}}{\partial u}$ und $\frac{\partial \vec{r}}{\partial v}$ aufgespannt. Wir schreiben für die Richtungsvektoren auch kurz

$$\vec{r}_u = \frac{\partial \vec{r}}{\partial u} = \begin{pmatrix} \partial_u \, x(u,v) \\ \partial_u \, y(u,v) \\ \partial_u \, z(u,v) \end{pmatrix} \quad \text{und} \quad \vec{r}_v = \frac{\partial \vec{r}}{\partial v} = \begin{pmatrix} \partial_v \, x(u,v) \\ \partial_v \, y(u,v) \\ \partial_v \, z(u,v) \end{pmatrix}.$$

Beispiele 20.10:

① Eine Parallelogrammfläche, die durch die 3 Punkte P_0, P_1, P_2 festgelegt wird, hat nach der Punkt-Richtungsdarstellung einer Ebene die Parameterdarstellung

$$\vec{r}(P) = \vec{r}(P_0) + u \, \overrightarrow{P_0 P_1} + v \, \overrightarrow{P_0 P_2}$$

mit $0 \leq u \leq 1$, $0 \leq v \leq 1$.

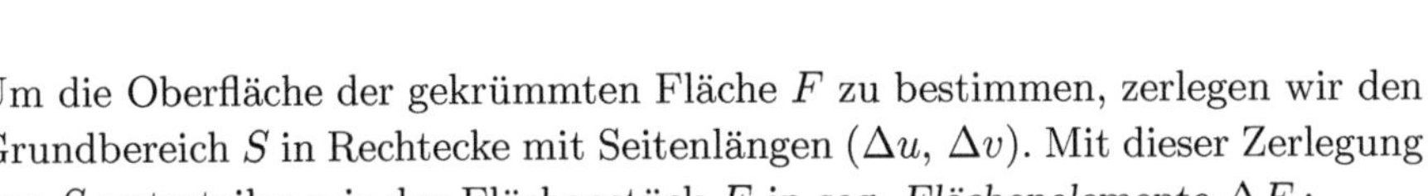

Abb. 20.6.

② Eine Kugelfläche mit Radius R und Mittelpunkt 0 hat mit den Kugelkoordinaten $u = \varphi$, $v = \vartheta$ die Parametrisierung

$$\vec{r}(u, v) = \begin{pmatrix} R \cos u \cos v \\ R \sin u \cos v \\ R \sin v \end{pmatrix}$$

mit $0 \leq \varphi \leq 2\pi$ und $-\frac{\pi}{2} \leq \vartheta \leq \frac{\pi}{2}$.

$\square$

Um die Oberfläche der gekrümmten Fläche F zu bestimmen, zerlegen wir den Grundbereich S in Rechtecke mit Seitenlängen $(\Delta u, \Delta v)$. Mit dieser Zerlegung von S unterteilen wir das Flächenstück F in sog. *Flächenelemente* ΔF_i:

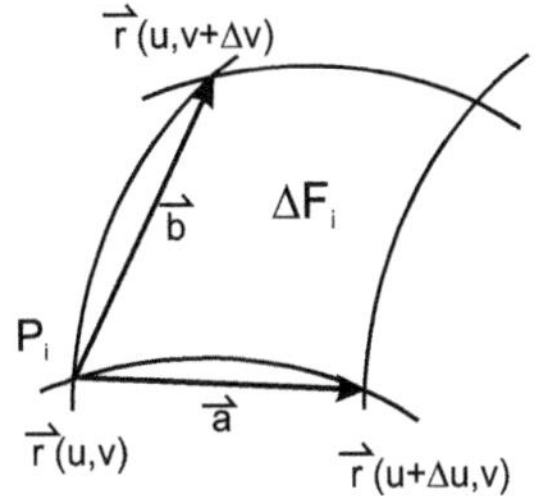

Abb. 20.7. Flächenelement ΔF_i

Der Inhalt jedes Flächenelementes ΔF_i wird angenähert durch die Parallelogrammfläche $F_p = \left| \vec{a} \times \vec{b} \right|$ des von den Richtungsvektoren $\vec{a}$ und $\vec{b}$ aufgespannten Parallelogramms.

In linearer Näherung gilt nach dem Taylorschen Satz für $n = 1$ (siehe Band 2, Kapitel 9.3):

$$\vec{a} = \vec{r}\,(u + \Delta u, v) - \vec{r}\,(u, v) \approx \frac{\partial \vec{r}}{\partial u} \cdot \Delta u$$

$$\vec{b} = \vec{r}\,(u, v + \Delta v) - \vec{r}\,(u, v) \approx \frac{\partial \vec{r}}{\partial v} \cdot \Delta v.$$

$$\Rightarrow \Delta F_i \approx \left| \vec{a} \times \vec{b} \right| \approx \left| \frac{\partial \vec{r}}{\partial u} \times \frac{\partial \vec{r}}{\partial v} \right| \Delta u \, \Delta v.$$

Der Vektor $\vec{n} := \frac{\partial \vec{r}}{\partial u} \times \frac{\partial \vec{r}}{\partial v}$ steht senkrecht auf der Tangentialebene. Man bezeichnet ihn als den **Normalenvektor** der Fläche F im Punkte $P\,(u, v)$. Das Vorzeichen dreht sich um, wenn man die Reihenfolge der Parameter u und v vertauscht, da $\vec{r}_v \times \vec{r}_u = -\vec{r}_u \times \vec{r}_v$.

Summiert man alle Teilflächen ΔF_i auf

$$Z_n = \sum_{i=1}^{n} \left| \frac{\partial \vec{r}}{\partial u}\,(P_i) \times \frac{\partial \vec{r}}{\partial v}\,(P_i) \right| \Delta u \, \Delta v$$

ist diese Zwischensumme eine Näherung für die Oberfläche von F. Diese Näherung wird umso besser, je feiner die Unterteilung der Fläche S ist. Für $\Delta u \to 0$, $\Delta v \to 0$ nennt man

$$\iint\limits_{(F)} dF = \iint\limits_{(S)} \left| \vec{r}_u\,(u, v) \times \vec{r}_v\,(u, v) \right| du\, dv$$

das **Oberflächenintegral der Fläche** F. Dies ist ein Doppelintegral über die Funktion $\left| \vec{r}_u \times \vec{r}_v \right|$ im Bereich S, wie wir es in Band 2, Kapitel 12.1 eingeführt haben.

Beispiele 20.11:

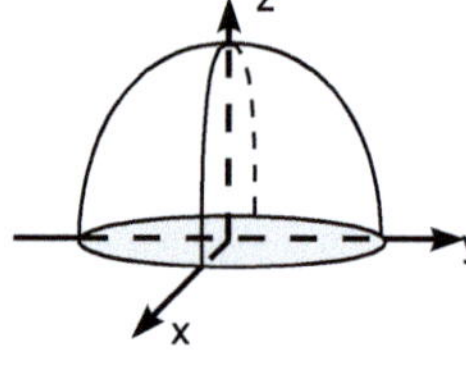

Abb. 20.8.

① Gesucht ist die Oberfläche der Halbkugel mit Radius R. Mit der Parametrisierung aus Beispiel 20.10 ② ist

$$\vec{r}\,(u, v) = R \begin{pmatrix} \cos u \, \cos v \\ \sin u \, \cos v \\ \sin v \end{pmatrix} :$$

$$\vec{r}_u = R \begin{pmatrix} -\sin u \, \cos v \\ \cos u \, \cos v \\ 0 \end{pmatrix}, \quad \vec{r}_v = R \begin{pmatrix} -\cos u \, \sin v \\ -\sin u \, \sin v \\ \cos v \end{pmatrix}.$$

$$\Rightarrow \vec{r}_u \times \vec{r}_v = R^2 \cos v \, (\cos u \, \cos v \, \vec{e}_1 + \sin u \, \cos v \, \vec{e}_2 + \sin v \, \vec{e}_3)$$

$$\Rightarrow |\vec{r}_u \times \vec{r}_v| = R^2 \cos v.$$

Setzt man dies in das Oberflächenintegral ein, gilt:

$$\iint\limits_{(F)} dF = \int_{v=0}^{\pi/2} \int_{u=0}^{2\pi} R^2 \cos v \, du \, dv = 2\pi R^2 \int_{v=0}^{\pi/2} \cos v \, dv = 2\pi R^2.$$

② Gesucht ist die Oberfläche des Kreiskegels $z = R - \sqrt{x^2 + y^2}$, $0 \leq z \leq R$. Mit

$$\begin{aligned} x &= u \\ y &= v \\ z &= R - \sqrt{u^2 + v^2}, \qquad u^2 + v^2 \leq R^2, \end{aligned}$$

erhält man eine Parametrisierung von S bzw. F.
Daher ist

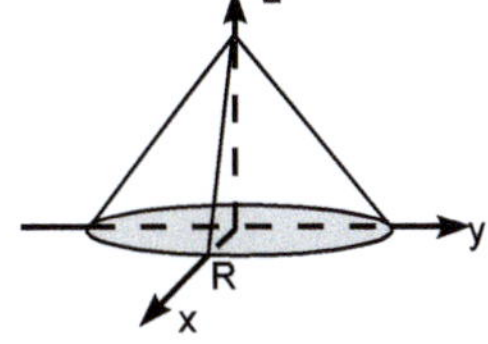

Abb. 20.9.

$$\vec{r}(u, v) = \begin{pmatrix} u \\ v \\ R - \sqrt{u^2 + v^2} \end{pmatrix} \Rightarrow \vec{r}_u = \begin{pmatrix} 1 \\ 0 \\ \frac{-u}{\sqrt{u^2+v^2}} \end{pmatrix} , \quad \vec{r}_v = \begin{pmatrix} 0 \\ 1 \\ \frac{-v}{\sqrt{u^2+v^2}} \end{pmatrix}$$

$$\Rightarrow \vec{r}_u \times \vec{r}_v = \begin{pmatrix} \frac{u}{\sqrt{u^2+v^2}} \\ \frac{v}{\sqrt{u^2+v^2}} \\ 1 \end{pmatrix} \Rightarrow |\vec{r}_u \times \vec{r}_v| = \sqrt{2}$$

$$\Rightarrow \iint\limits_{(F)} dF = \iint\limits_{(S)} \sqrt{2} \, du \, dv = \sqrt{2}\, \pi R^2. \qquad\qquad \Box$$

20.6.2 Oberflächenintegral eines Vektorfeldes

Ist $\vec{v}(x, y, z)$ das *Geschwindigkeitsfeld* z.B. einer strömenden Flüssigkeit, dann gibt das Skalarprodukt

$$\vec{v} \cdot \vec{n} = \vec{v} \cdot (\vec{r}_u \times \vec{r}_v) \, \Delta u \, \Delta v$$

die pro Zeiteinheit $\triangle t$ durch das Flächenstück ΔF durchtretende Flüssigkeitsmenge an. Die Anteile der Flüssigkeit, die parallel zur Oberfläche fließen, treten **nicht** durch die Fläche hindurch! Der Fluss von $\vec{v}$ durch die Fläche F ist dann näherungsweise

$$\sum_{k=1}^{N} \vec{v}_k \, \vec{n}_k = \sum_{k=1}^{N} \vec{v}_k \cdot (\vec{r}_u \times \vec{r}_v) \, \Delta u \, \Delta v \, ,$$

wenn über alle Flächenelemente ΔF_i aufsummiert wird.

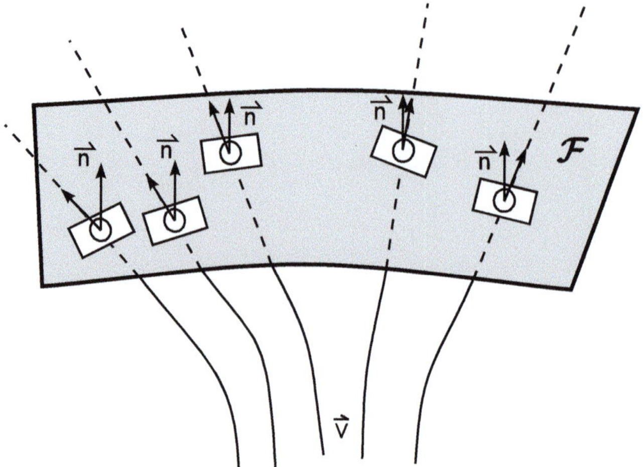

Abb. 20.10. Fluss einer strömenden Flüssigkeit durch eine Fläche F

Im Grenzfall $N \to \infty$ (d.h. $\Delta u \to 0$ und $\Delta v \to 0$) erhält man das Oberflächenintegral

$$\iint\limits_{(F)} \vec{v}\, d\vec{F}.$$

Definition: (Oberflächenintegral). *Ist $\vec{v}(\vec{r})$ ein Vektorfeld über der Fläche F, die in der Parametrisierung $\vec{r}(u, v)$ mit $(u, v) \in S$ vorliegt, dann bezeichnet*

$$\iint\limits_{(F)} \vec{v}\, d\vec{F} = \iint\limits_{(S)} \vec{v}\,(\vec{r}(u, v)) \cdot (\vec{r}_u \times \vec{r}_v)\, du\, dv$$

das **Oberflächenintegral** *(falls es existiert) von $\vec{v}(\vec{r})$ über der Fläche F.*

Bemerkungen:

(1) Existiert das Oberflächenintegral, dann ist es unabhängig von der speziell gewählten Parametrisierung von S.

(2) Ist F eine geschlossene Fläche (z.B. die Oberfläche eines Körpers), dann schreibt man statt

$$\iint\limits_{(F)} \vec{v}\, d\vec{F} \quad \text{auch} \quad \oiint\limits_{(F)} \vec{v}\, d\vec{F}.$$

(3) Häufig ist die Fläche F nicht in einer Parameterdarstellung gegeben, sondern in einer expliziten Darstellung $z = f(x, y)$. Dann muss man sie zur

Berechnung von $\iint\limits_{(F)} \vec{v}\,d\vec{F}$ erst parametrisieren. Eine Möglichkeit ist immer

$$x = u\,,\ y = v\,,\ z = f(u,v) \text{ zu setzen mit } \vec{r}(u,v) := \begin{pmatrix} u \\ v \\ f(u,v) \end{pmatrix}.$$

(4) Die Oberflächenintegrale sind genau die, welche wir benötigen, um z.B. den Massenstrom eines Fluids durch eine Oberfläche oder den magnetischen Fluss zu berechnen, wie die beiden nächsten Beispiele zeigen.

Massenfluss: Sei $\vec{v}$ das Geschwindigkeitsfeld eines strömenden Mediums. Dann gibt

$$\iint\limits_{(F)} \vec{v}\,d\vec{A} \text{ das Volumen und}$$

$$\rho \iint\limits_{(F)} \vec{v}\,d\vec{A} \text{ die Masse pro Zeiteinheit an,}$$

die durch die Oberfläche F fließt, wenn ρ die homogene Dichte des Materials ist.

Magnetischer Fluss: Der magnetische Fluss Φ des Magnetfeldes $\vec{B}$ durch eine Fläche A ist gegeben durch

$$\Phi = \iint\limits_{(A)} \vec{B}\,d\vec{A}.$$

Anwendungsbeispiel 20.12 (Massenstrom).

Gegeben ist das Geschwindigkeitsfeld eines strömenden Mediums

$$\vec{v}(\vec{r}) = \begin{pmatrix} x \\ y \\ \sqrt{x^2 + y^2} \end{pmatrix}$$

das durch eine Halbkugelfläche $x^2 + y^2 + z^2 = R$ $(z > 0)$ fließt. Welche Masse ist in 2 Zeiteinheiten durch die Oberfläche geflossen $(\rho = 1)$?

Eine Parametrisierung der Kugeloberfläche ist nach Beispiel 20.10 ②:

$$\vec{r}(u,v) = R \begin{pmatrix} \cos u \cos v \\ \sin u \cos v \\ \sin v \end{pmatrix} \qquad \begin{matrix} 0 \leq u \leq 2\pi \\ 0 \leq v \leq \frac{\pi}{2} \end{matrix}$$

mit dem Normalenvektor

$$\vec{r}_u \times \vec{r}_v = R^2 \cos v \begin{pmatrix} \cos u \cos v \\ \sin u \cos v \\ \sin v \end{pmatrix}.$$

$$\Rightarrow \vec{v}(\vec{r}) \cdot (\vec{r}_u \times \vec{r}_v) = \begin{pmatrix} R \cos u \cos v \\ R \sin u \cos v \\ R \cos v \end{pmatrix} \cdot R^2 \cos v \cdot \begin{pmatrix} \cos u \cos v \\ \sin u \cos v \\ \sin v \end{pmatrix}$$

$$= R^3 \cos v \left(\cos^2 v + \cos v \sin v \right).$$

Der Fluss $\iint\limits_{(F)} \vec{v}\, d\vec{F}$ ergibt sich daher zu

$$\iint\limits_{(F)} \vec{v}\, d\vec{F} = \int_{u=0}^{2\pi} \int_{v=0}^{\pi/2} \vec{v}\left(\vec{r}(u, v)\right) \cdot (\vec{r}_u \times \vec{r}_v)\, dv\, du$$

$$= R^3 \int_{u=0}^{2\pi} \int_{v=0}^{\pi/2} \cos v \left(\cos^2 v + \cos v \sin v \right) dv\, du$$

$$= R^3 \int_{u=0}^{2\pi} 1\, du = 2\pi\, R^3.$$

Die Masse M, die in zwei Zeiteinheiten durch die Oberfläche fließt, ist demnach

$$M = 2 \cdot 1 \cdot 2\pi\, R^3 = 4\pi\, R^3. \qquad \square$$

Anwendungsbeispiel 20.13 (Magnetischer Fluss).

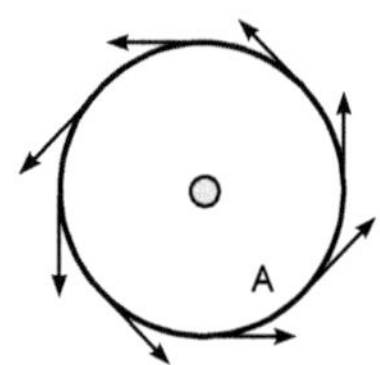

Gegeben ist das Magnetfeld eines stromdurchflossenen, geraden Leiters

$$\vec{B} = \frac{\mu_0 I}{2\pi} \begin{pmatrix} -y \\ x \\ 0 \end{pmatrix} \frac{1}{x^2 + y^2}.$$

Abb. 20.11.

Gesucht ist der magnetische Fluss durch die Kreisfläche A.

Das Magnetfeld liegt in der (x, y)-Ebene, der Flächenvektor $d\vec{A} = \vec{r}_u \times \vec{r}_v\, du\, dv$ steht senkrecht zur Fläche A, also in z-Richtung. Daher ist $\vec{B} \cdot d\vec{A} = 0$ und der magnetische Fluss durch die Fläche A gleich Null. $\qquad \square$

20.7 Aufgaben zu Linienintegralen

20.7

20.1 Bestimmen Sie für die folgenden Bewegungen eines Massenpunktes den Geschwindigkeitsvektor $\vec{v}(t)$ sowie den Beschleunigungsvektor $\vec{a}(t)$.

a) Kreisbahn $\vec{r}(t) = R \begin{pmatrix} \cos(\omega t) \\ \sin(\omega t) \end{pmatrix}$

b) Zykloide $\vec{r}(t) = R \begin{pmatrix} t - \sin t \\ 1 - \cos t \end{pmatrix}$

20.2 Bestimmen Sie zu den Vektorfeldern die zugehörige Potenzialfunktion

a) $\vec{k} = \begin{pmatrix} 2xy + 4x \\ x^2 - 1 \end{pmatrix}$
   b) $\vec{k} = \begin{pmatrix} e^y \\ x e^y \end{pmatrix}$
   c) $\vec{k} = \begin{pmatrix} 3x^2 y + y^3 \\ x^3 + 3xy^2 \end{pmatrix}$

20.3 Gegeben ist das Kraftfeld $\vec{F} = \begin{pmatrix} x \\ y \end{pmatrix}$.

a) Zeigen Sie, dass $\vec{F}$ konservativ ist.

b) Bestimmen Sie die zugehörige Potenzialfunktion.

c) Berechnen Sie die Arbeit $\int_C \vec{F}\, d\vec{r}$, um einen Massepunkt von $P_1(1,0)$ nach $P_2(3,5)$ zu bringen.

20.4 Überprüfen Sie, ob die folgenden Vektorfelder Gradientenfelder sind und berechnen Sie gegebenenfalls die zugehörigen Potenziale

a) $\vec{f_1} = \begin{pmatrix} yz + 1 \\ xz + 1 \\ xy + 1 \end{pmatrix}$
   b) $\vec{f_2} = \begin{pmatrix} z + y \\ x + z \\ x + y \end{pmatrix}$
   c) $\vec{f_3} = \begin{pmatrix} 2x + y \\ x + 2yz \\ y^2 + 2z \end{pmatrix}$

d) $\vec{f_4} = \begin{pmatrix} x \\ xy \\ xyz \end{pmatrix}$
   e) $\vec{f_5} = \begin{pmatrix} 1 + y + yz \\ x + xz \\ xy \end{pmatrix}$

20.5 Berechnen Sie das Linienintegral

$$\int_C \left(y\, dx + (x^2 + xy)\, dy \right)$$

entlang der nebenstehenden Linien zwischen den Punkten $A(0,0)$ und $B(2,4)$.

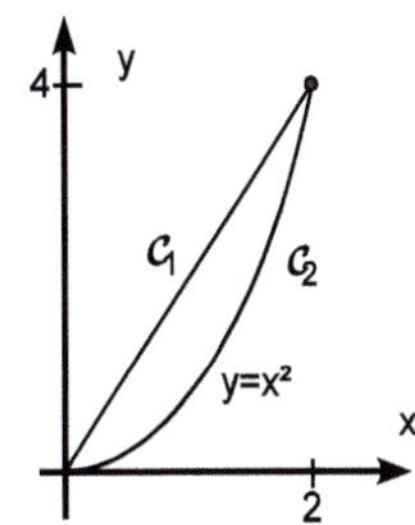

20.6 Bestimmen Sie den Fluss von $\vec{v} = \begin{pmatrix} \frac{x^2-y^2}{z} \\ \frac{x^2+y^2}{z} \\ -(x+y)\ln z \end{pmatrix}$ durch die Overfläche

des Würfels

$0 \le x \le 1\,,\ -1 \le y \le 2\,,\ 1 \le z \le 4.$

20.7 Bestimmen Sie den Fluss von $\vec{v} = \begin{pmatrix} x^3 \\ z - x^2\,y \\ y - z\,x^2 \end{pmatrix}$ durch die Zylinderoberfläche

$0 \le x^2 + y^2 \le R^2$, $\ 0 \le z \le H$.

20.8 Bestimmen Sie den Fluss von $\vec{v} = \begin{pmatrix} 0 \\ y\cos^2(x) + y^3 \\ z\left(\sin^2(x) - 3\,y^2\right) \end{pmatrix}$ durch die Kugelo-

berfläche $x^2 + y^2 + z^2 = 4.$

Vektoranalysis und Integralsätze

21

21 Vektoranalysis und Integralsätze

Die Vektoranalysis spielt bei der Beschreibung physikalischer Gesetzmäßigkeiten in der Mechanik und der Elektrodynamik eine grundlegende Rolle. Betrachtet werden **Vektorfelder** im $\mathbb{R}^3$

$$\vec{v}\,(x,\,y,\,z) = \begin{pmatrix} v_1\,(x,\,y,\,z) \\ v_2\,(x,\,y,\,z) \\ v_3\,(x,\,y,\,z) \end{pmatrix} \;:\; \mathbb{D} \subset \mathbb{R}^3 \to \mathbb{R}^3 .$$

Ein Vektorfeld ordnet jedem Punkt $P(x,y,z)$ des dreidimensionalen Raumes einen Vektor zu. Die elektrische Feldstärke $\vec{E}\,(x,\,y,\,z)$, die magnetische Induktion $\vec{B}\,(x,\,y,\,z)$ oder das Geschwindigkeitsprofil $\vec{v}\,(x,\,y,\,z)$ eines strömenden Mediums sind Beispiele für Vektorfelder. Physikalische Gesetze lassen sich durch Differenziation und Integration dieser Vektorfelder formulieren.

Die Vektoranalysis behandelt Rechenoperationen mit Vektorfeldern: Für die Differenziation werden neben dem *Gradienten* noch zwei weitere, grundlegende Operationen benötigt, die *Divergenz* und die *Rotation*. Für die Integration werden die *Integralsätze von Gauß* und *Stokes* bereitgestellt. Die physikalische Bedeutung der Differenzialoperatoren wird durch die Interpretation der Integralsätze ersichtlich. Daher diskutieren wir den Begriff der Divergenz zusammen mit dem Satz von Gauß und die Rotation zusammen mit dem Satz von Stokes.

Ein Vektorfeld $\vec{v}\colon \mathbb{D} \subset \mathbb{R}^3 \to \mathbb{R}^3$ heißt *stetig* bzw. *(partiell) differenzierbar*, wenn diese Eigenschaften für jede Komponente von $\vec{v}$ zutreffen. Im Folgenden seien die Vektorfelder immer stetig partiell differenzierbar. Neben den Vektorfeldern spielen auch skalare Funktionen (**Skalarfelder**)

$$f\,(x,\,y,\,z) \;:\; \mathbb{D} \subset \mathbb{R}^3 \to \mathbb{R}$$

eine Rolle, weil sich die *Gradientenfelder* als Gradient solcher skalaren Größen darstellen lassen

$$\operatorname{grad}\,(f) = \begin{pmatrix} \frac{\partial}{\partial x}\,f\,(x,\,y,\,z) \\ \frac{\partial}{\partial y}\,f\,(x,\,y,\,z) \\ \frac{\partial}{\partial z}\,f\,(x,\,y,\,z) \end{pmatrix} = \begin{pmatrix} \partial_x\,f\,(x,\,y,\,z) \\ \partial_y\,f\,(x,\,y,\,z) \\ \partial - z\,f\,(x,\,y,\,z) \end{pmatrix} .$$

Statt der ausführlichen Schreibweise $\frac{\partial}{\partial x}$, $\frac{\partial}{\partial y}$ bzw. $\frac{\partial}{\partial z}$ wird oftmals auch nur die Kurzschreibweise ∂_x, ∂_y bzw. ∂_z verwendet. Für $\operatorname{grad}\,(f)$ findet man auch oft die Bezeichnung ∇f mit dem Nabla-Operator ∇.

Die Integralsätze bilden eine Verallgemeinerung des Fundamentalsatzes der Differenzial- und Integralrechnung $\int_a^b f'\,(x)\,dx = f\,(b) - f\,(a)$: Das bestimmte Integral im Intervall $[a,\,b]$ wird berechnet, indem nur Funktionswerte am Rand von $[a, b]$ ausgewertet werden. Die Integralsätze führen gewisse Gebietsintegrale auf Randintegrale zurück: Der Gaußsche Satz führt ein Volumenintegral auf ein Oberflächenintegral und der Stokesche Satz ein Flächenintegral auf ein Kurvenintegral zurück.

21.1 Divergenz und Satz von Gauß

21.1.1 Die Divergenz

Sei $\vec{v}$ das Geschwindigkeitsfeld einer strömenden Flüssigkeit, das in einem Gebiet $G \subset \mathbb{R}^3$ gegeben ist. O sei die Oberfläche des Gebiets. Nach dem Kapitel über Oberflächenintegrale (siehe Abschnitt 20.6) gibt dann das Integral

$$\oiint\limits_{(O)} \vec{v}\, d\vec{O} = \oiint\limits_{(O)} \vec{v}\, \vec{n}\, dA$$

den Nettofluss der Flüssigkeit durch die Oberfläche O an. Statt $d\vec{O}$ schreibt man oftmals auch $\vec{n}\, dA$, wenn $\vec{n}$ der nach außen gerichtete Normaleneinheitsvektor und dA das Flächenelement darstellt. Ist das Integral positiv, dann sagt man, im Gebiet G befinden sich *Quellen*, ist es negativ, befinden sich im Gebiet G *Senken*. Im Folgenden werden wir eine einfache Berechnungsmethode finden, wie durch geeignete Differenziation des Vektorfeldes $\vec{v}$ die Quellen berechenbar sind, ohne dabei das Oberflächenintegral auswerten zu müssen.

Das Oberflächenintegral $\oiint\limits_{(O)} \vec{v}\, d\vec{O}$ lässt nur eine globale Aussage im Sinne einer Gesamtbilanz über das ganze Gebiet G zu. Um eine lokale Aussage über die Eigenschaften des Geschwindigkeitsfeldes $\vec{v}$ in einem Punkt P zu erhalten, wählen wir um P ein Volumen V mit Oberfläche O und lassen das Volumen gegen Null gehen.

> **Definition: (Divergenz).** Man nennt den Grenzwert (das Volumen um den Punkt P geht gegen Null) die **lokale Quellendichte** oder **Divergenz** von $\vec{v}$ in P und schreibt:
>
> $$\operatorname{div} \vec{v}\Big|_{P} = \lim_{\Delta V \to 0} \frac{1}{\Delta V} \oiint\limits_{(O)} \vec{v}\, \vec{n}\, dA, \qquad (*)$$
>
> wobei O die Oberfläche des Volumens V ist.

Zur Berechnung des Oberflächenintegrals setzen wir zur Vereinfachung der Notation den Punkt P in den Ursprung und wählen als Gebiet einen Quader mit Mittelpunkt P und den Kantenlängen $2\,\Delta x$, $2\,\Delta y$, $2\,\Delta z$ (siehe Abb. 21.1).

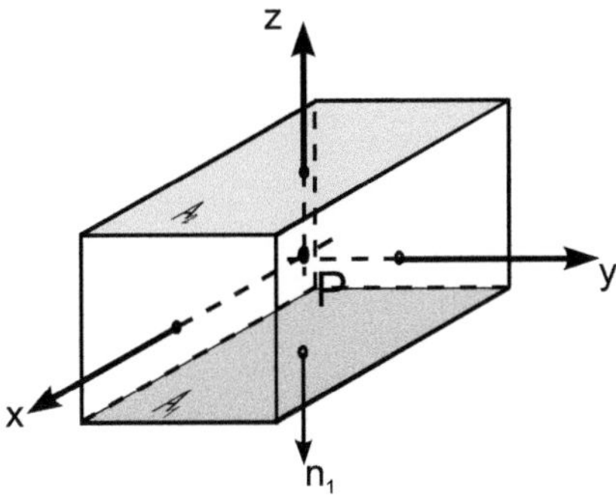

Abb. 21.1. Fluss durch Fläche A_1 und A_2

Den Gesamtfluss der Masse aus dem Quader bilanzieren wir, indem wir den Fluss durch jeweils zwei gegenüberliegende Flächen bestimmen. Für den Fluss durch die Flächen A_1 und A_2 gilt:

$$\Phi_z = \iint\limits_{(A_1)} \vec{v}\,\vec{n}_1\, dA_1 + \iint\limits_{(A_2)} \vec{v}\,\vec{n}_2\, dA_2.$$

Die Fläche A_1 bei $z = -\Delta z$ hat die Normale $\vec{n}_1 = \begin{pmatrix} 0 \\ 0 \\ -1 \end{pmatrix} = -\vec{e}_3$. D.h.

$\vec{v}\,\vec{n}_1 = -\vec{v}\,\vec{e}_3 = -v_3$. Das Flächenelement ist $dx\,dy$ (kartesische Koordinaten). Daher gilt mit $-\Delta x \le x \le \Delta x$, $-\Delta y \le y \le \Delta y$:

$$\iint\limits_{(A_1)} \vec{v}\,\vec{n}_1\, dA_1 = \int_{y=-\Delta y}^{\Delta y} \int_{x=-\Delta x}^{\Delta x} -\vec{v}\,\vec{e}_3\, dx\,dy$$

$$= -\int_{y=-\Delta y}^{\Delta y} \int_{x=-\Delta x}^{\Delta x} v_3\,(x,\, y,\, -\Delta z)\, dx\,dy.$$

Analog erhält man für das zweite Oberflächenintegral an der Stelle $z = \Delta z$ mit $\vec{n}_2 = -\vec{n}_1 = \vec{e}_3$:

$$\iint\limits_{(A_2)} \vec{v}\,\vec{n}_2\, dA_2 = \int_{y=-\Delta y}^{\Delta y} \int_{x=-\Delta x}^{\Delta x} v_3\,(x,\, y,\, \Delta z)\, dx\,dy.$$

Somit gilt für die Summe

$$\Phi_z = \int_{-\Delta y}^{\Delta y} \int_{-\Delta x}^{\Delta x} (v_3\,(x,\, y,\, \Delta z) - v_3\,(x,\, y,\, -\Delta z))\, dx\,dy.$$

Linearisiert man die Funktion v_3 für kleine Δz bezüglich der Variablen z

$$v_3\,(x,\, y,\, \Delta z) - v_3\,(x,\, y,\, -\Delta z) \approx \frac{\partial}{\partial z} v_3\,(x,\, y,\, 0) \cdot 2\,\Delta z$$

$$\Rightarrow \ \Phi_z \approx \int_{-\Delta y}^{\Delta y} \int_{-\Delta x}^{\Delta x} \frac{\partial}{\partial z} \, v_3 \, (x, \, y, \, 0) \cdot 2 \, \Delta z \cdot dx \, dy.$$

Nach dem Mittelwertsatz der Integralrechnung (siehe Band 2, Kapitel 8.2) kann die Funktion $\frac{\partial}{\partial z} \, v_3 \, (x, \, y, \, 0)$ aus dem Integral gezogen werden, wenn sie an einer geeigneten Zwischenstelle $(\xi_1, \, \eta_1)$ mit $-\Delta x \leq \xi_1 \leq \Delta x$ und $-\Delta y \leq \eta_1 \leq \Delta y$ ausgewertet wird

$$\Phi_z \approx \frac{\partial}{\partial z} \, v_3 \, (\xi_1, \, \eta_1, \, 0) \cdot \int_{-\Delta y}^{\Delta y} \int_{-\Delta x}^{\Delta x} 2 \, \Delta z \cdot dx \, dy$$

$$\approx \frac{\partial}{\partial z} \, v_3 \, (\xi_1, \, \eta_1, \, 0) \, 2 \Delta z \, 2 \Delta x \, 2 \Delta y.$$

Entsprechende Ausdrücke erhält man für die beiden anderen gegenüberliegenden Seitenpaare Φ_x und Φ_y. Der Gesamtfluss aus dem Quader ist durch die Summe der Beiträge von Φ_x, Φ_y und Φ_z gegeben. Mit $\Delta V = 8 \, \Delta x \, \Delta y \, \Delta z$ gilt somit

$$\left. \operatorname{div} \vec{v} \, \right|_{P_0} \ = \ \lim_{\Delta V \to 0} \frac{1}{\Delta V} \, (\Phi_x + \Phi_y + \Phi_z)$$

$$= \ \lim_{\Delta V \to 0} \frac{1}{8 \, \Delta x \, \Delta y \, \Delta z} \, 8 \, \Delta x \, \Delta y \, \Delta z$$

$$\cdot \left[\frac{\partial v_3}{\partial z} \, (\xi_1, \, \eta_1, \, 0) + \frac{\partial v_1}{\partial x} \, (0, \, \eta_2, \, \tau_2) + \frac{\partial v_2}{\partial y} \, (\xi_3, \, 0, \, \tau_3) \right]$$

mit $-\Delta x \leq \xi_1, \xi_3 \leq \Delta x$, $-\Delta y \leq \eta_1, \eta_2 \leq \Delta y$, $-\Delta z \leq \tau_2, \tau_3 \leq \Delta z$. Für $\Delta V \to 0$ (d.h. $\Delta x \to 0$, $\Delta y \to 0$, $\Delta z \to 0$) streben alle Punkte im Quader gegen P. Insbesondere gilt für die Zwischenpunkte: $\xi_1, \, \xi_3, \, \eta_1, \, \eta_2, \, \tau_2, \, \tau_3 \to 0$.

Man kann allgemein zeigen, dass der Grenzwert für jeden Punkt P des Definitionsbereichs des Vektorfeldes $\vec{v}$ existiert und unabhängig vom gewählten Gebiet (bzw. Oberfläche) ist:

Divergenz

Die skalare Funktion

$$\operatorname{div} (\vec{v}) = \frac{\partial v_1}{\partial x} \, (x, \, y, \, z) + \frac{\partial v_2}{dy} \, (x, \, y, \, z) + \frac{\partial v_3}{\partial z} \, (x, \, y, \, z)$$

ist die **Divergenz** des differenzierbaren Vektorfeldes $\vec{v}$ im Punkte $(x, \, y, \, z)$.

Die Divergenz $\operatorname{div}(\vec{v})$ **eines Vektorfeldes** $\vec{v}$ **gibt die lokale Quellendichte von** $\vec{v}$ **im Punkt** $P \, (x, \, y, \, z)$ **an.** Ist $\operatorname{div}(\vec{v}) = 0$, dann hat das Vektorfeld keine lokalen Quellen. Die Divergenz eines Vektorfeldes $\vec{v}$ ist kein Vektorfeld, sondern ein *skalares* Feld.

Beispiele 21.1:

① Für $\vec{v} = \begin{pmatrix} x^2 - y\,z \\ y^2 - z\,x \\ z^2 - x\,y \end{pmatrix}$ ist die Divergenz

$$\operatorname{div}(\vec{v}) = \frac{\partial v_1}{\partial x} + \frac{\partial v_2}{\partial y} + \frac{\partial v_3}{\partial z}$$

$$= \frac{\partial}{\partial x}\left(x^2 - y\,z\right) + \frac{\partial}{\partial y}\left(y^2 - z\,x\right) + \frac{\partial}{\partial z}\left(z^2 - x\,y\right)$$

$$= 2\,x + 2\,y + 2\,z.$$

Im Punkte $P\,(1,\,3,\,2)$ hat die Divergenz den Wert $\operatorname{div} \vec{v}\big|_{P} = 2+6+4 = 12$.

② Gesucht ist die lokale Quellendichte (=Ladungsdichte) $\rho\,(x,\,y,\,z)$, welche das elektrische Feld $\vec{E} = \begin{pmatrix} \frac{1}{3}\,x^3 + y \\ (z+1)\,y \\ z^2\,(x-y) + 2\,z \end{pmatrix}$ erzeugt:

$$\rho\,(x,\,y,\,z) = \operatorname{div}(\vec{E})$$

$$= \frac{\partial}{\partial x}\left(\frac{1}{3}\,x^3 + y\right) + \frac{\partial}{\partial y}\left((z+1)\,y\right) + \frac{\partial}{\partial z}\left(z^2\,(x-y) + 2\,z\right)$$

$$= x^2 + (z+1) + 2\,z\,(x-y) + 2.$$

Die Quellendichte ist im Ursprung ist $\rho\,(0,\,0,\,0) = 3$. $\qquad\qquad\square$

21.1.2 Gaußscher Integralsatz

Sei $G \subset \mathbb{R}^3$ ein beschränktes Gebiet, das in Teilgebiete G_k mit Volumina ΔV_k aufgeteilt ist, die jeweils die Punkte P_k enthalten. Die zum Teilgebiet G_k gehörende Oberfläche sei A_k. Dann ist der Fluss durch das Gebiet G_k: $\Delta V_k \ \operatorname{div} \vec{v}\big|_{P_k} \approx \oiint\limits_{(A_k)} \vec{v}\,\vec{n}\,dA \quad (k=1,\dots,n)$. Grenzen zwei Teilgebiete G_k und G_l aneinander, so heben sich die Flüsse an benachbarten Flächen auf, da die nach außen gerichteten Normalen der gemeinsamen Flächen entgegengesetzt sind. Anschaulich bedeutet dies, dass der Fluss durch das Gebiet G_k und G_l durch Bilanzierung der äußeren Flächen bestimmt ist!

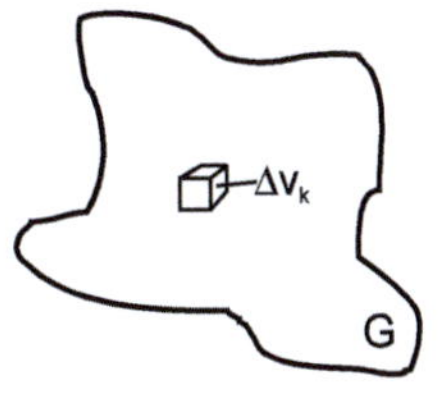

Abb. 21.2.

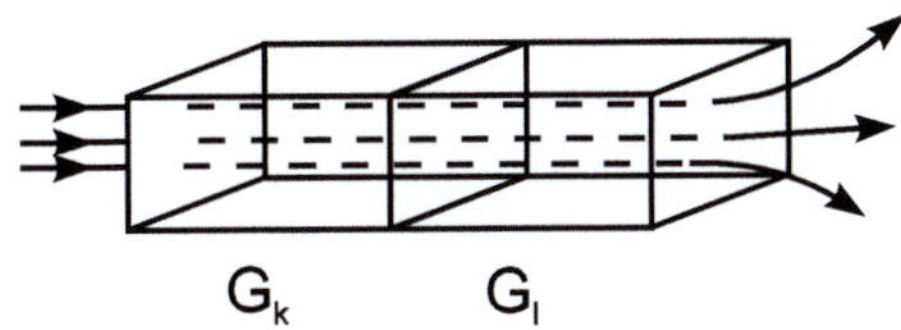

Abb. 21.3. Fluss durch zwei angrenzende Gebiete

Durch Summation über alle Teilgebiete erhält man

$$\sum_{k=1}^{n} \operatorname{div}\vec{v}\Big|_{P_k} \cdot \Delta V_k \approx \oiint_{(A)} \vec{v}\, d\vec{A}$$

und nach Grenzübergang $n \to \infty$ (d.h. beliebig feiner Unterteilung $\Delta V_k \to 0$):

$$\iiint_{(V)} \operatorname{div}(\vec{v})\, dV = \oiint_{(A)} \vec{v}\,\vec{n}\, dA.$$

Diese Integralbeziehung bezeichnet man als den *Gaußschen Satz*: Der Fluss eines Vektorfeldes $\vec{v}$ durch eine geschlossene Oberfläche A ist gleich dem Dreifachintegral über die Quellendichte $\operatorname{div}(\vec{v})$ in dem eingeschlossenen Volumen.

Gaußscher Integralsatz: Divergenzsatz

Sei $G \subset \mathbb{R}^3$ ein räumliches Gebiet mit Oberfläche $A = \partial V$. $\vec{n}$ sei die auf der Oberfläche A nach außen zeigende Normale der Länge 1 und $\vec{v}\,(x, y, z)$ ein Vektorfeld. Dann gilt

$$\iiint_{(V)} \operatorname{div}(\vec{v})\, dV = \oiint_{(\partial V)} \vec{v}\,\vec{n}\, dA.$$

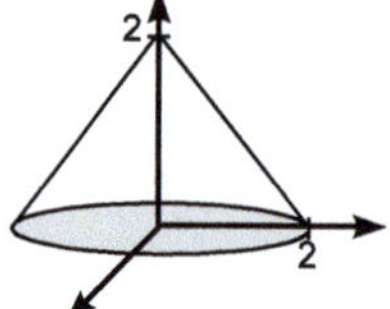

Abb. 21.4. Kegel

Beispiel 21.2. Gegeben ist das Geschwindigkeitsfeld

$$\vec{v} = \begin{pmatrix} x - z \\ x^3 + y\,z \\ -3 + y \end{pmatrix}.$$

Gesucht ist der Fluss Φ durch die Kegeloberfläche mit Höhe $h = 2$ und Radius $R = 2$:

$$\Phi = \oiint_{(\partial V)} \vec{v}\,\vec{n}\, dA = \iiint_{(V)} \operatorname{div}(\vec{v})\, dV.$$

Die Divergenz $\operatorname{div}(\vec{v})$ des Geschwindigkeitsfeldes ist

$$\operatorname{div}(\vec{v}) = \frac{\partial}{\partial x}\,(x - z) + \frac{\partial}{\partial y}\,(x^3 + y\,z) + \frac{\partial}{\partial z}\,(-3 + y) = 1 + z.$$

Führen wir Zylinderkoordinaten

$$x = r\,\cos\varphi$$
$$y = r\,\sin\varphi$$
$$z = z$$

ein, ist die Parametrisierung des Volumens ($R = 2$)

φ-Integration : $0 \leq \varphi \leq 2\pi$
z-Integration : $0 \leq z \leq R - r$ bei gegebenem r,
r-Integration : $0 \leq r \leq R$.

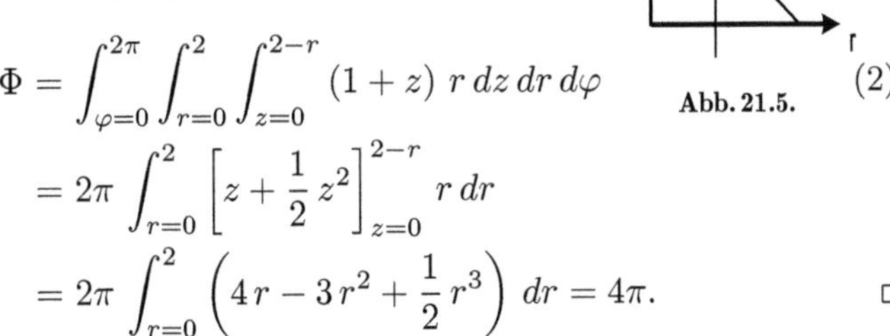

$$\Phi = \int_{\varphi=0}^{2\pi} \int_{r=0}^{2} \int_{z=0}^{2-r} (1 + z)\, r\, dz\, dr\, d\varphi \qquad (2)$$

$$= 2\pi \int_{r=0}^{2} \left[z + \frac{1}{2}\, z^2 \right]_{z=0}^{2-r} r\, dr$$

$$= 2\pi \int_{r=0}^{2} \left(4r - 3r^2 + \frac{1}{2}\, r^3 \right) dr = 4\pi. \qquad \square$$

Abb. 21.5.

Beispiel 21.3. Gegeben ist das elektrische Feld $\vec{E} = \begin{pmatrix} \frac{1}{3}\, x^3 + y \\ z + 1 \\ x - y \end{pmatrix}$. Gesucht ist
der elektrische Fluss durch die Kugeloberfläche mit Radius R.

Der elektrische Fluss durch die Oberfläche ist nach dem Gaußschen Integralsatz

$$\Phi = \oiint_{(A)} \vec{E}\, \vec{n}\, dA = \iiint_{(V)} \mathrm{div}(\vec{E})\, dV.$$

Führen wir zur Beschreibung des Dreifachintegrals Kugelkoordinaten ein

$$x = r\, \cos\varphi\, \cos\vartheta,$$
$$y = r\, \sin\varphi\, \cos\vartheta,$$
$$z = r\, \sin\vartheta,$$

ist mit

$$\mathrm{div}(\vec{E}) = x^2 = r^2\, \cos^2\varphi\, \cos^2\vartheta$$

das Volumenintegral

$$\iiint_{(V)} \mathrm{div}(\vec{E})\, dV = \int_{r=0}^{R} \int_{\vartheta=-\frac{\pi}{2}}^{\frac{\pi}{2}} \int_{\varphi=0}^{2\pi} r^2\, \cos^2\varphi\, \cos^2\vartheta\, r^2\, \cos\vartheta\, d\varphi\, d\vartheta\, dr.$$

Mit den Integralen

$$\int \cos(x)^2\, dx = \frac{1}{2}\, \cos(x) \sin(x) + \frac{1}{2} x$$

$$\int \cos(x)^3\, dx = \frac{1}{3}\, \cos(x)^2 \sin(x) + \frac{2}{3}\, \sin(x)$$

erhalten wir schließlich das Endergebnis

$$\iiint_{(V)} \mathrm{div}(\vec{E})\, dV = \frac{4}{15}\, R^5\, \pi. \qquad \square$$

Beispiel 21.4: Die Gesamtladung Q in einem räumlichen Gebiet V mit Oberfläche A ist bei einer Ladungsdichte $\rho(x, y, z)$ gegeben durch

$$Q = \iiint\limits_{(V)} \rho(x, y, z)\, dV \approx \oiint\limits_{(A)} \vec{E}\, \vec{n}\, dA.$$

Der elektrische Fluss durch die Oberfläche A entspricht bis auf die Konstante ε_0 der im Gebiet V eingeschlossenen Ladung

$$Q = \iiint\limits_{(V)} \rho(x, y, z)\, dV = \varepsilon_0 \oiint\limits_{(A)} \vec{E}\, \vec{n}\, dA. \tag{1}$$

Nach dem Gaußschen Integralsatz ist aber das Oberflächenintegral

$$Q = \varepsilon_0 \oiint\limits_{(A)} \vec{E}\, \vec{n}\, dA = \varepsilon_0 \iiint\limits_{(V)} \operatorname{div}(\vec{E})\, dV. \tag{2}$$

Durch die Gleichheit der Integrale (1) und (2) für jedes Volumen V folgt mit dem Mittelwertsatz der Integralrechnung die Gleichheit der Integranden

$$\boxed{\varepsilon_0 \operatorname{div}(\vec{E}) = \rho.}$$

Die Quellen des elektrischen Feldes stellen die Ladungsdichten dar. $\quad\square$

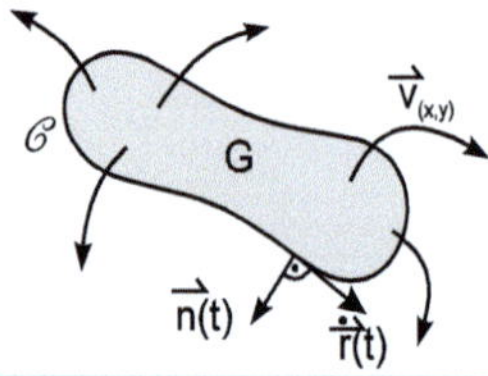

Zum Abschluss dieses Abschnitts sei noch notiert, dass der Gaußsche Integralsatz auch für *ebene* Gebiete sinngemäß gültig ist:

Gaußscher Integralsatz in der Ebene

Sei $G \subset \mathbb{R}^2$ ein ebenes Gebiet mit der Randkurve $\mathcal{C}$ und $\vec{v}(x, y) := \begin{pmatrix} v_1(x, y) \\ v_2(x, y) \end{pmatrix}$ ein zweidimensionales Vektorfeld, dann gilt

$$\iint\limits_{(G)} \operatorname{div}(\vec{v})\, dx\, dy = \oint\limits_{(\mathcal{C})} \vec{v}(\vec{r}(t))\, \vec{n}\, dt\, ,$$

wenn $\vec{r}(t) = \begin{pmatrix} x(t) \\ y(t) \end{pmatrix}$ eine Parametrisierung der Kurve $\mathcal{C}$ und $\vec{n}(t) = \begin{pmatrix} \dot{y}(t) \\ -\dot{x}(t) \end{pmatrix}$ der nach außen gerichtete Normalenvektor auf $\vec{r}'(t)$ ist.

21.2 Rotation und Satz von Stokes

21.2.1 Die Rotation

Zur Bestimmung der lokalen Quellen eines Vektorfeldes wird der Divergenzbegriff eingeführt. Die Berechnung der Wirbel eines Vektorfeldes führt auf den Begriff der *Rotation*. Grob gesprochen bestimmt man die Quellen in einem Volumen, indem der Fluss durch seine Oberfläche berechnet wird. Um die *Wirbel* (*Zirkulation*) in einer Fläche A zu beschreiben, wird das Vektorfeld entlang der Randkurve $\mathcal{C}$ integriert.

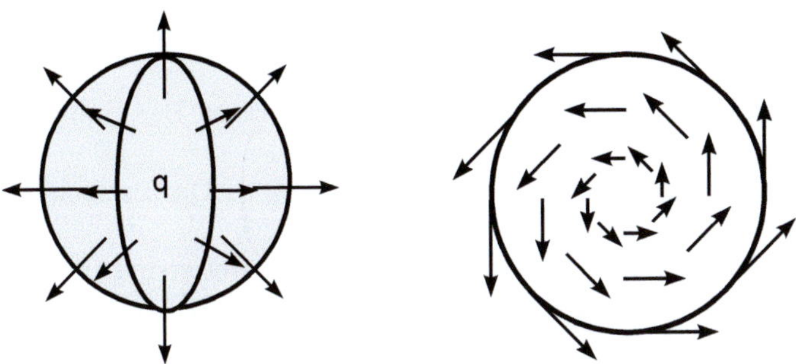

Divergenz = lokale Quellendichte   Rotation = lokale Wirbeldichte

Abb. 21.6. Divergenz und Rotation

Sei $\vec{v}$ wieder ein Geschwindigkeitsfeld einer strömenden Flüssigkeit. $\mathcal{C}$ sei eine geschlossene Kurve um einen Punkt P. Dann ist das Linienintegral

$$\oint_{(\mathcal{C})} \vec{v}\, d\vec{r} = \oint_{(\mathcal{C})} \vec{v}\,(\vec{r}\,(t)) \cdot \vec{r}\,'(t)\, dt$$

ein Maß für die Zirkulation der Flüssigkeit **in der Umgebung des Punktes** P. Man beachte, dass $\vec{r}\,'(t)$ tangential zur Kurve $\mathcal{C}$ steht und somit $\vec{v}\,(\vec{r}\,(t)) \cdot \vec{r}\,'(t)$ die Komponente von $\vec{v}$ entlang der Kurve angibt.

Um eine lokale Aussage **am Punkte** P zu erhalten, wählen wir eine Fläche A durch den Punkt P mit Randkurve $\mathcal{C}$ und dem Flächen-Normalenvektor $\vec{n}$. ($\vec{n}$ steht senkrecht zu A.) Die Orientierung von $\mathcal{C}$ und $\vec{n}$ seien so gewählt, dass sie eine Rechtsschraube bilden.

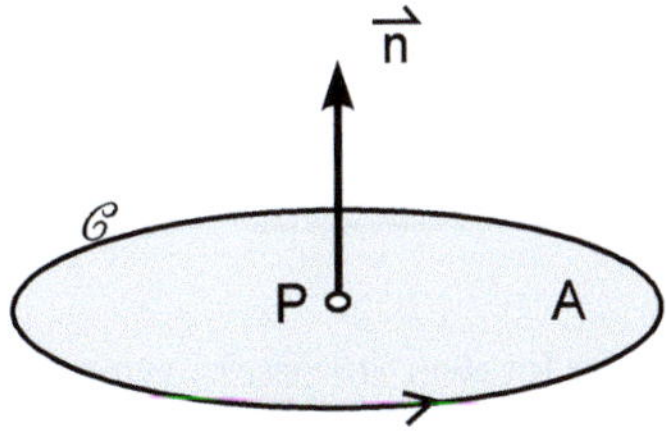

Abb. 21.7. Fläche A mit Randkurve $\mathcal{C}$ und Normale $\vec{n}$

> **Definition: (Rotation).** Die **Rotation** (**Wirbeldichte, lokale Zirkulation**) des Vektorfeldes $\vec{v}$ im Punkt P ist ein Vektor $\mathrm{rot}(\vec{v})$, dessen Komponente in Richtung $\vec{n}$ festgelegt ist durch
>
> $$\vec{n} \cdot \mathrm{rot}(\vec{v}) = \lim_{A \to 0} \frac{1}{A} \oint_{(\mathcal{C})} \vec{v}\, d\vec{r}.$$

Durch geeignete Wahl der Fläche A erhält man alle Komponenten von $\mathrm{rot}(\vec{v})$. Man kann unter gewissen Voraussetzungen zeigen, dass die Definition der Rotation unabhängig von der speziellen Wahl der Fläche A ist.

Im Folgenden bestimmen wir eine Formel zur direkten Berechnung der Rotation $\mathrm{rot}(\vec{v})$ für ein gegebenes Vektorfeld $\vec{v} = \begin{pmatrix} v_x \\ v_y \\ v_z \end{pmatrix}$. Dazu setzen wir voraus, dass die partiellen Ableitungen des Vektorfeldes $\vec{v}$ stetig sind. Wir betrachten als Punkt P den Ursprung und als Fläche A ein Rechteck mit Mittelpunkt P und Kantenlängen $2\Delta x$ bzw. $2\Delta y$.

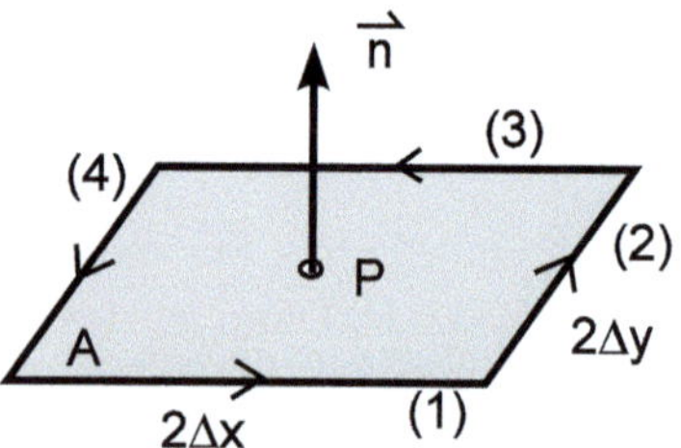

Abb. 21.8. Zirkulation in z-Richtung

Dann ist $\vec{n} = \vec{e}_z$ und $\vec{n} \cdot \mathrm{rot}(\vec{v}) = (\mathrm{rot}(\vec{v}))_z$ die z-Komponente der Rotation. Das Linienintegral über die Randkurve $\mathcal{C}$ spaltet sich in vier Teilintegrale auf:

$$(\mathrm{rot}\,\vec{v})_z = \lim_{\Delta x, \Delta y \to 0} \frac{1}{4\,\Delta x\,\Delta y} \left\{ \underbrace{\int_{-\Delta x}^{\Delta x} v_x\,(t, -\Delta y, 0)\,dt}_{(1)} + \underbrace{\int_{-\Delta y}^{\Delta y} v_y\,(\Delta x, t, 0)\,dt}_{(2)} \right. $$

$$\left. \underbrace{\int_{\Delta x}^{-\Delta x} v_x\,(t, \Delta y, 0)\,dt}_{(3)} + \underbrace{\int_{\Delta y}^{-\Delta y} v_y\,(-\Delta x, t, 0)\,dt}_{(4)} \right\}.$$

Man beachte, dass die beiden letzten Integrale von $x = \Delta x$ bis $-\Delta x$ bzw. von $y = \Delta y$ bis $-\Delta y$ gehen. Durch Vertauschen der Integrationsgrenzen bekommen diese Integrale ein negatives Vorzeichen. Mit der Linearisierung von v_x

bezüglich der zweiten und von v_y bezüglich der ersten Variablen

$$v_x\left(t, -\Delta y, 0\right) - v_x\left(t, \Delta y, 0\right) \quad \approx \quad -\frac{\partial v_x}{\partial y}\left(t, 0, 0\right) \cdot 2\,\Delta y$$

$$v_y\left(\Delta x, t, 0\right) - v_y\left(-\Delta x, t, 0\right) \quad \approx \quad \frac{\partial v_y}{\partial x}\left(0, t, 0\right) \cdot 2\,\Delta x$$

folgt für die z-Komponente der Rotation

$$\left(\mathrm{rot}\,\vec{v}\right)_z \approx \frac{1}{4\,\Delta x\,\Delta y}\left\{\int_{-\Delta x}^{\Delta x} -\frac{\partial v_x}{\partial y}\left(t,0,0\right)2\Delta y\,dt + \int_{-\Delta y}^{\Delta y}\frac{\partial v_y}{\partial x}\left(0,t,0\right)2\Delta x\,dy\right\}.$$

Nach dem Mittelwertsatz der Integralrechnung (siehe Band 2, Kapitel 8.2) kann die Funktion $\frac{\partial}{\partial y}v_x\left(t, 0, 0\right)$ aus dem Integral gezogen werden, wenn sie an einer geeigneten aber unbekannten Zwischenstelle $-\Delta x \leq \xi_1 \leq \Delta x$ ausgewertet wird. Analoges gilt für $\frac{\partial}{\partial x}v_y\left(0, t, 0\right)$ für eine Zwischenstelle $-\Delta y \leq \eta_1 \leq \Delta y$.

$$\Rightarrow \left(\mathrm{rot}\,\vec{v}\right)_z \approx \frac{1}{4\,\Delta x\,\Delta y}\left\{-\frac{\partial v_x}{\partial y}\left(\xi_1,0,0\right)2\Delta x\,2\Delta y + \frac{\partial v_y}{\partial x}\left(0,\eta_1,0\right)2\Delta x\,2\Delta y\right\}.$$

Für $\Delta x \to 0$ und $\Delta y \to 0$ gehen alle Punkte der Fläche gegen den Ursprung $(\Rightarrow \xi_1 \to 0,\ \eta_1 \to 0)$, so dass

$$\left(\mathrm{rot}\,\vec{v}\right)_z = \lim_{\Delta x,\Delta y\to 0}\oint_{(C)}\vec{v}\,d\vec{r} = -\left.\frac{\partial v_x}{\partial y}\right|_P + \left.\frac{\partial v_y}{\partial x}\right|_P.$$

Analog erhält man die erste und zweite Komponente der Rotation, indem man Flächen in der (y, z)- bzw. (x, z)-Ebene wählt. Zusammenfassend gilt:

Rotation

Sei $\vec{v}(x,y,z) = \begin{pmatrix} v_x(x,y,z) \\ v_y(x,y,z) \\ v_z(x,y,z) \end{pmatrix}$ ein stetig differenzierbares Vektorfeld.

Dann ist

$$\mathrm{rot}(\vec{v}) = \begin{pmatrix} \dfrac{\partial v_z}{\partial y} - \dfrac{\partial v_y}{\partial z} \\[1em] \dfrac{\partial v_x}{\partial z} - \dfrac{\partial v_z}{\partial x} \\[1em] \dfrac{\partial v_y}{\partial x} - \dfrac{\partial v_x}{\partial y} \end{pmatrix}$$

die **Rotation** des Vektorfeldes $\vec{v}(x,y,z)$ im Punkt $(x,\,y,\,z)$.

Die Rotation $\mathrm{rot}(\vec{v})$ **des Vektorfeldes** $\vec{v}$ **gibt die lokale Zirkulation (Wirbeldichte) von** $\vec{v}$ **im Punkte** $P\left(x,\,y,\,z\right)$ **an.** Ist $\mathrm{rot}(\vec{v}) = \vec{0}$, dann hat das Vektorfeld keine lokalen Wirbel und man nennt es **wirbelfrei**.

Ersetzt man im Hauptsatz für Linienintegrale (siehe Satz 20.1 auf Seite 216) die Integrabilitätsbedingung durch die Rotation, gilt:

Satz 21.1: Linienintegrale

In einem einfach zusammenhängenden Gebiet sind folgende drei Bedingungen gleichwertig:

(1) $\displaystyle\int_{(C)} \vec{v}\,d\vec{r}$ ist wegunabhängig.

(2) $\displaystyle\oint \vec{v}\,d\vec{r} = 0$.

(3) $\mathrm{rot}(\vec{v}) = \vec{0}$.

Bemerkung: Zur Berechnung der Rotation in kartesischen Koordinaten verwenden wir symbolisch die Determinante, die wir nach der ersten Spalte entwickeln:

$$\mathrm{rot}(\vec{v}) = \begin{vmatrix} \vec{e}_x & \partial_x & v_x \\ \vec{e}_y & \partial_y & v_y \\ \vec{e}_z & \partial_z & v_z \end{vmatrix}.$$

Beispiel 21.5. Gesucht ist die Rotation des Vektorfeldes $\vec{v} = \begin{pmatrix} x^2\,y \\ -2\,x\,z \\ 2\,y\,z \end{pmatrix}$:

$$\mathrm{rot}(\vec{v}) = \begin{vmatrix} \vec{e}_x & \partial_x & x^2\,y \\ \vec{e}_y & \partial_y & -2\,x\,z \\ \vec{e}_z & \partial_z & 2\,y\,z \end{vmatrix}$$

$$= \vec{e}_x\,(\partial_y\,2\,y\,z - \partial_z\,(-2\,x\,z)) - \vec{e}_y\,(\partial_x\,2\,y\,z - \partial_z\,x^2\,y)$$
$$+ \vec{e}_z\,(\partial_x\,(-2\,x\,z) - \partial_y\,x^2\,y)$$

$$= \begin{pmatrix} 2\,z + 2\,x \\ 0 \\ -2\,z - x^2 \end{pmatrix}. \qquad\qquad \square$$

Beispiele 21.6:

① Für **radialsymmetrische Kraftfelder** $\vec{k}\,(\vec{r}) = f\,(r)\,\vec{r}$ sind die Integrabilitätsbedingungen erfüllt. Daher gilt für diese Kraftfelder $\mathrm{rot}(\vec{k}\,(\vec{r})) = \vec{0}$.

② Für alle Vektorfelder mit $rot(\vec{k}) = \vec{0}$ sind die Integrabilitätsbedingungen erfüllt. Daher existiert dann immer eine Potenzialfunktion $\Phi\,(x,\,y,\,z)$ mit $\vec{k} = \mathrm{grad}\,(\Phi)$:

$$\mathrm{rot}(\vec{k}) = \vec{0} \;\Rightarrow\; \text{Es gibt } \Phi \text{ mit } \vec{k} = \mathrm{grad}\,(\Phi).$$

③ Gegeben ist das Vektorfeld $\vec{k} = \begin{pmatrix} -\frac{y}{x^2+y^2} \\ \frac{x}{x^2+y^2} \\ 0 \end{pmatrix}$. Man zeige, dass $\mathrm{rot}(\vec{k}) = \vec{0}$. $\square$

Anwendungsbeispiel 21.7 (Rotierender Körper).

Die Geschwindigkeit eines **rotierenden, starren Körpers** ist $\vec{v} = \vec{\omega} \times \vec{r}$. Dabei ist $\vec{\omega}$ der Vektor, dessen Richtung der Drehachse entspricht und dessen Betrag die Winkelgeschwindigkeit angibt.

$$\vec{v} = \vec{\omega} \times \vec{r} = \begin{vmatrix} \vec{e}_x & \omega_x & x \\ \vec{e}_y & \omega_y & y \\ \vec{e}_z & \omega_z & z \end{vmatrix} = \begin{pmatrix} \omega_y\, z - \omega_z\, y \\ \omega_z\, x - \omega_x\, z \\ \omega_x\, y - \omega_y\, x \end{pmatrix}.$$

Mit

$$\mathrm{rot}(\vec{v}) = \begin{vmatrix} e_x & \partial_x & \omega_y\, z - \omega_z\, y \\ e_y & \partial_y & \omega_z\, x - \omega_x\, z \\ e_z & \partial_z & \omega_x\, y - \omega_y\, x \end{vmatrix}$$

erhalten wir die Rotation. Für die x-Komponente ist

$$(\mathrm{rot}\ \vec{v})_x = \partial_y\,(\omega_x\, y - \omega_y\, x) - \partial_z\,(\omega_z\, x - \omega_x\, z) = 2\,\omega_x,$$

usw.

$$\Rightarrow \quad \mathrm{rot}(\vec{v}) = 2\,\vec{\omega}.$$

Bringt man in das Geschwindigkeitsfeld $\vec{v}$ einer strömenden Flüssigkeit einen kleinen Probekörper, der sich frei mitbewegen kann, so ist der Drehvektor $\vec{\omega}$ dieses Körpers $\frac{1}{2}\,\mathrm{rot}(\vec{v})$. $\qquad\square$

21.2.2 Stokescher Integralsatz

Zur Herleitung des Stokeschen Integralsatzes zerlegen wir eine gegebene Fläche A mit Randkurve $\mathcal{C}$ in Teilflächen ΔA_i, $\;i = 1, \ldots, n$. Diese Teilflächen enthalten die Punkte P_i und sind von den Kurven $\mathcal{C}_i$ berandet.

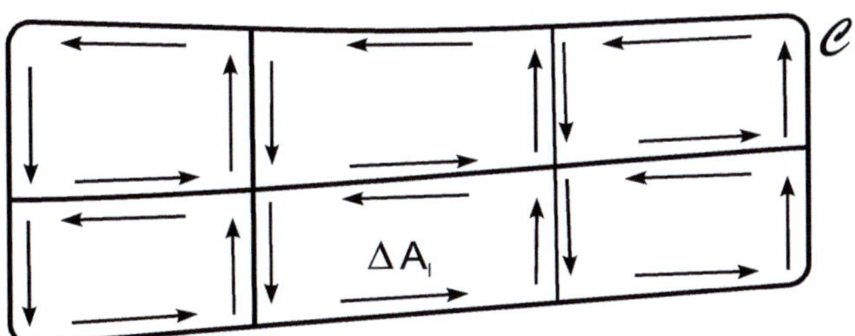

Abb. 21.9. Zum Stokeschen Integralsatz

Dann gilt näherungsweise für die Zirkulation des Vektorfeldes $\vec{v}$ im Flächenelement ΔA_i

$$\mathrm{rot}(\vec{v})\Big|_{P_i} \cdot \Delta \vec{A}_i \approx \oint\limits_{(\mathcal{C}_i)} \vec{v}\, d\vec{r}.$$

Grenzen zwei Teilflächen ΔA_k und ΔA_l aneinander,

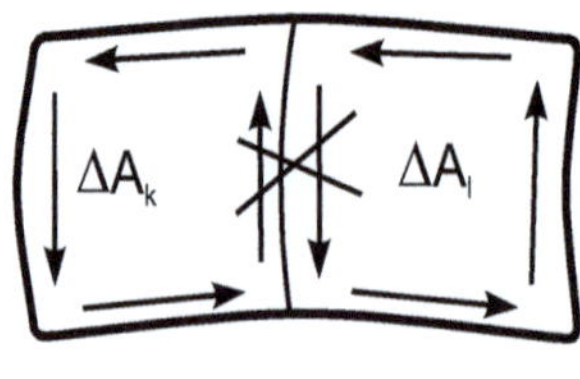

Abb. 21.10.

so heben sich die Beiträge an den Grenzlinien auf, da sie entgegengesetzt orientiert sind. Anschaulich bedeutet dies, dass die Zirkulation in der Fläche ΔA_k und ΔA_l durch die Bilanzierung der äußeren Randkurven bestimmt ist.

Durch Summation über alle Teilflächen erhält man

$$\sum_{k=1}^{n} \mathrm{rot}(\vec{v})\Big|_{P_k} \cdot \Delta \vec{A}_k \approx \oint_{(\mathcal{C})} \vec{v}\, d\vec{r}.$$

Für $n \to \infty$ (d.h. $\Delta \vec{A}_k \to 0$) strebt die Summe $\sum\limits_{k=1}^{n} rot(\vec{v})|_{P_k} \cdot \Delta \vec{A}_k$ gegen das Integral $\iint\limits_{(A)} \mathrm{rot}(\vec{v}) \cdot d\vec{A}$ und man erhält

$$\iint\limits_{(A)} \mathrm{rot}(\vec{v}) \cdot d\vec{A} = \oint\limits_{(\mathcal{C})} \vec{v}\, d\vec{r}.$$

Diese Integralbeziehung bezeichnet man als den *Stokeschen Satz*.

Stokescher Integralsatz: Rotationssatz

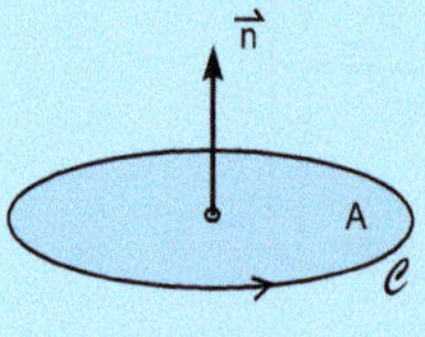

Abb. 21.11.

Sei A eine Fläche mit Randkurve $\mathcal{C}$ und $\vec{v}\,(x,\, y,\, z)$ ein Vektorfeld. Dann gilt:

$$\iint\limits_{(A)} \mathrm{rot}(\vec{v}) \cdot d\vec{A} = \oint\limits_{(\mathcal{C})} \vec{v}\, d\vec{r}.$$

Die Orientierung von $\mathcal{C}$ und die Flächennormale $d\vec{A} = \vec{n}\, dA$ bilden dabei eine Rechtsschraube; das Linienelement lautet $d\vec{r} = \vec{r}\,'(t)\, dt$ mit dem Tangentenvektor $\vec{r}\,'(t)$ auf dem Rand $\mathcal{C}$.

Anwendungsbeispiel 21.8 (Zeitlich veränderliches Magnetfeld).

In einem zeitlich veränderlichen Magnetfeld $\vec{B}$ gilt das Induktionsgesetz

$$U_i = - \iint\limits_{(A)} \frac{\partial \vec{B}}{\partial t}\, d\vec{A}.$$

Die Spannung zwischen zwei Punkten in einem elektrischen Feld $\vec{E}$ ist gegeben durch das Linienintegral entlang $\mathcal{C}$

$$U = \int_{(\mathcal{C})} \vec{E}\, d\vec{r}.$$

Mit dem Stokeschen Satz folgt

$$\iint\limits_{(A)} \operatorname{rot}\,\vec{E}\, d\vec{A} = - \iint\limits_{(A)} \frac{\partial \vec{B}}{\partial t}\, d\vec{A}$$

für jede beliebige Fläche A. Daher muss die Identität schon für die Integranden Gültigkeit besitzen:

$$\operatorname{rot}\vec{E} = - \frac{\partial}{\partial t}\,\vec{B}.$$

$\square$

21.3 Rechnen mit Differenzialoperatoren

In diesem Abschnitt werden wir für skalare Felder und Vektorfelder nochmals wichtige Begriffe zusammenstellen. Eine Funktion $\Phi : \mathbb{R}^3 \to \mathbb{R}$ mit $\Phi\,(x,\, y,\, z)$ heißt **skalares Feld** oder **Skalarfeld**. Beispiele für Skalarfelder sind räumliche Temperaturprofile $T\,(x,\, y,\, z)$ oder Ladungsdichten $\rho\,(x,\, y,\, z)$. Eine Funktion $\vec{k} : \mathbb{R}^3 \to \mathbb{R}^3$ mit

$$\vec{k}\,(x,\, y,\, z) = \begin{pmatrix} k_1\,(x,\, y,\, z) \\ k_2\,(x,\, y,\, z) \\ k_3\,(x,\, y,\, z) \end{pmatrix}$$

heißt **Vektorfeld**. Beispiele für Vektorfelder sind das Magnetfeld $\vec{B}$, das elektrische Feld $\vec{E}$, Kraftfelder $\vec{F}$ oder Geschwindigkeitsfelder $\vec{v}$. Ein Vektorfeld $\vec{k}$ heißt **Potenzialfeld (Gradientenfeld)**, wenn eine Funktion Φ existiert mit $\vec{k} = \operatorname{grad}\,(\Phi)$. Φ heißt dann das **skalare Potenzial**.

Zusammenfassung: Gradient, Divergenz, Rotation

Sei $\Phi(x, y, z)$ ein skalares Feld und $\vec{k}(x, y, z) = \begin{pmatrix} k_1(x, y, z) \\ k_2(x, y, z) \\ k_3(x, y, z) \end{pmatrix}$ ein Vektorfeld.

(1) $\operatorname{grad}(\Phi) = \begin{pmatrix} \partial_x \Phi(x, y, z) \\ \partial_y \Phi(x, y, z) \\ \partial_z \Phi(x, y, z) \end{pmatrix}$ ist der **Gradient** von $\Phi(x, y, z)$. Der Gradient ist ein Vektorfeld.

(2) $\operatorname{div}(\vec{k}) = \partial_x k_1(x, y, z) + \partial_y k_2(x, y, z) + \partial_z k_3(x, y, z)$ ist die **Divergenz** des Vektorfeldes $\vec{k}$. Die Divergenz ist ein skalares Feld.

(3) $\operatorname{rot}(\vec{k}) = \begin{pmatrix} \partial_y k_3(x, y, z) - \partial_z k_2(x, y, z) \\ \partial_z k_1(x, y, z) - \partial_x k_3(x, y, z) \\ \partial_x k_2(x, y, z) - \partial_y k_1(x, y, z) \end{pmatrix}$ ist die **Rotation** des Vektorfeldes $\vec{k}$. Die Rotation ist ein Vektorfeld.

Beispiel 21.9. Gegeben ist die skalare Funktion

$$\Phi(x, y, z) = \frac{1}{\sqrt{x^2 + y^2 + z^2 + 1}}.$$

Der Gradient von Φ ist das Vektorfeld $\vec{k}$

$$\vec{k}(x, y, z) = \operatorname{grad}(\Phi) = \begin{pmatrix} -\dfrac{x}{(x^2+y^2+z^2+1)^{\frac{3}{2}}} \\ -\dfrac{y}{(x^2+y^2+z^2+1)^{\frac{3}{2}}} \\ -\dfrac{z}{(x^2+y^2+z^2+1)^{\frac{3}{2}}} \end{pmatrix}.$$

Die Divergenz des Vektorfeldes $\vec{k}$ führt wiederum auf eine skalare Funktion

$$\operatorname{div}(\vec{k}) = -3\,\frac{1}{(x^2 + y^2 + z^2 + 1)^{\frac{5}{2}}}.$$

Die Rotation des Vektorfeldes $\vec{k}$ ist $\vec{0}$, da $\vec{k}$ ein Gradientenfeld. $\qquad\square$

In der Physik hat sich eine Operatorenschreibweise für grad, div und rot eingebürgert, indem der **Nabla**-Operator ∇ eingeführt wird:

$$\nabla := (\partial_x, \partial_y, \partial_z)^t = \left(\frac{\partial}{\partial x}, \frac{\partial}{\partial y}, \frac{\partial}{\partial z} \right)^t.$$

Formal ist der Nabla-Operator ein Vektor, der immer links der zu differenzierenden Funktion steht. Überträgt man die Multiplikationen aus der Vektorrechnung (skalare Multiplikation $\vec{v}\cdot\alpha$, Skalarprodukt $\vec{v}\cdot\vec{\omega}$, Kreuzprodukt $\vec{v}\times\vec{\omega}$) auf den Nabla-Operator, gilt

$$\begin{aligned} \operatorname{grad}(\Phi) &= \nabla\Phi \\ \operatorname{div}(\vec{k}) &= \nabla\vec{k} \\ \operatorname{rot}(\vec{k}) &= \nabla\times\vec{k}. \end{aligned}$$

Die Zweckmäßigkeit des Nabla-Operators zeigt sich z.B. darin, dass man mit ihm wie mit einem normalen Vektor rechnen kann. Man prüft z.B. direkt nach, dass $\nabla\left(\nabla\times\vec{k}\right)=0$ und $\nabla\times(\nabla\Phi)=0$ gültig ist; was für Vektoren aufgrund der Definition des Kreuzpunktes $\vec{v}\times\vec{\omega}$ offensichtlich ist:

Satz 21.2:

Sei $\vec{k}(x,y,z)$ ein differenzierbares Vektorfeld und $\Phi(x,y\,z)$ ein zweimal stetig differenzierbares skalares Feld. Dann gilt

① $\operatorname{div}(\operatorname{rot}(\vec{k}))=0.$

② $\operatorname{rot}(\operatorname{grad}(\Phi))=\vec{0}.$

① Wir überprüfen die erste Gleichung, indem wir zur Berechnung den Nabla-Operator verwenden:

$$\operatorname{div}(\operatorname{rot}(\vec{k}))=\nabla\cdot(\nabla\times\vec{k})=\nabla\cdot\begin{pmatrix} \partial_y\,k_3(x,y,z)-\partial_z\,k_2(x,y,z) \\ \partial_z\,k_1(x,y,z)-\partial_x\,k_3(x,y,z) \\ \partial_x\,k_2(x,y,z)-\partial_y\,k_1(x,y,z) \end{pmatrix}$$

$$\begin{aligned} &= \partial_x\left(\partial_y\,k_3(x,y,z)-\partial_z\,k_2(x,y,z)\right) \\ &+\partial_y\left(\partial_z\,k_1(x,y,z)-\partial_x\,k_3(x,y,z)\right) \\ &+\partial_z\left(\partial_x\,k_2(x,y,z)-\partial_y\,k_1(x,y,z)\right)=0 \end{aligned}$$

② Wir überprüfen auch die zweite Gleichung, indem wir wieder den Nabla-Operator verwenden und berücksichtigen, dass die gemischten zweiten Ableitungen identisch sind:

$$\operatorname{rot}(\operatorname{grad}(\Phi))=\nabla\times(\nabla\phi)=\nabla\times\begin{pmatrix} \partial_x\Phi \\ \partial_y\Phi \\ \partial_z\Phi \end{pmatrix}$$

$$=\begin{pmatrix} \partial_y\,\partial_z\Phi-\partial_z\,\partial_y\Phi \\ \partial_z\,\partial_x\Phi-\partial_x\,\partial_z\Phi \\ \partial_x\,\partial_y\Phi-\partial_y\,\partial_x\Phi \end{pmatrix}=\vec{0} \qquad \square$$

Für das Differenzieren von Vektorfeldern gelten die folgenden Regeln, die man durch direktes Nachrechnen überprüfen kann. Φ sei stets ein differenzierbares, skalares Feld, $\vec{v}$ und $\vec{\omega}$ differenzierbare Vektorfelder.

$$
\begin{array}{rlcl}
\text{a)} & \operatorname{div}(\vec{v}+\vec{\omega}) & = & \operatorname{div}(\vec{v})+\operatorname{div}(\vec{\omega}) \\
\text{b)} & \operatorname{rot}(\vec{v}+\vec{\omega}) & = & \operatorname{rot}(\vec{v})+\operatorname{rot}(\vec{\omega}) \\
\text{c)} & \operatorname{div}(\Phi\,\vec{v}) & = & \operatorname{grad}(\Phi)\cdot\vec{v}+\Phi\operatorname{div}(\vec{v}) \\
\text{d)} & \operatorname{rot}(\Phi\,\vec{v}) & = & \operatorname{grad}(\Phi)\times\vec{v}+\Phi\operatorname{rot}(\vec{v}) \\
\text{e)} & \operatorname{div}(\vec{v}\times\vec{\omega}) & = & \vec{\omega}\cdot\operatorname{rot}(\vec{v})-\vec{v}\cdot\operatorname{rot}(\vec{\omega}) \\
\text{f)} & \operatorname{rot}(\vec{v}\times\vec{\omega}) & = & \operatorname{div}(\vec{\omega})\,\vec{v}-\operatorname{div}(\vec{v})\,\vec{\omega}+(\vec{\omega}\cdot\nabla)\,\vec{v}-(\vec{v}\cdot\nabla)\,\vec{\omega} \\
\text{g)} & \operatorname{grad}(\vec{v}\cdot\vec{\omega}) & = & \vec{\omega}\times\operatorname{rot}(\vec{v})+\vec{v}\times\operatorname{rot}(\vec{\omega})+(\vec{\omega}\cdot\nabla)\,\vec{v}+(\vec{v}\cdot\nabla)\,\vec{\omega}
\end{array}
$$

Dabei ist

$$
\begin{aligned}
(\vec{\omega}\cdot\nabla)\,\vec{v} &= (\omega_1\,\partial_x+\omega_2\,\partial_y+\omega_3\,\partial_z)\begin{pmatrix} v_1 \\ v_2 \\ v_3 \end{pmatrix} \\
&= \begin{pmatrix} \omega_1\,\partial_x\,v_1+\omega_2\,\partial_y\,v_1+\omega_3\,\partial_z\,v_1 \\ \omega_1\,\partial_x\,v_2+\omega_2\,\partial_y\,v_2+\omega_3\,\partial_z\,v_2 \\ \omega_1\,\partial_x\,v_3+\omega_2\,\partial_y\,v_3+\omega_3\,\partial_z\,v_3 \end{pmatrix}.
\end{aligned}
$$

Zum Abschluss seien noch zwei wichtige Konsequenzen aus der Quellenfreiheit $(\operatorname{div}(\vec{k})=0)$ und aus der Wirbelfreiheit $(\operatorname{rot}(\vec{k})=\vec{0})$ eines Vektorfeldes notiert:

Satz 21.3: Wirbelfrei und Quellenfrei

(1) Das Vektorfeld $\vec{k}$ ist genau dann wirbelfrei, wenn es ein skalares Feld Φ gibt mit $\vec{k}=\operatorname{grad}(\Phi)$. Man nennt Φ dann skalares Potenzial:

$$
\boxed{\text{Es gibt ein } \Phi \text{ mit } \quad \vec{k}=\operatorname{grad}(\Phi) \qquad \Leftrightarrow \qquad \operatorname{rot}(\vec{k})=\vec{0}.}
$$

(2) Das Vektorfeld $\vec{k}$ ist genau dann quellenfrei, wenn es ein Vektorfeld $\vec{A}$ gibt mit $\vec{k}=\operatorname{rot}\vec{A}$. Man nennt $\vec{A}$ dann Vektorpotenzial:

$$
\boxed{\text{Es gibt ein } \vec{A} \text{ mit } \quad \vec{k}=\operatorname{rot}(\vec{A}) \qquad \Leftrightarrow \qquad \operatorname{div}(\vec{k})=0.}
$$

Beispiel 21.10. Gegeben ist das skalare Potenzial

$$\Phi(x, y, z) = \arctan\left(\frac{y}{x}\right) \qquad \text{für } x \geq 0.$$

Das zugehörige Vektorfeld $\vec{k}$ lautet

$$\vec{k} = \operatorname{grad}(\Phi) = \begin{pmatrix} -\frac{y}{x^2+y^2} \\ \frac{x}{x^2+y^2} \\ 0 \end{pmatrix}.$$

Da $\vec{k}$ ein Gradientenfeld ist, gilt $\operatorname{rot}(\vec{k}) = \vec{0}$. Die Divergenz von $\vec{k}$ bestimmt sich aus

$$\operatorname{div}(\vec{k}) = \partial_x\left(-\frac{y}{x^2+y^2}\right) + \partial_y\left(\frac{x}{x^2+y^2}\right) + \partial_z(0)$$

$$= \frac{y \cdot 2x}{(x^2+y^2)^2} + \frac{-x \cdot 2y}{(x^2+y^2)^2} + 0 = 0.$$

Für das skalare Potenzial Φ gilt also

$$\operatorname{div}(\operatorname{grad}(\Phi)) = \operatorname{div}(\vec{k}) = \begin{pmatrix} \partial_x \\ \partial_y \\ \partial_z \end{pmatrix}\begin{pmatrix} \partial_x \\ \partial_y \\ \partial_z \end{pmatrix}\Phi = \partial_x^2\,\Phi + \partial_y^2\,\Phi + \partial_z^2\,\Phi = 0.$$

Man nennt

$$\Delta\Phi = \partial_x^2\,\Phi + \partial_y^2\,\Phi + \partial_z^2\,\Phi$$

den **Laplace**-Operator, der in der Elektrostatik eine große Rolle spielt, da alle elektrostatischen Probleme durch

$$\Delta\Phi = -\frac{\rho}{\varepsilon_0}$$

modelliert werden, wenn $\rho(x, y, z)$ die Ladungsdichteverteilung und ε_0 die Dielektrizitätskonstante ist (siehe Kapitel 19.4).   □

Beispiel 21.11. Eine skalare Funktion $\Phi(x, y, z)$ heißt **harmonische** Funktion, wenn für jeden Punkt des Definitionsbereichs gilt: $\Delta\Phi = 0$. Man prüft explizit nach, dass

$$\Phi(x, y) = x^2 - y^2$$
$$\Phi(x, y) = \cos(x)\cosh(y)$$
$$\Phi(x, y) = \ln\sqrt{x^2+y^2} \quad \text{für } (x, y) \neq (0, 0)$$
$$\Phi(x, y) = \arctan\left(\frac{y}{x}\right) \quad \text{für } x \neq 0$$

harmonische Funktionen sind.   □

Beispiele 21.12 (Kraftfelder, mit MAPLE-Worksheet).

① Gegeben ist das Kraftfeld $\vec{F} = \begin{pmatrix} x\,y \\ x\,z \\ x^2\,y\,z^2 \end{pmatrix}$. Es gilt

$$\operatorname{rot}(\vec{F}) = \begin{vmatrix} \vec{e}_x & \partial_x & x\,y \\ \vec{e}_y & \partial_y & x\,z \\ \vec{e}_z & \partial_z & x^2\,y\,z^2 \end{vmatrix} = \begin{pmatrix} x^2\,z^2 - x \\ -2\,x\,y\,z^2 \\ z - x \end{pmatrix}.$$

Da $\operatorname{rot}(\vec{F}) \neq \vec{0}$, ist $\vec{F}$ kein Potenzialfeld.

② Das Kraftfeld

$$\vec{F}(\vec{r}) = c\,\frac{\vec{r}}{|\vec{r}|^3} = c\,\frac{1}{(x^2 + y^2 + z^2)^{\frac{3}{2}}} \begin{pmatrix} x \\ y \\ z \end{pmatrix}$$

ist ein zentrales Kraftfeld. Man rechnet nach, dass

$$\operatorname{rot}(\vec{F}) = \vec{0} \quad \text{und} \quad \operatorname{div}(\vec{F}) = 0.$$

Wegen $\operatorname{rot}(\vec{F}) = \vec{0}$ ist $\vec{F}$ ein Gradientenfeld, d.h. es gibt ein Φ mit

$$\vec{F} = \operatorname{grad}(\Phi) = \begin{pmatrix} \partial_x\,\Phi \\ \partial_y\,\Phi \\ \partial_z\,\Phi \end{pmatrix} \overset{!}{=} \begin{pmatrix} f_1 \\ f_2 \\ f_3 \end{pmatrix} = \begin{pmatrix} c\,\dfrac{x}{(x^2+y^2+z^2)^{\frac{3}{2}}} \\ c\,\dfrac{y}{(x^2+y^2+z^2)^{\frac{3}{2}}} \\ c\,\dfrac{z}{(x^2+y^2+z^2)^{\frac{3}{2}}} \end{pmatrix}.$$

Das zugehörige Potenzial Φ ist

$$\Phi(x,\,y,\,z) = -\frac{c}{(x^2 + y^2 + z^2)^{\frac{1}{2}}} + konst = \frac{c}{|\vec{r}|} + konst.$$

Es gilt $\operatorname{div}(\vec{F}) = \operatorname{div}(\operatorname{grad}(\Phi)) = \boldsymbol{\Delta}\Phi = 0$. Damit ist $\Phi(x,\,y,\,z)$ eine harmonische Funktion. Physikalische Beispiele sind das **Gravitationsfeld** oder das **Coulomb-Feld** einer elektrischen Ladung.   □

Beispiel 21.13. Gegeben ist eine zähe Flüssigkeit, die durch ein Rohr mit Radius r fließt. Die Geschwindigkeit in y-Richtung beträgt

$$\vec{v} = c \cdot \begin{pmatrix} 0 \\ r^2 - x^2 - z^2 \\ 0 \end{pmatrix} \Rightarrow \operatorname{rot}(\vec{v}) = \begin{pmatrix} 2\,c\,z \\ 0 \\ -2\,c\,x \end{pmatrix}$$

und $\quad \operatorname{div}(\vec{v}) = \dfrac{\partial}{\partial x}\,(0) + \dfrac{\partial}{\partial y}\,\left(r^2 - x^2 - z^2\right) + \dfrac{\partial}{\partial z}\,(0) = 0.$

Das Geschwindigkeitsfeld hat keine Quellen ($div(\vec{v}) = 0$), besitzt aber eine Zirkulation in der $(x,\,z)$-Ebene.   □

21.4 Anwendung: Die Maxwellschen Gleichungen

Die Maxwellschen Gleichungen sind Glanzstücke der mathematischen Physik des 19. Jahrhunderts. Lassen sich damit doch alle Phänomene in der klassischen Elektrodynamik beschreiben. Die Grundlage bilden vier physikalisch Gesetzmäßigkeiten:

1. Das Faradaysche Induktionsgesetz

Das Faradaysche Induktionsgesetz (1831) besagt, dass die zeitliche Änderung des magnetischen Flusses in einer Leiterschleife eine Spannung induziert

$$U_i = -\frac{\partial}{\partial t}\,\Phi = -\frac{\partial}{\partial t}\iint\limits_{(A)} \vec{B}\,d\vec{A}.$$

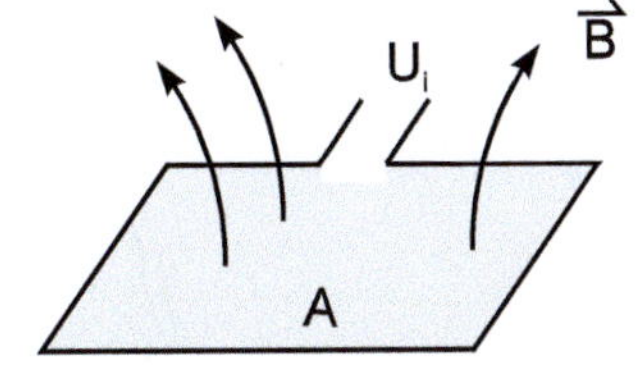

Abb. 21.12. Magnetischer Fluss durch A

Ist die das Magnetfeld durchdringende Fläche A zeitlich konstant, folgt

$$U_i = -\iint\limits_{(A)} \left(\frac{\partial}{\partial t}\,\vec{B}\right) d\vec{A}.$$

Die indizierte Spannung ist mit dem elektrischen Feld über die Beziehung

$$U_i = \oint\limits_{(\mathcal{C})} \vec{E}\,d\vec{r} = \iint\limits_{(A)} \mathrm{rot}(\vec{E})\,d\vec{A}$$

verknüpft, wenn man auf das Linienintegral den Stokeschen Satz anwendet.

$$\Rightarrow \iint\limits_{(A)} \mathrm{rot}(\vec{E})\,d\vec{A} = \iint\limits_{(A)} \left(-\frac{\partial}{\partial t}\,\vec{B}\right) d\vec{A}.$$

Diese Identität gilt für alle Flächen A (auch für beliebig kleine). Mit dem Mittelwertsatz der Integralrechnung folgt, dass sie dann schon für die Integranden erfüllt sein muss

$$\Rightarrow \quad \mathrm{rot}(\vec{E}) = -\frac{\partial}{\partial t}\,\vec{B}.$$

2. Das Gaußsche Gesetz

Das Gaußsche Gesetz der Elektrostatik besagt, dass der Fluss des elektrischen Feldes proportional zur Gesamtladung Q ist, die sich im Innern des Volumens befindet:

$$\oiint\limits_{(A)} \vec{E}\,d\vec{A} \sim Q.$$

Die Proportionalitätskonstante wird mit $\frac{1}{\varepsilon_0}$ (ε_0: Dielektrizitätskonstante) bezeichnet. Ist $\rho\,(x,\,y,\,z)$ die Ladungsdichtenverteilung innerhalb des Volumens V, dann folgt für die Gesamtladung

$$Q = \iiint\limits_{(V)} \rho\,(x,\,y,\,z)\,dV.$$

$$\Rightarrow \frac{1}{\varepsilon_0}\,Q = \frac{1}{\varepsilon_0}\iiint\limits_{(V)} \rho\,(x,\,y,\,z) = \oiint\limits_{(A)} \vec{E}\,d\vec{A}\,,$$

wenn A die das Volumen V einschließende Oberfläche darstellt. Nach dem Gaußschen Integralsatz ist

$$\oiint\limits_{(A)} \vec{E}\,d\vec{A} = \iiint\limits_{(V)} \mathrm{div}(\vec{E})\,dV.$$

$$\Rightarrow \iiint\limits_{(V)} \mathrm{div}(\vec{E})\,dV = \frac{1}{\varepsilon_0}\iiint\limits_{(V)} \rho\,(x,\,y,\,z)\,dV.$$

Diese Identität gilt für beliebige Volumina und daher auch für die Integranden

$$\Rightarrow \quad \mathrm{div}(\vec{E}) = \frac{\rho}{\varepsilon_0}.$$

Die Quellen des elektrischen Feldes sind die Ladungsdichten.

3. Das Amperesche Gesetz

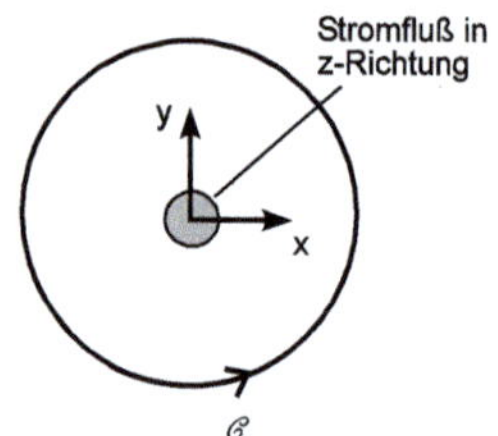

Abb. 21.13. Stromdurchfl. Leiter

Das Amperesche Gesetz (1825) besagt, dass ein stromdurchflossener Leiter ein Magnetfeld induziert

$$\oint\limits_{(\mathcal{C})} \vec{B}\,d\vec{r} = \mu_0\,I.$$

Ist $\vec{j}$ die Stromdichtenverteilung innerhalb der durch $\mathcal{C}$ festgelegten Fläche A, dann ist der Strom I gegeben durch

$$I = \iint\limits_{(A)} \vec{j}\,d\vec{A}$$

und mit dem Stokeschen Satz gilt

$$\mu_0\,I = \mu_0 \iint\limits_{(A)} \vec{j}\,d\vec{A} = \oint\limits_{(\mathcal{C})} \vec{B}\,d\vec{r} = \iint\limits_{(A)} \mathrm{rot}(\vec{B})\,d\vec{A}.$$

$$\Rightarrow \iint\limits_{(A)} \mu_0 \vec{j}\, d\vec{A} = \iint\limits_{(A)} \mathrm{rot}(\vec{B})\, d\vec{A}.$$

Diese Identität gilt für alle Flächen A und somit

$$\Rightarrow \quad \mu_0 \vec{j} = \mathrm{rot}(\vec{B}).$$

4. Quellenfreiheit des Magnetfeldes

Da das Magnetfeld quellenfrei ist (es gibt keine magnetischen Monopole), folgt

$$\mathrm{div}(\vec{B}) = 0. \qquad\qquad \square$$

5. Die Kontinuitätsgleichung

Zusammenfassend erhalten wir die vier Gleichungen

$$\begin{aligned}
\mathrm{div}(\vec{E}) &= \frac{\rho}{\varepsilon_0} & (1)\\[4pt]
\mathrm{rot}(\vec{B}) &= \mu_0 \vec{j} & (2)\\[4pt]
\mathrm{rot}(\vec{E}) &= -\frac{\partial}{\partial t}\vec{B} & (3)\\[4pt]
\mathrm{div}(B) &= 0. & (4)
\end{aligned}$$

Diese vier Gleichungen beinhalten allerdings noch einen Widerspruch: Bilden wir die Divergenz von Gleichung (2), gilt

$$\mathrm{div}\left(\mu_0 \vec{j}\right) = \mathrm{div}\left(\mathrm{rot}\ \vec{B}\right) = 0:$$

Die Divergenz der Stromdichte ist Null. Dies widerspricht der Kontinuitätsgleichung: Die zeitliche Änderung der Gesamtladung in einem Volumen,

$$\frac{\partial}{\partial t} \iiint\limits_{(V)} \rho\, dV,$$

ist gleich dem Stromfluss durch seine Oberfläche

$$-\oiint\limits_{(A)} \vec{j}\, d\vec{A} = -\iiint\limits_{(V)} \mathrm{div}(\vec{j})\, dV$$

$$\Rightarrow \iiint\limits_{(V)} \frac{\partial}{\partial t}\rho\, dV = \iiint\limits_{(V)} -\mathrm{div}(\vec{j})\, dV.$$

Da diese Identität für alle Volumina V gilt, folgt sie auch für die Integranden

$$\Rightarrow \quad \frac{\partial}{\partial t}\,\rho = -\mathrm{div}(\vec{j}). \qquad \textbf{(Kontinuitätsgleichung)}$$

Aus der Kontinuitätsgleichung folgt

$$\mathrm{div}(\vec{j}) = -\frac{\partial}{\partial t}\,\rho \overset{(1)}{=} -\frac{\partial}{\partial t}\,\varepsilon_0\,\mathrm{div}(\vec{E}) = \mathrm{div}\left(-\varepsilon_0\,\frac{\partial}{\partial t}\,\vec{E}\right)$$

$$\Rightarrow \mathrm{div}\left(\vec{j} + \varepsilon_0\,\frac{\partial}{\partial t}\,\vec{E}\right) = 0.$$

Man nennt

$$\vec{j} + \varepsilon_0\,\frac{\partial}{\partial t}\,\vec{E}$$

den *Maxwellschen Gesamtstrom* und $\varepsilon_0\,\frac{\partial}{\partial t}\,\vec{E}$ den *Verschiebungsstrom*. Ersetzt man $\vec{j}$ in Gleichung (2) durch $\vec{j} + \varepsilon_0\,\frac{\partial}{\partial t}\,\vec{E}$, so sind die Gleichungen (1)-(4) widerspruchsfrei.

Damit erhalten wir die vollständigen **Maxwell-Gleichungen für das Vakuum:**

Maxwell-Gleichungen

innere Feldgleichungen	Felderzeugung
$\mathrm{rot}(\vec{E}) = -\dfrac{\partial}{\partial t}\,\vec{B}$	$\mathrm{div}(\vec{E}) = \dfrac{\rho}{\varepsilon_0}$
$\mathrm{div}(\vec{B}) = 0$	$\mathrm{rot}(\vec{B}) = \mu_0\,\vec{j} + \varepsilon_0\,\mu_0\,\dfrac{\partial}{\partial t}\,\vec{E}$

Die Maxwell-Gleichungen sind vier gekoppelte *partielle* Differenzialgleichungen (siehe Kapitel 19), welche die Beziehung zwischen den elektromagnetischen Feldern $\vec{E}$ und $\vec{B}$ und ihren Quellen, den Ladungs- und Stromdichten, beschreiben.

21.5 Aufgaben zur Vektoranalysis

21.1 Bestimmen Sie die Divergenz des Vektorfeldes $\vec{v} = \begin{pmatrix} x^2 - yz \\ yz - y^2 \\ z^2 + xz \end{pmatrix}$ in den Punkten $(2, -1, 3)$, $(2, 9, 4)$ und $(-1, 1, -2)$.

21.2 Wie muss $f(x, y)$ gewählt werden, damit $\vec{v} = \begin{pmatrix} xy \\ xy \\ z \cdot f(x, y) \end{pmatrix}$ quellenfrei ist?

21.3 Berechnen Sie die Divergenz der folgenden Vektorfelder

a) $\begin{pmatrix} y + z \\ x + 2xy \\ x + 2z \end{pmatrix}$ b) $\begin{pmatrix} 2x^2 - yz \\ e^z y \\ e^z x + y \end{pmatrix}$ c) $\dfrac{\vec{r}}{|r|}$

21.4 Bestimmen Sie die Rotation von $\vec{v} = \begin{pmatrix} x^2 y \\ -2xz \\ 2yz \end{pmatrix}$.

21.5 a) Berechnen Sie die Rotation für die Vektorfelder $\vec{v}$ und $\vec{w}$.
b) Sind $\vec{v}$ bzw. $\vec{w}$ wirbelfrei?
c) Sind $\vec{v}$ bzw. $\vec{w}$ quellenfrei?

$$\vec{v} = \begin{pmatrix} yz \\ zx \\ xy \end{pmatrix}, \quad \vec{w} = \begin{pmatrix} x + y - z \\ z - x + y \\ y + z - x \end{pmatrix}.$$

21.6 a) Berechnen Sie die Rotation von $\vec{v} = (\vec{a} \cdot \vec{r}) \cdot \vec{r}$ mit $\vec{a} = \begin{pmatrix} a_x \\ a_y \\ a_z \end{pmatrix}$.
b) In welchen Punkten gilt $\operatorname{rot}(\vec{v}) = \vec{0}$?

21.7 Berechnen Sie $\operatorname{rot}\left(\operatorname{rot} \begin{pmatrix} z^2 \\ x + y \\ z - x^2 - y^2 \end{pmatrix} \right)$.

21.8 Berechnen Sie die Rotation und die Divergenz der folgenden Vektorfelder

a) $\vec{f_1} = \begin{pmatrix} xy \\ xz \\ x^2 y z^2 \end{pmatrix}$ b) $\vec{f_2} = \begin{pmatrix} x^2 y + z \\ y^2 e^x - z^2 \\ z^2 x + y^2 \end{pmatrix}$ c) $\vec{f_3} = c \begin{pmatrix} 0 \\ r^2 - x^2 - y^2 \\ 0 \end{pmatrix}$

21.9 Sei $\vec{v}$ ein Vektorfeld und Φ ein skalares Feld. Überprüfen Sie, dass die folgenden Gleichungen gelten:

$$\operatorname{div}(\operatorname{rot}(\vec{v})) = 0 \qquad \text{und} \quad \operatorname{rot}(\operatorname{grad}(\Phi)) = \vec{0}.$$

21.10 Zeigen Sie, dass $\vec{f} = \begin{pmatrix} 1 + y + yz \\ x + xz \\ xy \end{pmatrix}$ ein Gradientenfeld ist.

21.11 Bestimmen Sie von dem Vektorfeld aus 21.10 sowohl das zugehörige skalare als auch Vektorpotenzial.

21.12 Prüfen Sie durch Differenzieren, ob

a) $\displaystyle\int \begin{pmatrix} x\cos(y) \\ x\sin(y) \\ x^2+y^2 \end{pmatrix}\, d\vec{r}$ wegunabhängig ist?

b) $\vec{v} = \begin{pmatrix} z\sin^2(y) \\ 2\,x\,z\,\sin(y)\cos(y) \\ x\sin^2(y) \end{pmatrix}$ ein Gradientenfeld ist?

21.13 Verifizieren Sie den Gaußschen Integralsatz der Ebene für den Kreis um den Ursprung mit Radius 2, falls $\vec{v} = \begin{pmatrix} x^2 - 5\,x\,y + 3\,y \\ 6\,x\,y^2 - x \end{pmatrix}$.

21.14 Berechnen Sie den Fluss von $\vec{v} = \begin{pmatrix} \frac{x^2-y^2}{z} \\ \frac{x^2+y^2}{z} \\ -(x+y)\ln z \end{pmatrix}$ aus dem Quader

$0 \le x \le 1$, $-1 \le y \le 2$, $1 \le z \le 4$.

21.15 Berechnen Sie den Fluss von $\vec{v} = \begin{pmatrix} x^3 \\ z - x^2 y \\ y - z\,x^2 \end{pmatrix}$ aus dem Zylinder $0 \le z \le H$,

$x^2 + y^2 \le R^2$.

21.16 Berechnen Sie den Fluss von $\vec{v} = \begin{pmatrix} 0 \\ y\cos^2(x) + y^3 \\ z\left(\sin^2(x) - 3\,y^2\right) \end{pmatrix}$ durch die Kugel-

oberfläche $x^2 + y^2 + z^2 = 4$.

21.17 Verifizieren Sie den Stokeschen Integralsatz für

a) $\vec{v} = \begin{pmatrix} x\,y \\ y\,z \\ x\,z \end{pmatrix}$, $V = \left\{ (x,\,y,\,z) \in \mathbb{R}^3 : x^2 + y^2 + z^2 \le 1 ,\, y \ge 0 ,\, z \ge 0 \right\}$

b) $\vec{v} = \begin{pmatrix} x - z \\ x^3 + y\,z \\ -3\,x\,y^2 \end{pmatrix}$, $V = \left\{ (x,\,y,\,z) \in \mathbb{R}^3 : z = 2 - \sqrt{x^2 + y^2} ,\, z \ge 0 \right\}$

Anhang

Literaturverzeichnis

Das folgende Literaturverzeichnis enthält eine (keineswegs vollständige) Aufstellung von Lehrbüchern zur Ergänzung und Vertiefung der Ingenieurmathematik, Aufgabensammlungen, Handbücher sowie Literatur über MAPLE und über das Textverarbeitungssystem LaTeX.

Lehrbücher Ingenieurmathematik:

Ayres, F.: Differential- und Integralrechnung. McGraw-Hill 1975.

Brauch, W., Dreyer, H.J., Haacke, W.: Mathematik für Ingenieure.
  Vieweg+Teubner, Stuttgart 2006.

Bronstein, I.N., Semendjajew, K.A.: Taschenbuch der Mathematik.
  Harri Deutsch, Thun/Frankfurt 1989.

Burg, K., Haf, W., Wille, F.: Höhere Mathematik für Ingenieure I-IV.
  SpringerVieweg, Wiesbaden 2017.

Dürrschnabel, K.: Mathematik für Ingenieure. Springer Vieweg 2021.

Engeln-Müllges, G., Reutter, F.: Formelsamml. zur Numerischen Mathematik.
  BI Wissenschaftsverlag, Mannheim 1985.

Fetzer, A., Fränkel, H.: Mathematik 1+2. Springer 2012.

v. Finckenstein, K.: Grundkurs Mathematik für Ingenieure.
  Teubner, Stuttgart 1986.

Fischer, G.: Lineare Algebra. Vieweg, Braunschweig 1986.

Forster, O.: Analysis 1. Vieweg, Braunschweig 1983.

Goebbels, S., Ritter, S.: Mathematik verstehen und anwenden. Springer
  Spektrum 2023.

Meyberg, K., Vachenauer, P.: Höhere Mathematik 1+2. Springer 2005.

Munz, C.D., Westermann, T.: Numerische Behandlung gewöhnlicher und
  partieller Differenzialgleichungen. Springer 2019.

Papula, L.: Mathematik für Ingenieure 1+2. Vieweg, Braunschweig 1988.

Spiegel, M.R.: Höhere Mathematik für Ingenieure und Naturwissenschaftler.
  McGraw-Hill 1978.

Werner, W.: Mathematik lernen mit Maple (Band 1+2). dpunkt 1996+98.

Westermann, T., Buhmann, W., Diemer, L., Endres, E., Laule, M., Wilke, G.:
  Mathematische Begriffe visualisiert mit MAPLE. Springer 2001.

Literatur zur Physik und Systemtheorie:

Crawford, F.S.: Schwingungen und Wellen. Berkley Physik Kurs 3.
   Vieweg, Braunschweig 1979.

Gerthsen, C., Vogel, H.: Physik. Springer 1993.

Hering, E., Martin, R., Stohrer, M.: Physik für Ingenieure. Springer 1999.

Mildenberger, O.: System- und Signaltheorie. Vieweg, Braunschweig 1989.

Vielhauer, P.: Passive Lineare Netzwerke. Hüthig-Verlag 1974.

Literatur zu MAPLE:

Burkhardt, W.: Erste Schritte mit Maple. Springer 1996.

Char, B.W. et al.: Maple9 Learning Guide. Maple Inc. 2003.

Devitt, J.S.: Calculus with Maple V. Brooks/Cole 1994.

Dodson, C.T.J., Gonzalez, E.A.: Experiments In Mathematics Using Maple.
   Springer 1995.

Ellis, W. et al.: Maple V Flight Manual. Brooks/Cole 1996.

Heal, K.M. et. al.: Maple V: Learning Guide. Springer 1996.

Heck, A.: Introduction to Maple. Springer 2003.

Heinrich, E., Janetzko, H.D.: Das Maple Arbeitsbuch.
   Vieweg, Braunschweig 1995.

Kofler, M. et al.: Maple: Einführung, Anwendung, Referenz.
   Addison-Wesley 2001.

Komma, M.: Moderne Physik mit Maple. Int. Thomson Publishing 1996.

Lopez, R.J.: Maple via Calculus. Birkhäuser, Boston 1994.

Maple 12 Advanced Programming Guide. Maplesoft, Waterloo 2008.

Maple 12 User Manual, Maplesoft. Waterloo 2008.

Monagan, M.B. et al.: Maple9 Programming. Maple Inc. 2003.

Westermann, T.: Mathematische Probleme lösen mit Maple. Springer 2020.

Literatur zu LaTeX:

Dietsche, L., Lammarsch, J.: Latex zum Loslegen. Springer 1994.

Kopka, H.: Latex. Addison-Wesley 1994.

Index von Band 1

Index von Band 2

Index

Zusätzliche Informationen

iMath: iMath ist eine interaktive Aufgaben-App zur Mathematik: In dieser didaktisch ansprechenden App werden leicht nachvollziehbare Aufgabenstellungen zu diesem Buch ausführlich gelöst. Die App kann damit hervorragend zur Klausurvorbereitung verwendet werden. Alternativ kann die Web-App Version verwendet werden, die unter der folgenden Adresse aufgerufen werden kann

$$https://www.imathonline.de/imathWeb$$

YouTube Videos: Im YouTube-Kanal Westermann findet man in kurzen Videos viele in diesem Buch vorgestellten Themen anschaulich und einfach erklärt. In Form von Zusammenfassungen werden die wesentlichen Aspekte knapp und leicht verständlich zusammengestellt. Die Kurzvideos können gut zur Prüfungsvorbereitung verwendet werden, um sich nochmals die wichtigsten Aspekte im Schnelldurchgang anzuschauen. Die entsprechenden Links zu den Videos befinden sich unter

$$https://www.youtube.com/channel/UChzktnND8kk9pmwQmybSx\text{-}w$$

Mathematische Probleme lösen mit Maple ermöglicht es, ohne Vorkenntnisse das Computeralgebra-System MAPLE zu nutzen, um elementare mathematische Probleme am Computer zu lösen. Die elektronischen Arbeitsblätter liefern einen schnellen Zugriff auf die Lösung mit der Beschreibung der zugehörigen MAPLE-Befehle und können an die eigenen Problemstellungen einfach angepasst werden.

In diesem didaktisch ansprechenden Einführungsbuch **Ingenieurmathematik kompakt mit MAPLE** werden leicht nachvollziehbar Aufgaben- und Problemstellungen der Ingenieurmathematik mit MAPLE bearbeitet. Durch die Kenntnis weniger Befehle (solve, limit, diff, int, plot) lernt der Leser, elementare Aufgaben der Ingenieurmathematik zu lösen. Das Buch eignet sich auch für Studierende der Ingenieurwisschenschaften und Physik.

Homepage zum Buch

Auf der Homepage zum Buch werden zusätzliche Materialien zur Verfügung gestellt. Auf diese weiteren Informationen wird im Text durch das nebenstehende Symbol explizit hingewiesen.

MAPLE-**Worksheets:** Alle MAPLE-Ausarbeitungen zu den im Text gekennzeichneten Problemen und Beispielen. Insbesondere sind die Worksheets zu allen Visualisierungen hier zu finden.

Animationen: Alle Animationen, die im Text angegeben oder beschrieben sind, liegen auf der Homepage als Animated-Gif vor, so dass sie direkt im Browser gestartet werden können.

Zusätzliche Kapitel, die nicht in gedruckter Form vorliegen, wie z.B.
Numerisches Lösen von Gleichungen;
Numerisches Differenzieren und Integrieren;
Numerisches Lösen von Differenzialgleichungen.

Zusätzliche Abschnitte und Ergänzungen zu den im Buch gekennzeichneten Stellen sind als pdf-Dokument verfügbar.

Lösungen zu den Übungsaufgaben: Für alle Übungsaufgaben sind Lösungen angegeben.

Alle Informationen, MAPLE-Prozeduren, MAPLE-Worksheets sowie die zusätzlichen Kapitel können unter
https://www.imathonline.de/buecher/mathe/start.htm
kostenfrei heruntergeladen werden.

MIX
Papier aus verantwortungsvollen Quellen
Paper from responsible sources
FSC® C105338

If you have any concerns about our products,
you can contact us on
ProductSafety@springernature.com

In case Publisher is established outside the EU,
the EU authorized representative is:
Springer Nature Customer Service Center GmbH
Europaplatz 3, 69115 Heidelberg, Germany

Printed by Libri Plureos GmbH
in Hamburg, Germany